Hanoch Gutfreund, Jürgen Renn
Einstein über Einstein

Hanoch Gutfreund, Jürgen Renn

Einstein über Einstein

Autobiographische und wissenschaftliche Reflexionen

DE GRUYTER
OLDENBOURG

Autoren
Prof. Dr. Hanoch Gutfreund
Hebrew University of Jerusalem
Edmond J. Safra Campus
Center for Brain Sciences
Givat Ram
91904 Jerusalem
Israel

Prof. Dr. Jürgen Renn
Max-Planck-Institut für Wissenschaftsgeschichte
Boltzmannstr. 22
14195 Berlin
renn@mpiwg-berlin.mpg.de

Unter Mitwirkung von Laurent Taudin

Autorisierte Übersetzung der englischsprachigen Ausgabe, die bei Princeton University Press unter dem Titel *Einstein on Einstein – Autobiographical and Scientific Reflections* erschienen ist.
Copyright © 2020 Princeton University Press and the Hebrew University of Jerusalem.

ISBN 978-3-11-074468-2
e-ISBN (PDF) 978-3-11-074481-1
e-ISBN (EPUB) 978-3-11-074487-3
ISSN 2749-9553

Library of Congress Control Number: 2022941976

Bibliografische Information der Deutschen Nationalbibliothek
Die Deutsche Nationalbibliothek verzeichnet diese Publikation in der Deutschen Nationalbibliografie; detaillierte bibliografische Daten sind im Internet über http://dnb.dnb.de abrufbar.

© 2023 Walter de Gruyter GmbH, Berlin/Boston
Coverabbildung: ma_rish/iStock/Getty Images Plus; Foto: Albert Einstein, 1947 (The Library of Congress) / Photograph by Oren Jack Turner, Princeton, N.J. / Wikimedia Commons
Satz: Integra Software Services Pvt. Ltd.
Druck und Bindung: CPI books GmbH, Leck

www.degruyter.com

„Soll dies ein Nekrolog sein?" mag der erstaunte Leser fragen. Im wesentlichen ja, möchte ich antworten. Denn das Wesentliche im Dasein eines Menschen von meiner Art liegt in dem *was* er denkt und *wie* er denkt, nicht in dem, was er tut oder erleidet. Also kann der Nekrolog sich in der Hauptsache auf Mitteilung von Gedanken beschränken, die in meinem Streben eine erhebliche Rolle spielten.

(*Autobiographisches*, S. 30 [S. 205])

Albert Einstein posiert mit seiner Porträtpuppe auf dem Campus der Cal Tech im Jahr 1931. Die Puppe wurde in dem Stück „Mr. Noah" verwendet, in dem Einstein die Arche auf Mount Wilson begrüßt. Foto: Harry Burnett / Yale Puppeteers & Turnabout Theatre Collection / Los Angeles Public Library

Inhaltsverzeichnis

Teil III: Einstein und seine Kritiker

Teil IV: Einsteins „Autobiographische Skizze" (1955)

Teil V: Schlussbemerkungen: Einstein – Wissenschaftler und Philosoph

Teil VI: **Nachdruck der Schrift**

Vorwort zur deutschen Ausgabe

Das ganze Ausmaß der Erschütterung des Weltbildes, die Einsteins Denken bewirkte, wird hier erst deutlich.[1]

Viele Jahre sind vergangen, seit sich Einstein 1947, kurz nach dem Zweiten Weltkrieg, weigerte, dem Vieweg-Verlag die Erlaubnis zu erteilen, sein klassisches Buch (oder „Büchlein", wie er es nannte) *Über die spezielle und allgemeine Relativitätstheorie (Gemeinverständlich)* in deutscher Sprache neu aufzulegen. Vieweg hielt die Veröffentlichungsrechte von der ersten Ausgabe im Jahr 1917 bis zu den 14 deutschen Ausgaben, die zwischen 1917 und 1922 erschienen waren. Einsteins Antwortbrief an Vieweg enthielt nur zwei Sätze, in denen er diesen Vorschlag kategorisch ablehnte:

Nach dem Massenmord der Deutschen an meinen jüdischen Brüdern will ich es nicht, dass noch Publikationen von mir in Deutschland herauskommen.

Als nach der Niederlage Nazideutschlands das ganze Ausmaß des Leids ersichtlich wurde, das Völkern, ethnischen Gruppen und Einzelpersonen durch die nationalsozialistische Politik und Ideologie angetan worden war, lehnte Einstein zahlreiche Einladungen und Anregungen ab, nach Deutschland zurückzukehren und deutschen Wissenschaftsinstitutionen wieder beizutreten. Otto Hahn, Präsident der neugegründeten Max-Planck-Gesellschaft, der Nachfolgerin der Kaiser-Wilhelm-Gesellschaft, lud Einstein zum Eintritt in die Gesellschaft ein. Einsteins Antwort war scharf und unmissverständlich:

Die Verbrechen der Deutschen sind wirklich das Abscheulichste, was die Geschichte der sogenannten zivilisierten Nationen aufzuweisen hat. Die Haltung der deutschen Intellektuellen – als Klasse betrachtet – war nicht besser als die des Pöbels. [...] Unter diesen Umständen fühle ich eine unwiderstehliche Aversion dagegen, an irgendeiner Sache beteiligt zu sein, die ein Stück des deutschen öffentlichen Lebens verkörpert, einfach aus Reinlichkeitsbedürfnis.

Eine ähnlich unversöhnliche Antwort gab er 1951 Bundespräsident Theodor Heuss, der Einstein angeregt hatte, dem Orden *Pour le Mérite* wieder beizutreten, aus dem Einstein 1933 ausgetreten war und dessen Mitgliedschaft die renommierteste deutsche Auszeichnung für Kunst und Wissenschaft ist.

Was die Veröffentlichung seiner Werke in deutscher Sprache betrifft, so hat sich Einsteins Haltung im Laufe der Jahre geändert, und er genehmigte 1954 die deutsche Ausgabe seines Relativitätsbüchleins, die letzte, die zu seinen Lebzeiten erschien. Dieser Gesinnungswandel ebnete auch den Weg für die deutsche Veröffentlichung des Bandes *Albert Einstein als Philosoph und Naturforscher*, herausgegeben von Arthur Schilpp, der Einsteins autobiografische Aufzeichnungen und den Austausch von Bemerkungen und Ideen zwischen Einstein und seinen Kritikern enthält. Dieses Werk ist das Thema des vorliegenden Buches. Die deutsche Übersetzung dieses Bandes erschien 1955, kurz nach Einsteins Tod (im Stuttgarter Verlag Kohlhammer). Sie wurde 1979 anlässlich des 100. Geburtstages von Einstein unver-

https://doi.org/10.1515/9783110744811-203

ändert neu aufgelegt. Einstein selbst hatte kurz vor seinem Tode noch ein weiteres versöhnliches Zeichen für die junge Generation in Deutschland gesetzt, indem er, der alle offiziellen Mitgliedschaften strikt abgelehnt hatte, zwei Schulen erlaubte seinen Namen zu tragen.

Schilpp fügte der deutschen Ausgabe eine besondere Einleitung und einen kurzen Nachruf hinzu. In dieser Einleitung drückte er seine große Genugtuung darüber aus, dass dieser Band in deutscher Sprache erscheint, und dankte Einstein für sein Einverständnis dazu. Er erinnerte daran, dass Einstein, als der Herausgeber auf die Idee kam, ihm einen Band im Rahmen seiner Bibliothek lebender Philosophen zu widmen, zunächst ablehnend reagierte. Aber nach langem Zögern kam Einstein doch zu dem Schluss, sich daran zu beteiligen:

> Vielleicht hat der Mensch kein Recht, in so einer Sache einfach seinem eigenen Belieben zu folgen. Vielleicht ist er seinen Mitmenschen und folgenden Generationen gegenüber verpflichtet, das doch zu tun, was er aus sich heraus lieber nicht täte.

In diesem Sinne, so Schilpp, habe Einstein auch der deutschen Übersetzung des Bandes und seiner Veröffentlichung in Deutschland zugestimmt.

In dem kurzen Nachruf beschreibt Schilpp den Tod Einsteins als ein unglaubliches und unfassbares Geschehen. Er bezeichnet Einstein als das „wachsende Gewissen der Menschheit" und vergleicht die weltweite Reaktion auf seinen Tod mit der auf das Ableben von Mahatma Gandhi sieben Jahre zuvor. Dieser Vergleich ist bemerkenswert. Als das *Time Magazine* am Ende des Jahrhunderts seine Leser bat, den Mann des Jahrhunderts zu wählen, stand Einstein an erster Stelle. Auf ihn folgte Mahatma Gandhi.

Fast 30 Jahre später, 1983, veröffentlichte Springer *Albert Einstein – Philosoph und Naturforscher (eine Auswahl)* in seiner umfangreichen Reihe *Facetten der Physik*, die von dem theoretischen Physiker und Physikdidaktiker Roman Sexl herausgegeben wurde. Die Auswahl der Beiträge wurde von dem Wissenschaftsphilosophen Bernulf Kanitschneider getroffen. Viele der Artikel des ursprünglichen Bandes hatten im Laufe der drei Jahrzehnte seit ihrer Erstveröffentlichung nichts von ihrer Aktualität eingebüßt. Andere sind dagegen weniger aussagekräftig geworden. Die Springer-Ausgabe enthält 11 der 25 Artikel aus dem Originalband. Enthalten sind Beiträge von Arnold Sommerfeld, Louis de Broglie, Wolfgang Pauli, Max Born, Niels Bohr, Henry Margenau, Hans Reichenbach, H. P. Robertson, Leopold Infeld, Max von Laue und Kurt Gödel. Dies sind die Artikel, denen auch Einstein in seiner Antwort auf Kritiker die größte Aufmerksamkeit widmete.

Schilpp äußert am Ende seines Vorworts zur deutschen Ausgabe einen Wunsch, dem sich auch die Autoren dieses Bandes anschließen:

Möge der hier enthaltene Gedankenaustausch zwischen einer beträchtlichen Anzahl der bedeutendsten Denker unserer Zeit auch auf den deutschen Leser so wirken und ihn zu weiterem eigenen Nachdenken anspornen, wie dies ihrerseits auch die ursprüngliche englische Fassung des Werkes getan zu haben scheint.[2]

Anmerkungen

1 Klappentext des Nachdrucks der deutschen Ausgabe von 1979 im Vieweg-Verlag.
2 Paul Arthur Schilpp, „Vorwort zur deutsche Ausgabe", in *Albert Einstein als Philosoph und Naturforscher, Philosophen des 20. Jahrhunderts*, Bd. 1 (Stuttgart: Kohlhammer Verlag, 1951), S. IX–XI.

Einleitung

Bei jedem unserer bisherigen Bücher ging es um einen klassischen Text Albert Einsteins, den wir in eine größere Erzählung eingebettet haben, um ihn in seinen historischen und wissenschaftlichen Kontext zu stellen. So auch hier. Diesmal geht es um die Schrift *Autobiographisches*, veröffentlicht in *Albert Einstein als Philosoph und Naturforscher*, Band 1 der Reihe *Philosophen des 20. Jahrhunderts*, einer von Paul A. Schilpp gegründeten und geleiteten Buchreihe.[1] Der Einfachheit halber nennen wir sie hier auch Einsteins *Notizen*. Einsteins kurze, autobiografische Darstellung wird durch interpretative Essays begleitet, die aus verschiedenen Blickwinkeln die Genese, Bedeutung und Kontexte der Arbeit Einsteins untersuchen; außerdem ergänzen wir sie um zusätzliche historische Dokumente. Wir hoffen mit diesem Buch dazu beizutragen, Einsteins autobiografische Notizen als einen kanonischen Text der modernen Wissenschaft und Philosophie besser zu erschließen.

Einsteins *Autobiographisches* ist ein Schlüsseltext für das Denken des 20. Jahrhunderts, der insbesondere die Rolle der Wissenschaft bei der Entstehung der modernen Welt beleuchtet. Wie ein Brennglas sammelt der Text verschiedene Traditionen des Denkens, die dann gebündelt das neue physikalische Weltbild entstehen ließen, das Einstein und seine zeitgenössischen Forscherkollegen mit der von ihren Arbeiten ausgelösten intellektuellen Revolution schufen. Der Essay bietet eine einzigartige, introspektive Sicht auf die Genese dieser Umwälzung, und stellt somit ein bisher wenig beachtetes Gegenstück zu den Autobiografien von Politikern, Schriftstellern, Künstlern und anderen wichtigen Akteuren dar, die uns aus ihrer subjektiven Sicht die bewegte Geschichte des 20. Jahrhunderts vermitteln. Einsteins *Autobiographisches* ist zugleich ein literarisches Dokument. Es nimmt den Leser mit auf eine imaginäre Reise von der Kindheit bis zu den letzten Fragen eines betagten Wissenschaftlers. Selbst Leser ohne jeden wissenschaftlichen Hintergrund wird Einsteins Schilderung seiner dramatischen Lebensgeschichte in ihren Bann schlagen.

Das Buch ist in sechs Hauptabschnitte unterteilt. Teil I bietet Informationen zum allgemeinen historischen Hintergrund der Genese der *Notizen*. Besondere Beachtung finden dabei Schilpps monumentales Projekt, *The Library of Living Philosophers* (LLP), und die historischen Entwicklungen im Jahr 1946, in dem die *Notizen* entstanden. Dieses Jahr markiert einen historischen Wendepunkt: Es war das Jahr nach dem Ende des Zweiten Weltkriegs, nach dem Holocaust, nach den Bomben auf Hiroshima und Nagasaki – und es läutete gleichzeitig den Kalten Krieg ein. Diese Entwicklungen beeindruckten Einstein tief und wirkten sich auf seine öffentlichen Aktivitäten, seine Schriften und seinen Gemütszustand aus. Auch wenn all dies in den Notizen nicht explizit angesprochen wird, lohnt es sich doch, das Umfeld in Erinnerung zu rufen, in dem diese Notizen entstanden. In diesen Vorbemerkungen vergleichen wir Einsteins *Notizen* mit dem Text von Max Planck *Wissenschaftliche Selbstbiographie*. Letztere

https://doi.org/10.1515/9783110744811-001

reiht sich in eine Vielzahl vergleichbarer Essays ein, in denen Wissenschaftler und Philosophen ihre intellektuelle Odyssee beschreiben.

Teil II, der Hauptteil des Buches und wahrscheinlich unser originärster Beitrag, beginnt mit einem einleitenden Essay, der die Suche nach einem einheitlichen wissenschaftlichen Weltbild zum Gegenstand hat. Es folgen zwölf weitere Essays zu den wichtigsten Themen in Einsteins Text. Ziel ist es, Klarheit in Einsteins mitunter verschlungene Erzählweise zu bringen und seine Erinnerungen in ihren biografischen Kontext zu stellen. Wir vergleichen diese Erinnerungen mit Einsteins Wahrnehmung der verschiedenen Phasen und Abschnitte seines wissenschaftlichen Lebens, so wie sich diese in seinen Schriften und in seiner Korrespondenz im jeweiligen Zeitraum darstellen. Im Gegenzug werfen wir aus der autobiografischen Perspektive seiner *Notizen* einen ungewohnten Blick auf seine Biografie.

Schilpps Band zu Einstein enthält nach *Autobiographisches* 25 beschreibende und kritische Essays von anderen Physikern und Philosophen, die Einsteins Arbeit kommentieren. In Teil III beschreiben wir Schilpps Auswahlprozess und geben biografische Informationen zu den Autoren der ausgewählten Beiträge. Anschließend fassen wir Einsteins Antworten auf die kritischen Bemerkungen zusammen und analysieren sie. Diese Antworten ergänzen wiederum die *Notizen*, denn sie werfen zusätzliches Licht auf Einsteins wissenschaftlich-philosophische Weltsicht. Wir zitieren zudem aus unveröffentlichten Fassungen seiner Antworten.

Teil IV gibt einen weiteren bemerkenswerten Text wieder: Einsteins „Autobiographische Skizze", verfasst rund einen Monat vor seinem Tod im Jahr 1955. Einstein schrieb diesen Text als Beitrag zu einer Festschrift anlässlich des 100-jährigen Jubiläums der ETH Zürich. Er kam der Bitte nach, diesen Beitrag zu verfassen, weil ihm dies eine Gelegenheit bot, seine Dankbarkeit gegenüber seinem persönlichen Freund und wissenschaftlichen Kollegen Marcel Grossmann auszudrücken. Wir erörtern die Inhalte und den Kontext dieses einzigartigen Dokuments.

Einstein ist der einzige Naturwissenschaftler, der in Schilpps LLP-Reihe aufgenommen wurde. In Teil V, der den Abschluss unseres Kommentarteils bildet, versuchen wir zu zeigen, warum die Bezeichnung Einsteins als *Philosoph und Naturforscher* so zutreffend ist.

Teil VI ist ein Nachdruck der *Notizen*. Einstein hatte den Text auf Deutsch verfasst, und Schilpp hatte unter Mitwirkung von Peter Bergmann eine Übersetzung ins Englische angefertigt, die von Einstein autorisiert wurde. In Schilpps Band wurden die deutsche und die englische Fassung einander Seite für Seite gegenübergestellt.

Wir haben uns entschieden, den Text nicht nur durch repräsentative historische Abbildungen und Faksimiles von ausgewählten Passagen handschriftlicher Manuskripte zu illustrieren, sondern zusätzlich durch Zeichnungen des Künstlers Laurent Taudin. Sie stellen Einsteins Erinnerungen an seine intellektuelle Reise Zeichnungen eines imaginierten Spaziergangs durch Princeton zur Seite und verleihen dem Buch eine leichte, poetische Note. Wir schätzen den künstlerischen Blick, mit dem Laurent die menschliche Essenz von Einsteins Schaffen erfasst hat.

Danksagungen

Dieses Projekt steht in besonderer Schuld bei zwei Institutionen, die direkt und indirekt involviert waren. Die Hebrew University gestattete uns die uneingeschränkte Nutzung ihres Archivmaterials; das Max-Planck-Institut für Wissenschaftsgeschichte wiederum war der Ort, an dem dieses Projekt verwirklicht wurde. Wir danken daher beiden Einrichtungen für diese Unterstützung.

Einer von uns (H. G.) dankt dem Max-Planck-Institut für Wissenschaftsgeschichte ganz besonders für dessen Gastfreundschaft bei den zahlreichen Besuchen, die im Verlauf dieser Arbeit erforderlich waren.

Wir danken ebenso Dr. Roni Grosz, Direktor des Albert-Einstein-Archivs (AEA) für seine hilfreiche Unterstützung. Besonderer Dank gebührt seiner Stellvertreterin, Chaya Becker, für ihre unschätzbare Hilfe beim Zugriff auf das Archivmaterial des AEA und bei der Arbeit mit anderen Quellen.

Sabine Bertram möchten wir für ihre professionelle und effektive Unterstützung der bibliografischen Arbeit danken.

Weiterer Dank geht an Nicholas L. Guardiano, Experte für Recherchen am Special Collections Research Center, Morris Library von der Southern Illinois University und der unabhängigen Rechercheurin Paula McNally. Sie haben uns bei der Suche nach relevantem Archivmaterial in der Schilpp Archival Collection sehr geholfen.

Schließlich würdigen wir mit Dank und Anerkennung die wertvolle redaktionelle Hilfestellung und professionelle Unterstützung durch Lindy Divarci. Die ursprüngliche Übersetzung von Thomas Hirsch wurde von Karen Lippert gründlich überarbeitet. Elizabeth Hughes, Sylvia Szenti und Jascha Schmitz danken wir für die Überprüfung der Quellen.

Anmerkungen

1 Paul Arthur Schilpp, Hrsg., *Albert Einstein als Philosoph und Naturforscher, Philosophen des 20. Jahrhunderts*, Bd. 1 (Stuttgart: Kohlhammer Verlag, 1951), S. 1–35. Die deutsche Schrift *Autobiographisches* aus der zweisprachigen Ausgabe der *Notizen* wird in diesem Band wiedergegeben: *Albert Einstein: Autobiographical Notes*, Hrsg. Paul Arthur Schilpp (La Salle, IL: Open Court, 1979).

Teil I: **Vorbemerkungen**

1 Entstehung und Gegenstand der Schrift
Autobiographisches

Die Angelegenheit war absolut wichtig, zumindest für den Absender des Briefes. Es schien ein Wendepunkt der Weltgeschichte bevorzustehen. Die Botschaft würde amerikaweit zu hören sein, von über 25 Millionen Zuhörern. Sicher würde sie sich in die ganze Welt verbreiten. Und nur einer konnte die Dringlichkeit der Botschaft überzeugend vermitteln und ihr universale Glaubwürdigkeit verleihen: dieser 67-jährige Mann, kein Politiker, sondern ein Wissenschaftler. Doch seine Gesundheit war angeschlagen. Man würde ihn überzeugen müssen, die lange Reise von der Ostküste zu den Großen Seen auf sich zu nehmen, sei es im Zug oder mit dem Flugzeug. In einem Stadion sollte er die Rede vor 40.000 Menschen halten, und sie sollte live im Radio übertragen werden.

Bei der dringenden Angelegenheit handelte es sich um die Einrichtung einer Weltregierung – unter dem Eindruck des verheerendsten Krieges und des grausamsten Völkermordes, den die Welt jemals erlebt hatte, und womöglich am Vorabend einer noch größeren Katastrophe, die bereits ihre Schatten über das Schicksal der gesamten Menschheit warf. Es war der April 1946, etwa ein Jahr nach der Befreiung von Auschwitz und dem Abwurf der Atombomben über Hiroshima und Nagasaki. Während in Nürnberg führenden Funktionären des Nationalsozialismus wegen ihrer Verbrechen gegen die Menschlichkeit der Prozess gemacht wurde, sprach Großbritanniens Premierminister Winston Churchill im März 1946 erstmals vom Eisernen Vorhang, der Europa teilte. Später sollte er zum Fürsprecher der Vereinigten Staaten von Europa werden. Zu Jahresbeginn war erstmals die Generalversammlung der Vereinten Nationen zusammengetreten. Am selben Tag wurde erstmals per Radar Kontakt mit dem Mond aufgenommen. Die Zeit schien reif dafür, die Zukunft der Menschheit aus einer planetarischen Perspektive zu betrachten. Doch während die Menschen noch damit beschäftigt waren, den Blick von den Schrecken der unmittelbaren Vergangenheit loszureißen und ihn auf die unmittelbare Zukunft zu richten, öffnete sich bereits ein neuer Abgrund: der Kalte Krieg. Der sollte einen guten Teil der noch bevorstehenden Hälfte des Jahrhunderts prägen – stets nur einen kleinen Schritt entfernt von einem heißen Krieg, der das Potential hatte, den gesamten Planeten zu vernichten.

Dies war einer der Gründe, warum es dem Absender des Briefes so dringlich erschien, eine Weltregierung einzusetzen: „Was heute absolut notwendig – in der Tat ein *sine qua non* – ist, ist Welt-Regierung! Aber zu dem kann es natürlich nicht kommen, es sei denn, dass mehr und mehr Menschen das einsehen, selbst wenn sie auch nur durch Furcht vor der Atombombe dazu getrieben werden."[1] Im Mai desselben Jahres bestand er in einem weiteren Brief auf der Notwendigkeit, den Millionen von Menschen Gehör zu verschaffen, die eine Weltregierung wünschten, „um der Menschheit willen": „Ich bin mir nämlich ganz gewiss, dass Sie der Sache, die uns allen in diesen Tagen sehr am Herzen liegt – nämlich die Welt von ganzer Annihila-

https://doi.org/10.1515/9783110744811-002

tion zu verschonen –, nirgends besser dienen könnten, als dadurch, dass Sie, hoch verehrter Herr Einstein, dieser gegenwärtigen Einladung Folge leisten würden."[2]

Der Absender des Briefes war Arthur Schilpp, ein Philosophieprofessor deutscher Herkunft, der nach dem Ersten Weltkrieg an mehreren amerikanischen Universitäten gelehrt hatte und nun sehr engagiert beim Brotherhood Banquet war, einer von der National Conference of Christians and Jews in Chicago organisierten Massenbewegung. Der Empfänger war kein anderer als Albert Einstein, zu diesem Zeitpunkt bereits eine Ikone unter den Wissenschaftlern. Einstein hatte seinen Ruhm schon seit längerem mit dem Anliegen verknüpft, die Menschheit vor den Gefahren des Atomzeitalters zu retten, welche er selber ungewollt mit heraufbeschworen hatte – wenn auch nur als Theoretiker, der sich mit Fragen des Universums beschäftigt hatte. Doch nicht nur das verband die beiden Männer. Während sie Briefe darüber austauschten, wie die Welt am besten zu retten sei, schlug Schilpp vor, Einstein solle eine wissenschaftliche Autobiografie schreiben. Schilpp gab schon seit einiger Zeit eine Reihe mit dem Titel *The Library of Living Philosophers* heraus und trug an Einstein seinen Wunsch heran, ihm einen Band dieser Bibliothek lebender Philosophen zu widmen: *Albert Einstein: Philosopher-Scientist*.

Es kostete Schilpp einige Zeit, Einstein von dem Vorhaben zu überzeugen. Doch schließlich stimmte Einstein in einem Brief zu, eine handschriftliche, wissenschaftliche Autobiografie zu liefern und außerdem auf kritische Essays von ausgewählten Physikern und Philosophen zu antworten, die ebenfalls in dem geplanten Band enthalten sein sollten.[3] Und so tat Einstein im Alter von 67 Jahren etwas, was er bisher stets abgelehnt hatte: Er setzte sich hin und schrieb *Autobiographisches*. Sobald er zugestimmt hatte, räumte Einstein ein, „... dass es gut ist, den Mitstrebenden zu zeigen, wie einem das eigene Streben und Suchen im Rückblick erscheint." Zugleich warnt er den Leser in seinen *Notizen*: „Jede Erinnerung ist gefärbt durch das jetzige So-Sein, also durch einen trügerischen Blickpunkt" (*Autobiographisches*, S. 2 [S. 195]).[4] Doch ließ er sich dadurch nicht von diesem Projekt abbringen, denn nur er allein hatte Zugang zu seinen Erinnerungen, die er auf diese Weise mit anderen teilen konnte.

Was verband die Anliegen Schilpps und Einsteins so, dass sie schließlich zusammenfanden? Und wie konnte Einstein sein eigenes Bestreben in Worte fassen? Würde er Bezug auf die globale Krisensituation der Welt nehmen und die Gelegenheit nutzen, um einen Bericht nach dem Vorbild Mahatma Gandhis zu verfassen, dessen Lebensweg Einstein als eines der bemerkenswertesten Zeugnisse menschlicher Größe erachtete? Im Mittelpunkt von Gandhis *Eine Autobiographie oder Die Geschichte meiner Experimente mit der Wahrheit* steht das Streben nach einem geistigen und moralischen Leben, das ihm inmitten der Wirren der Welt die Weisheit und Kraft für seinen politischen Protest gab. Gandhis Autobiografie ist nicht einfach nur die Geschichte einer inneren Reise, sondern ein realistisches Porträt einer Welt voller Probleme. Welche Konflikte, Versuchungen und Bestrebungen würden in Einsteins Autobiografie im Mittelpunkt stehen?

Schilpps Erwartungen wurden jedenfalls erfüllt. Als er das Manuskript von *Autobiographisches* erhielt, fiel seine Antwort enthusiastisch aus:

> Also, verehrter Herr Professor Einstein: meinen allerbesten und aller-verbindlichsten Dank! Und nicht nur *meinen* (denn wer bin ich?) Dank, sondern ich darf in diesem Falle Ihnen auch schon jetzt den tiefsten Dank unzähliger Leser und auch noch nicht geborener Menschen aussprechen, die durch die kommenden Jahrzehnte – ja und auch Jahrhunderte – hindurch Ihnen für dieses wunderbare (und ganz und gar Einstein'sche) Werk dankbar sein und zum Danke verpflichtet sein werden. Das haben Sie also einfach ganz grossartig gemacht! Wenn ich, nach dem Lesen Ihrer Autobiographie noch daran denke, dass Sie mir zuallererst, als ich Sie bat Sich an der Schaffung eines solchen Bandes zu beteiligen, „Nein!" sagten, und dass die ganze Welt um diese wunderbare Autobiographie hätte auf immer ärmer werden und bleiben können, dann schaudere ich immer noch vor solch einem Gedanken.[5]

Jede Autobiografie ist eine Zeitmaschine auf eine Art, zu der die Relativitätstheorie nichts beizutragen hat. Sie versetzt den Leser oder die Leserin in die Welt eines anderen Geistes in einer anderen Zeit, sie versetzt den Autor oder die Autorin selbst in die eigene Vergangenheit und sie spricht mit all den anderen Zeitreisenden, die sich an ein ähnliches Unternehmen gewagt haben – oder dies in der Zukunft tun werden. Einsteins Autobiografie trägt unsere Vorstellungskraft in die Welt direkt nach dem Zweiten Weltkrieg, in die kleine Universitätsstadt Princeton, New Jersey. In einem bescheidenen Haus in der Mercer Street setzte sich Einstein hin und schrieb seinen eigenen „Nekrolog" – wie er spottend seinen Text einleitend nennt. Schnell jedoch flüchten seine eigenen Gedanken in eine andere Welt, in eine Zeit vor den großen Kriegen, in seine Jugendzeit, die er in Deutschland, der Schweiz und in Italien verbracht hatte. Auch das waren unruhige Zeiten, wenn auch unendlich weit entfernt von den Katastrophen des 20. Jahrhunderts. Doch selbst die normalen Mühen des Lebens, die Sorge um den Lebensunterhalt, die politischen Spannungen, die Schatten, die künftige Tragödien vorauswarfen – all das bildet nur den Hintergrund von Einsteins Darstellung.

Im Mittelpunkt der Autobiografie Einsteins stehen die Schwierigkeiten, Herausforderungen und Spannungen, denen er sich im Zuge seines Strebens nach einem neuen wissenschaftlichen Weltbild stellen musste. Über den gesamten Text hinweg wird deutlich, was am Ende wirklich zählt: das Streben und Sichmühen – nicht die abschließende Formulierung des erfolgreichen Durchbruchs, der Einstein weltberühmt machte. Die bahnbrechenden Schriften des *annus mirabilis* 1905 – seines Wunderjahres – erwähnt er nicht einmal: seine Arbeit über Lichtquanten, zur brownschen Bewegung und zur speziellen Relativitätstheorie, die seine kopernikanische Revolution bildeten und zu den Grundpfeilern der modernen Physik werden sollten.[6] Stattdessen geht er den Ursprüngen solcher Errungenschaften nach, seinem Denkprozess und seiner Suche nach neuen Prinzipien. Ebenso wenig erwähnt er seine abschließende Formulierung der allgemeinen Relativitätstheorie im November 1915, die noch hundert Jahre später als weitere große Revolution gefeiert wurde. Diese Theorie wurde zur Grundlage der modernen Kosmologie und damit für das Verständnis des

Universums. Einsteins Rückbesinnung auf das Entstehen der allgemeinen Relativitätstheorie konzentriert sich vielmehr auf die Frage, warum es von der ursprünglichen
Idee bis zu ihren bahnbrechenden Konsequenzen sieben weitere Jahre brauchte.

Wie Einstein in seiner Autobiografie beschreibt, war sein wissenschaftliches Streben zugleich die Suche nach der Rolle und dem Weg eines jungen Mannes, der sich
fragt, was sein eigener Platz in der Welt ist – und der der Menschheit im Allgemeinen. In Einsteins Fall wurde die Suche nach dem eigenen Platz in der Welt und nach
der Erkenntnis ihrer innersten Geheimnisse Teil ein und desselben Strebens. Einstein
ist bekannt für seine oft ironisch distanzierte Art und Weise, Gott bei seiner wissenschaftlichen Suche als Gesprächspartner und Gegenüber zu behandeln. Einstein
glaubte nicht an das Konzept monotheistischer Religionen, wonach die Rolle Gottes
im Bestrafen und Belohnen von Menschen besteht. In diesem Sinne lehnte er das
Konzept eines „persönlichen Gottes" ab. Für ihn war Gott die Verkörperung der Gesetze und der Harmonie der Natur, und mit diesem Gott blieb er ein Leben lang im
Gespräch. Dazu können wir hier eine charakteristische Aussage Einsteins anführen:
„Ich glaube an Spinozas Gott, der sich in der gesetzlichen Harmonie des Seienden
offenbart, nicht an einen Gott, der sich mit Schicksalen und Handlungen der Menschen abgibt."[7] „Raffiniert ist der Herrgott, aber boshaft ist er nicht", sagte Einstein
an anderer Stelle, oder behauptete: „Jedenfalls bin ich überzeugt, daß der nicht würfelt."[8] Einsteins *Notizen* wenden sich manchmal an den Leser, doch vor allem lassen
sie den Leser daran teilhaben, wie sich Einsteins Dialog mit Gott – also sein Streben
nach dem Verständnis der physikalischen Welt – im Laufe der Zeit entwickelte.[9]

Kurz gesagt: *Autobiographisches* ist in gewissem Sinn Einsteins Glaubensbe-
kenntnis, ein weltliches Pendant zu den berühmten *Bekenntnissen* des Augustinus,
eines der ganz großen Werke des westlichen Denkens. Augustinus von Hippo lebte
ebenfalls in einer Zeit tiefgreifender Veränderungen, zwischen dem 4. und dem frühen 5. Jahrhundert. Auch damals gab es eine Teilung in Ost und West, mit einem
weströmischen Reich, dessen Niedergang eingesetzt hatte. Heute weiß man, dass Einstein die *Bekenntnisse* gelesen hat und augenscheinlich von der Art fasziniert war,
wie Augustinus in einer aufgewühlten Welt von seiner inneren Reise Zeugnis gab. Es
ist nicht übertrieben zu behaupten, dass dieser Text aus der Spätantike über einen Abstand von mehr als anderthalb Jahrtausenden hinweg der Art und Weise Gestalt gegeben hat, in der Einstein sich und seiner Leserschaft sein eigenes Leben darlegte. Beide
Texte können als Streben nach innerer Freiheit und Geborgenheit in der großen Gemeinschaft derer gesehen werden, die sich auf die Suche nach einer ewigen Wahrheit
begeben, die doch stets im Fluss ist.

Dies ist nur eine der überraschenden Einsichten, die Einsteins außergewöhnli-
ches Buch zu bieten hat, das vielleicht sogar das außergewöhnlichste unter allen
seinen Büchern ist. Wir unternehmen hier den Versuch, diesen Text neu zu erschließen. Auf der Grundlage jahrzehntelanger Einstein-Forschung sind wir nun in
einer besseren Position, um diesen Text in Einsteins Biografie und ihre vielfältigen
Kontexte einzuordnen und so die enthaltenen Anspielungen zu verstehen, die Aus-

lassungen zu interpretieren und die subtilen Spuren zu verfolgen, die uns der Autor in diesem Text hinterlässt. Einsteins *Autobiographisches* ist genau wie Augustinus' Text eine Flaschenpost, eine Botschaft in einer Zeitkapsel, hinterlassen an einem bestimmten Ort und in einer bestimmten historischen Situation – doch voller Erkenntnisse, die über die konkreten Umstände weit hinausgehen und in denen die Essenz eines lebenslangen Nachdenkens über das Universum und den Platz der Menschheit in diesem Universum enthalten ist.

Einsteins Erzählung beschränkt sich auf die frühen und späten Phasen seines wissenschaftlichen Schaffens. Kaum etwas erfahren wir über seine Aktivitäten nach seiner wissenschaftlichen Ausbildung und vor seinen späteren Jahren in Princeton. Der Schwerpunkt liegt auf seiner Arbeit in den Jahren vor 1905 und auf seinem Weg hin zur allgemeinen Relativitätstheorie. Von dort springt er direkt zu seinem Standpunkt zur Quantenmechanik und zu seinem Streben nach einer vereinheitlichten Feldtheorie – also zu Fragen, die ihn um die Zeit der Niederschrift dieser Notizen bewegten.

Den Hauptteil unseres Buches bilden 13 kommentierende Kapitel. Das erste dieser Kapitel führt in die Bemühungen um ein einheitliches Weltbild ein, so wie es am Beginn des 20. Jahrhunderts die wissenschaftliche Gemeinschaft beschäftigte. Die weiteren zwölf Kapitel zeichnen im Wesentlichen Einsteins Text nach. Kapitel zwei beschreibt, wie seine Persönlichkeit und der von ihm gewählte Lebensweg schon auf seine Kindheit und sein soziales Umfeld zurückgehen. Besondere Erwähnung finden hier zwei biografische Erfahrungen: eine kurze religiöse Phase im Alter von zwölf Jahren und seine Schulzeit. Im dritten Kapitel behandeln wir Einsteins introspektive Darstellung seiner Denkweise, speziell des Denkens, das zu wissenschaftlichen Entdeckungen führt. Einstein glaubte, dass wissenschaftliche Forschung stets auf erkenntnistheoretischen Grundsätzen basieren und von diesen geleitet sein müsse. Diese Überzeugung veranlasste ihn, sein „erkenntnistheoretisches Credo" (*Autobiographisches*, S. 10, S. 198) zu formulieren, das wir in unserem Kommentar untersuchen. Die nächsten beiden Kapitel sind einer Darstellung der klassischen Physik des 19. Jahrhunderts gewidmet, deren Defizite zusammen mit Einsteins revolutionären Entdeckungen letztlich zu ihrem Niedergang führten.

Die folgenden Kapitel befassen sich mit Einsteins *annus mirabilis* 1905. Die Abhandlung dieses Zeitraums in den *Notizen* ist kurz, etwas verworren und beschränkt sich mitunter auf Andeutungen. Wir beginnen mit seiner Reaktion auf die bahnbrechende Arbeit Max Plancks zur Schwarzkörperstrahlung. Danach befassen wir uns mit Einsteins eigener Herleitung der statistischen Mechanik und untersuchen seine Motivation für dieses Unterfangen. Dazu vergleichen wir seine Formulierung mit der klassischen, kinetischen Theorie der Wärme wie Ludwig Boltzmann sie entwickelt hatte. Das nächste Kapitel ist Einsteins Interesse an thermodynamischen Fluktuationen gewidmet, welches zur Erklärung der brownschen Bewegung und schließlich zu einem überzeugenden Nachweis für die Existenz von Atomen führen sollte. Anschließend erörtern wir Einsteins Gedankenexperiment mit einem reflektierenden Spiegel, der in einem

Strahlungsfeld aufgehängt und in einem Hohlraum eingeschlossen ist. Die Analyse dieser Anordnung lieferte zwingende Argumente für die korpuskulare Natur des Lichts. Ein weiteres Kapitel über Einsteins Arbeit vor seinem „Wunderjahr" ist den Ursprüngen der speziellen Relativitätstheorie gewidmet. Sie beruht auf denselben Überlegungen, die auch Einsteins anderen Errungenschaften des Jahres 1905 zugrunde liegen.

Aus zeitgenössischen Dokumenten weiß man über diese Zeit nur wenig, es bleiben im Wesentlichen nur die veröffentlichten Schriften selbst. Sporadische Bezugnahmen auf Einsteins Ideen und Interessen in diesen Jahren enthalten die Liebesbriefe, die er mit seiner Kommilitonin und späterer Ehefrau, Mileva Marić, wechselte.[10] Aus ihnen werden wir wiederholt zitieren. *Autobiographisches* und diese Liebesbriefe erschließen uns zwei sich ergänzende Perspektiven: die eine rückblickend aus dem vorgerückten Alter und die andere mitten aus dem Geschehen heraus.

Anschließend kommentieren wir Einsteins eigene Darstellung seines Weges zur allgemeinen Relativitätstheorie einschließlich der Schwierigkeiten, die er dabei zu überwinden hatte. Diesem Thema haben wir ein ganzes Buch gewidmet.[11] Hier vergleichen wir Einsteins Erinnerungen an diesen Prozess mit der Wahrnehmung, wie sie aus den umfangreichen zeitgenössischen Dokumenten und Briefwechseln hervorgeht. Einsteins Antwort auf seine eigene Frage „Warum brauchte es weitere sieben Jahre?" (tatsächlich waren es acht Jahre) enthält nur einen Teil der Geschichte. Wir können uns fragen, ob das tatsächlich seinen Erinnerungen entspricht – oder ob er wünschte, dass die Geschichte so in Erinnerung bleibt.

Die weiteren Kapitel widmen sich Einsteins Einschätzung zum Stand und zur Zukunft der Quantenmechanik sowie seiner Suche nach einer vereinheitlichten Feldtheorie und seiner Meinung bezüglich des bevorzugten Ansatzes, um dieses Ziel zu erreichen. In dieser Hinsicht geht es Einstein nicht um Erinnerungen an Vergangenes. Überraschend dabei: Auf seine berühmten Debatten mit Niels Bohr zur Quantenmechanik aus den 1920ern geht er in diesem Zusammenhang ebenso wenig ein, wie auf die verschiedenen Ansätze für eine vereinheitlichte Feldtheorie, an denen er zwischen 1920 und 1930 arbeitete. Er konzentrierte sich bezüglich dieser beiden Themen ausschließlich auf seine Ansichten zum Zeitpunkt der Niederschrift von *Autobiographisches*. Es liegt auf der Hand, dass er diese Schrift als Medium verwendete, um zu dokumentieren, was für ihn das Wichtige an seinem wissenschaftlichen Vermächtnis ist. Seine Versuche zur Formulierung einer vereinheitlichten Feldtheorie beginnen mit der Suche nach einer neuen und weiter gefassten Symmetrie. Die der Symmetrie zugewiesene Rolle ist ein bleibendes Vermächtnis Einsteins: Symmetrie steht an oberster Stelle, sie bestimmt die Gesetze der Physik und die zugehörigen Gleichungen. Einstein hatte dieses Prinzip bereits zuvor in seiner Erörterung der vorrelativistischen Physik sowie der speziellen und allgemeinen Relativitätstheorie eingeführt, nun wendet er es auf seine Suche nach einer vereinheitlichten Feldtheorie an.[12]

In dieser Phase seines Lebens glaubte Einstein, dass der vielversprechendste Weg zu einer vereinheitlichten Theorie auf der Annahme nichtsymmetrischer Felder beruhen würde. Der abschließende Teil der *Notizen* liefert eine kurze Beschreibung dieses Ansatzes. Die letzten zehn Jahre seines Lebens widmete Einstein ausschließlich der Untersuchung dieser Option. Zusammen mit Einstein beenden auch wir unsere Kommentare, indem wir hervorheben, wie ihn seine lebenslange Odyssee zu dem Schluss führte, dass die Zukunft der Physik in der Verallgemeinerung seiner Gravitationstheorie liege – immer noch auf der Grundlage des klassischen Begriffs kontinuierlicher Felder, auch wenn Einstein offen für alternative Ansätze für die Fundamente der Physik war.

Die Aufnahme Einsteins in die Bibliothek der lebenden Philosophen und der aussagekräftige Titel des ihm gewidmeten Bandes – *Albert Einstein: Philosopher Scientist* – unterstreichen die Bedeutung des philosophischen und erkenntnistheoretischen Denkens, das Einsteins wissenschaftliche Reise auf der Suche nach einem einheitlichen Weltbild stets begleitet hat. Genau das macht Einstein auch in seiner eigenen Darstellung dieser Reise in den *Notizen* deutlich und seine in dem Band enthaltenen Antworten auf die kritischen Essays ausgewählter Philosophen und Physiker unterstreichen dies zusätzlich. Unsere Erörterung dieser Antworten bildet einen weiteren Hauptabschnitt des vorliegenden Buches. In unseren abschließenden Bemerkungen begründen wir, weshalb die Attribuierung Einsteins als „Philosopher-Scientist" gerechtfertigt ist.

Anmerkungen

1 Schilpp an Einstein, 4. April 1946, Albert Einstein Archives (im Weiteren AEA) 80–507. Falls nicht anders angegeben wurden englische Originaltexte vom Übersetzer ins Deutsche gebracht.
2 Schilpp an Einstein, 3. Mai 1946, AEA 80–508.
3 Einstein an Schilpp, 29. Mai 1946, AEA 42–513.
4 Hier, wie bei allen Zitaten aus *Autobiographisches*, bezieht sich die erste Seitenangabe auf Einsteins Text in Schilpp 1979, die zweite Seitenangabe in eckigen Klammern auf die Seitenzahl des Nachdrucks des Textes am Ende vorliegenden Buches.
5 Schilpp an Einstein, 8. Februar 1947, AEA 42–515.
6 Siehe zum Beispiel Jürgen Renn und Robert Rynasiewicz, „Einstein's Copernican Revolution", in *The Cambridge Companion to Einstein*, Hrsg. Michel Janssen und Christoph Lehner (Cambridge: Cambridge University Press, 2014), S. 38–71.
7 Alice Calaprice, Hrsg., *The New Quotable Einstein*, Überarb. Ausg. (Princeton, NJ: Princeton University Press, 2005), S. 197.
8 „Raffiniert ist der Herrgott, aber boshaft ist er nicht", The Collected Papers of Albert Einstein (im Folgenden CPAE) Bd. 12, S. liii. „Jedenfalls bin ich überzeugt, daß der nicht würfelt", Albert Einstein an Max Born, 4. Dezember 1926, in *Albert Einstein Max Born: Briefwechsel 1916–1955* (München: Nymphenburger, 1969), S. 129–130.
9 Zu Einsteins Begriff Gottes siehe Yehuda Elkana, „Einstein and God", in *Einstein for the 21st Century: His Legacy in Science, Art, and Modern Culture*, Hrsg. Peter L. Galison, Gerald Holton und Silvan S. Schweber (Princeton, NJ: Princeton University Press, 2008), S. 35–47.
10 Siehe Jürgen Renn und Robert Schulmann, Hrsg., *Albert Einstein – Mileva Marić: The Love Letters* (Princeton, NJ: Princeton University Press, 1992).

11 Hanoch Gutfreund und Jürgen Renn, *The Road to Relativity: The History and Meaning of Einstein's „The Foundation of General Relativity", Featuring the Original Manuscript of Einstein's Masterpiece* (Princeton, NJ: Princeton University Press, 2015).

12 Dieser Punkt wird erörtert in Albert Einstein, *The Meaning of Relativity*, 5. Ed. (Princeton, NJ: Princeton University Press, 1955), S. 1–23; siehe auch Hanoch Gutfreund und Jürgen Renn, *The Formative Years of Relativity: The History and Meaning of Einstein's Princeton Lectures* (Princeton, NJ: Princeton University Press, 2017), S. 7.

2 Schilpps Projekt
Die Bibliothek lebender Philosophen

Die Bibliothek lebender Philosophen (*The Library of Living Philosophers*, Abk. LLP) ist eine von Paul Arthur Schilpp (1897–1993) konzipierte und herausgegebene Buchreihe. Schilpp wurde in Deutschland geboren und wanderte vor dem Ersten Weltkrieg in die Vereinigten Staaten aus, wo er an verschiedenen Universitäten Philosophie lehrte. Er war politischer Aktivist und seine ideologischen Prinzipien sowie sein Engagement standen mit denen Einsteins im Einklang.

Jeder Band der LLP ist einem damals lebenden Philosophen gewidmet. Hauptziel der Reihe war es, dem betreffenden Philosophen die Möglichkeit zu geben, seinen Interpreten und Kritikern zu Lebzeiten zu antworten, um Streitpunkte auszuräumen und klarzustellen, was er tatsächlich meinte. Das mag eine naive Erwartung gewesen sein, denn natürlich kann die Antwort des jeweiligen Philosophen wiederum Gegenstand unterschiedlicher Interpretationen sein, genau wie die betreffende Originalschrift. Dennoch wurde die LLP zu einer wichtigen philosophischen Ressource.

Im Sinne der Hauptzielsetzung der LLP umfasst jeder der Bände vier Teile:
- eine intellektuelle Autobiografie des betreffenden Philosophen, sofern dies bewerkstelligt werden kann;
- eine Reihe erklärender und kritischer Artikel und Schriften der führenden Verfechter und Kritiker der Ideen des Philosophen;
- eine Antwort des Philosophen auf seine Kritiker und Kommentatoren;
- eine Bibliografie der Schriften des Philosophen, gedacht als praktisches Instrument für den Zugriff auf seine Veröffentlichungen.

In einem Doktorandenseminar an der philosophischen Fakultät der Southern Illinois University erläuterte Schilpp 1967, wie die LLP entstanden ist.[1] Seinen Erinnerungen zufolge hörte er 1933 als Leiter der Fakultät für Philosophie der University of the Pacific in Stockton, Kalifornien, einen Vortrag des deutsch-britischen Philosophen Ferdinand Canning Scott Schiller, einem Vertreter des amerikanischen Pragmatismus. Der Titel des Vortrags lautete: „Must Philosophers Disagree?". Mit einigen Zitaten aus diesem Vortrag lässt sich zeigen, wie hier etwas angelegt wird, aus dem später die Bibliothek lebender Philosophen werden sollte. Zumindest Schlipps Idee zu diesem Projekt liegt hier begründet:

> Die philosophische Öffentlichkeit ist nicht neugierig genug. Aus einer behäbigen (oder standesmäßigen) Übereinkunft fragt sie Philosophen zu deren Lebzeiten nicht, was sie sagen wollten, oder warum um Himmels Willen sie das geschrieben haben, was sie geschrieben haben, während sie auf der Erde weilten. Sie wartet, bis sie tot sind und keine Erklärungen mehr geben können, und erst dann wendet sie sich den Rätseln zu, die sie aufgegeben haben. Und nebenbei macht damit jeder seinen Reibach. Die betreffenden Philosophen werden zu Lesefutter, mit dem sich wiederkäuende Professoren ihren Unterhalt sichern. … Die können nun unge-

https://doi.org/10.1515/9783110744811-003

stört, endlos und fruchtlos darüber spekulieren, was ein Philosoph wohl gemeint haben mag, oder besser: gemeint haben muss. Es besteht ja keine Gefahr mehr, dass er sie ärgern könnte, indem er ihnen sagt, was er *tatsächlich* gemeint hat. ... Ein weiteres Hindernis für fruchtbare Diskussionen in der Philosophie ist die eigenartige Anstandsregel, dass es offenbar tabu ist, einen Philosophen nach seiner Meinung zu fragen, solange er noch lebt. ... Das hat gewiss viele unlösbare Fragen und endlose Kontroversen am Leben erhalten, mit denen sich jede Menge Geschichten der Philosophie füllen lassen. Dabei hätte man sie auf der Stelle beenden können, indem man dem lebenden Philosophen ein paar klärende Fragen gestellt hätte. ... Theoretisch *hätte* man diese Fragen offen, konstruktiv und effektiv diskutieren und so weitgehend beilegen können.[2]

Der Herausgeber, Prof. Schilpp, im Gespräch mit Albert Einstein in dessen Arbeitszimmer in Princeton

Abb. 1: Arthur Schilpp mit Albert Einstein in dessen Arbeitszimmer in Princeton, 28. Dezember 1947. Mit Genehmigung des American Institute of Physics.

Schilpp hatte keinen Zweifel daran, dass Schiller Recht hatte. Er konnte nicht verstehen, warum bisher niemand etwas dagegen unternommen hatte. Er fühlte sich inspiriert, das zu ändern. Die Idee selbst schien einfach: einem bedeutenden Philosophen oder einer bedeutenden Philosophin Gelegenheit geben, sich zu erklären und dabei zu Lebzeiten auf seine oder ihre Anhänger und Kritiker zu antworten.

Als Schilpp dann nach der Veröffentlichung der ersten zwölf Bände der LLP zurückblickte, wurde ihm klar, dass Schiller zu optimistisch gewesen war: Es war unmöglich, die „endlosen Kontroversen" zu beenden, welche die „Geschichten der Philosophie füllen ... indem man dem lebenden Philosophen ein paar klärende Fragen stellt." Seine Erfahrung mit der LLP hatte ihm die Unmöglichkeit dieses Anspruchs ohne jeden Zweifel vor Augen geführt. Philipp G. Frank, einer der ersten, die Schilpp um einen Beitrag für Einsteins Band bat, warnte ihn hinsichtlich dieser Erwartung: „Ich finde Ihre Idee hervorragend, lebende Philosophen freiheraus zu fragen, was sie eigentlich sagen wollten. Die Sache hat jedoch einen Schönheitsfehler. Denn das setzt voraus, dass die „lebenden Philosophen" auch in der Lage sind, klar zu sagen, was sie gemeint haben. Leider ist die Sprache der lebenden Philosophen nicht verständlicher, als die Bücher verstorbener Philosophen. Sie geben den Lebenden jedoch eine letzte Gelegenheit, sich klar zu äußern, und die können sie nutzen, solange dazu noch Zeit ist."[3] Schilpp gestand, dass er sich nicht sicher sei, ob die Reihe jemals realisiert worden wäre, wenn er in den 1930ern das gewusst hätte, was er 1967 wusste, als er sein Seminar hielt.

Vier Jahre nach Schillers Vortrag begann Schilpp mit der Verwirklichung seines Traums, als er an die Northwestern University wechselte. In seinem Buch *Glimpses of a Personal History* beschreibt Schilpp seine Bemühungen, das Projekt auf eine solide Grundlage zu stellen. Der Rektor der Universität zeigte Interesse an dem Vorhaben, allerdings dachte er an ein weniger ehrgeiziges Format. Er wies seinen Leiter für Projektentwicklung an, Optionen für die Finanzierung zu eruieren. Nach einem Jahr erfolgloser Bemühungen wurde Schilpp mitgeteilt, es sei „... Einfacher, fünf Millionen Dollar für die Krebsforschung zu bekommen, als fünfzig Cent für Philosophie."[4] Schilpp wandte sich an mehrere Stiftungen und erhielt zwar eine geringe finanzielle Unterstützung für die Planung, doch nicht für die Veröffentlichung. Die Veröffentlichung des ersten Bandes finanzierte er mit einem persönlichen Darlehen der Universitätsverwaltung. Erst als der Einstein-Band (Nr. 7) in den Verkauf ging, konnte Schilpp der Universität die Kosten für die Veröffentlichung der bisherigen Bände zurückzahlen. Die Druckauflage dieses Bandes wurde auf 5.000 Exemplare verdoppelt. Nach zehn Monaten waren sie ausverkauft. Dieser Erfolg war ein Wendepunkt in der Geschichte der LLP, die im Herbst 1950 in einen eigenständigen Rechtsträger überführt wurde.

Schilpp war von 1939 bis 1981 Herausgeber der LLP. Danach wurde die Reihe unter einer neuen redaktionellen Leitung fortgesetzt. Bislang wurden 35 Bände veröffentlicht (siehe Kasten). Albert Einstein ist nach wie vor der einzige Autor, der nicht in erster Linie Philosoph war oder ist.

The Library of Living Philosophers (LLP), (35 Bände)

John Dewey (1939)	Georg Henrik von Wright (1989)
George Santayana (1940)	Charles Hartshorne (1991)
Alfred North Whitehead (1941)	A. J. Ayer (1992)
G. E. Moore (1942)	Paul Ricoeur (1995)
Bertrand Russell (1944)	Paul Weiss (1995)
Ernst Cassirer (1949)	Hans-Georg Gadamer (1996)
Albert Einstein (1949)	Robert Chisholm (1998)
Sarvepalli Radhakrishnan (1952)	P. F. Strawson (1998)
Karl Jaspers (1957)	Donald Davidson (1999)
C. D. Broad (1959)	Seyyed Hossein Nasr (2001)
Rudolf Carnap (1963)	Marjorie Grene (2002)
Martin Buber (1967)	Jaakko Hintikka (2006)
C. I. Lewis (1968)	Michael Dummett (2007)
Karl Popper (1974)	Richard Rorty (2009)
Brand Blanshard (1980)	Arthur C. Danto (2013)
Jean-Paul Sartre (1981)	Hilary Putnam (2015)
Gabriel Marcel (1984)	Umberto Eco (2017)
W. V. Quine (1986)	

Anmerkungen

1 Paul A. Schilpp, *Glimpses of a Personal History*, Paul Arthur Schilpp papers, Special Collections Research Center, Morris Library, Southern Illinois University Carbondale, Box 21, Folder 2.
2 F.S.C. Schiller, *Must Philosophers Disagree? And Other Essays in Popular Philosophy* (London: Macmillan, 1934), S. 11, 13 und 14.
3 Philipp Frank an Schilpp, 10. Februar 1946, Paul Arthur Schilpp papers, Special Collections Research Center, Morris Library, Southern Illinois University Carbondale, Box 12, Folder 18.
4 Schilpp, *Glimpses of a Personal History*, S. 6.

3 Historischer Hintergrund

Das Jahr 1946

Abb. 2: Stürmisches Wetter – 1946, ein Jahr voller Vita activa.

Ende Mai 1946 bestätigte Einstein die Vereinbarung zum Verfassen seines Textes *Autobiographisches* für den geplanten Band der Reihe.[1] Sechs Monate später bestätigte Schilpp die Mitteilung von Einsteins Sekretärin, Helen Dukas, dass Einstein seine wissenschaftliche Autobiografie abgeschlossen habe.[2] *Autobiographisches* wurde also im Verlauf des Jahres 1946 konzipiert und abgeschlossen. Das Jahr 1946 war für Einstein hinsichtlich seines öffentlichen Lebens und seines politischen Engagements eines seiner aktivsten Jahre. Unsere kurze Darstellung dieser Aktivitäten basiert auf dem Material und den Kommentaren in Nathan und Nordens Buch *Albert Einstein über den Frieden* (1975 [1960]), Rowe und Schulmanns *Einstein on Politics* (2007), Jerome und Taylors *Einstein on Race and Racism* (2005, Kap. 8) sowie auf der Korrespondenz zwischen Einstein und Schilpp.

Das Ideal einer Weltregierung

Im Januar 1946 organisierte die Zeitschrift *Survey Graphic* ein Symposion mit dem Titel „Year 1: Atomic Age". Zitiert wurde in diesem Zusammenhang Einsteins Aussage: „Die Kriegswaffen haben heute eine solche Form angenommen, dass in einem neuen Weltkrieg der Sieger wahrscheinlich nicht weniger in Mitleidenschaft gezogen würde als der Besiegte. ... Ich bin überzeugt, dass die Mehrheit der Völker der Welt

https://doi.org/10.1515/9783110744811-004

lieber in Frieden und Sicherheit leben möchte als unter einem System, in dem jede einzelne Nation unbeschränkte Souveränität besitzt. Die Friedenssehnsucht der Menschheit kann nur durch die Schaffung einer Weltregierung erfüllt werden."[3]

Einstein war also bereits tief in die Verbreitung dieser Idee involviert, als er die beiden Briefe Schilpps erhielt, die wir in der Einleitung zitiert haben und in denen Schilpp ihn dazu drängt, die Öffentlichkeit von der Notwendigkeit einer Weltregierung zu überzeugen. Etwa ein Jahr zuvor hatte er von dem aus Ungarn stammenden Schriftsteller und Verleger Emery Reves ein Exemplar von dessen jüngst veröffentlichtem Buch *The Anatomy of Peace* (1945) erhalten. Der Autor argumentiert darin, der Sicherheitsrat der Vereinten Nationen sei für die Sicherung des Friedens ungeeignet, da er ein Instrument der Macht sei. Der einzige Weg zur Vermeidung eines Krieges sei der Weltföderalismus, verkörpert von einer Weltregierung und einem Weltgesetz mit einem international verbindlichen Gesetzeskodex. Einstein begrüßte diese Ideen und schrieb für die nächste Ausgabe von *The Anatomy of Peace* eine Empfehlung (Abb. 3).

Zur großen Popularität und Verbreitung dieser Ideen und von Reves' Buch trug Einstein über viele Plattformen und bei zahlreichen Gelegenheiten bei. Einen vielgelesenen Artikel veröffentlichte er im November 1947 in der Zeitschrift *The Atlantic*, „Atomic War or Peace", basierend auf einem Radiointerview mit Raymond Swing, der selbst ein Befürworter der Idee einer Weltregierung war.

Im Mai 1946 wurde Einstein zum Vorsitzenden des Emergency Committee of Atomic Scientists ernannt, das als Plattform für die Verbreitung der Idee einer internationalen Dachorganisation, ähnlich den Vereinten Nationen, zur Kontrolle der Kernenergie diente. Mit seiner Ernennung begann Einstein, sich aktiv für dieses Ziel einzusetzen, wobei er das Konzept einer Weltregierung nicht aus dem Auge verlor. In einem Interview der *New York Times* (23. Juni 1946) sagte Einstein:

> Heute hat die Atombombe die Welt, wie wir sie kannten, grundlegend verändert, und die Menschheit findet sich in einer neuen Umgebung wieder, an die sie ihr Denken anpassen muss. Im Licht des neuen Wissens sind eine neue Weltautorität und letztendlich ein Weltstaat nicht nur *wünschenswert* im Namen der Brüderlichkeit, sondern *notwendig* für das Überleben. ... Heute müssen wir die Rivalität aufgeben und die Kooperation gewährleisten. Das muss das zentrale Anliegen all unserer Überlegungen zu internationalen Angelegenheiten sein, andernfalls ist uns die Katastrophe gewiss. Das Denken und die Methoden der Vergangenheit haben die Weltkriege nicht verhindert. Das Denken der Zukunft *muss* Kriege verhindern.[4]

Einsteins Engagement für die Idee einer Weltregierung spricht aus einem Brief an seinen lebenslangen Freund Michele Besso, mit dem er nicht nur physikalische Fragen erörterte, sondern auch seine persönlichen Erfahrungen, Hoffnungen und Frustrationen teilte: „Wenn du meinen Namen gelegentlich mit politischen Exkursionen in Verbindung gebracht siehst, so denke nicht, dass ich viel Zeit auf solche Sachen verwende, denn es wäre traurig, viel Kraft an den dürren Boden der Politik zu verschwenden. Von Zeit zu Zeit kommt aber der Augenblick, wo man nicht anders kann, z. B. wenn man das Publikum auf *die Notwendigkeit der Schaffung einer Weltregierung*

The book Albert Einstein calls the
political answer to the atomic bomb

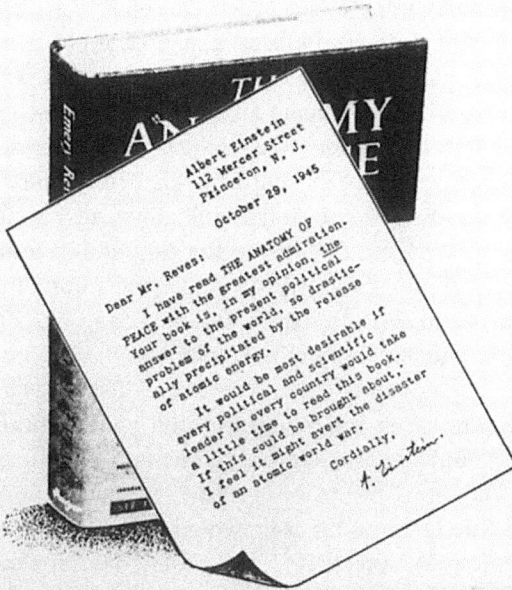

Albert Einstein
112 Mercer Street
Princeton, N. J.

October 29, 1945

Dear Mr. Reves:

I have read THE ANATOMY OF
PEACE with the greatest admiration.
Your book is, in my opinion, the
answer to the present political
problem of the world, so drastic-
ally precipitated by the release
of atomic energy.

It would be most desirable if
every political and scientific
leader in every country would take
a little time to read this book.
If this could be brought about,
I feel it might avert the disaster
of an atomic world war.

Cordially,
A. Einstein.

THE ANATOMY OF PEACE

By Emery Reves

At all bookstores   ☆ $2.00

HARPER

Abb. 3: Werbung für *The Anatomy of Peace* von Emery Reves mit Einsteins Buchempfehlung.

[Hervorhebung hinzugefügt] aufmerksam machen muss, ohne die unsere ganze menschliche Herrlichkeit in wenigen Jahren auf den Hund kommen muss."[5]

Vielleicht lag der Grund dafür, dass Einstein die Idee der Weltregierung als Schutz vor den Gefahren der „Waffen der modernen Kriegsführung" so engagiert unterstützte, in seinem Wunsch, auf den Eindruck in der Öffentlichkeit zu reagieren, er stehe mit diesen Waffen als „Großvater der Atombombe" in einem gewissen Zusammenhang. Von den tonangebenden Medien der Zeit wurde dieser Eindruck durchaus verstärkt. In seiner Ausgabe vom 1. Juli 1946 veröffentlichte das *Time Magazine* auf der Titelseite ein Foto Einsteins vor dem Hintergrund eines Atompilzes, ein Bild, das zum Symbol für die Atombombe wurde. Die Bildunterschrift lautet: „Cosmoclast Einstein. All matter is speed and flame". Richtig ist, dass Einsteins Formel $E = mc^2$ aussagt, dass eine geringe Menge an Masse in eine riesige Menge Energie verwandelt werden kann, die eine ganze Stadt zerstören kann. Doch der Weg von dieser Formel bis zur Atombombe hatte anschließend noch die Arbeit Tausender Techniker, Ingenieure und Wissenschaftler erfordert. An diesen Anstrengungen war Einstein nicht beteiligt, er arbeitete nicht am Manhattan-Projekt mit – und den Teilnehmern an diesem Projekt war es untersagt, mit ihm über das Thema zu sprechen. Doch seine Verbindung zu den Ursprüngen des Atomzeitalters verfolgte ihn bis ans Ende seines Lebens.

Das waren Einsteins Stimmung und Geisteshaltung, als Schilpp das Anliegen einer Massenkundgebung für den Frieden im Chicago Stadium an ihn herantrug, die am Memorial Day (29. Mai 1946), dem Gedenktag für die Gefallenen der Vereinigten Staaten, stattfinden sollte. Veranstalter würde die Organisation Students for Federal World Government sein. Im Vorfeld dieser Veranstaltung besuchten drei Studenten Einstein in Princeton und legten ihm die Fragen vor, die bei der Kundgebung erörtert werden sollten. Eine davon lautete: „Professor Einstein, worin genau besteht der Unterschied zwischen einer Weltregierung und den Vereinten Nationen? Würden Sie uns diesen Punkt bitte erläutern?" Einstein antwortete handschriftlich auf Deutsch (Abb. 4).

Persönlich konnte er der Kundgebung nicht beiwohnen, doch erklärte er sich dazu bereit, in einer Radiosendung zu sprechen (Abb. 5). Über die American Broadcasting Company war die Sendung von der Ostküste bis zur Westküste zu hören. Die Sendung hatte die Form eines Interviews. Der vollständige Text dieses Interviews liegt uns vor. Darin beantwortete Einstein die oben wiedergegebene Frage wie folgt: „Unter einer Weltregierung verstehe ich eine Institution, deren Entscheidungen und Vorschriften für die einzelnen Staaten verbindlich sind. Sie ist also eine Institution, die für die heutigen Nationen der Welt etwa dem Verhältnis entspricht, das zwischen der Regierung in Washington D.C. und den 48 Bundesstaaten besteht. In ihrer gegenwärtigen Form hat die UN nicht die Befugnisse einer Weltregierung, denn ihre Entscheidungen und Beschlüsse sind für die einzelnen Regierungen nicht bindend."[6]

Schilpp stellte Einstein vor und fügte noch eine eigene Frage hinzu: „Glauben Sie, dass eine Weltregierung den gegenseitigen Neid und Hass der Nationen überwinden kann?" Einsteins Antwort: „Selbstverständlich nicht. Doch eine Weltregierung wäre in der Lage, zu verhindern, dass solche emotionalen Reaktionen zur Anwendung von Gewalt zwischen Nationen führt." Als wichtigsten Punkt hob Einstein in seinen Ausführungen hervor, dass die Lösung des Problems des internationalen Friedens „einzig und allein von einer umfassenden Vereinbarung zwischen diesem Land und Russland abhängt." Über die gesamte Veranstaltung und insbesondere über Einsteins Ansprache wurde ausführlich in der US-Presse berichtet.

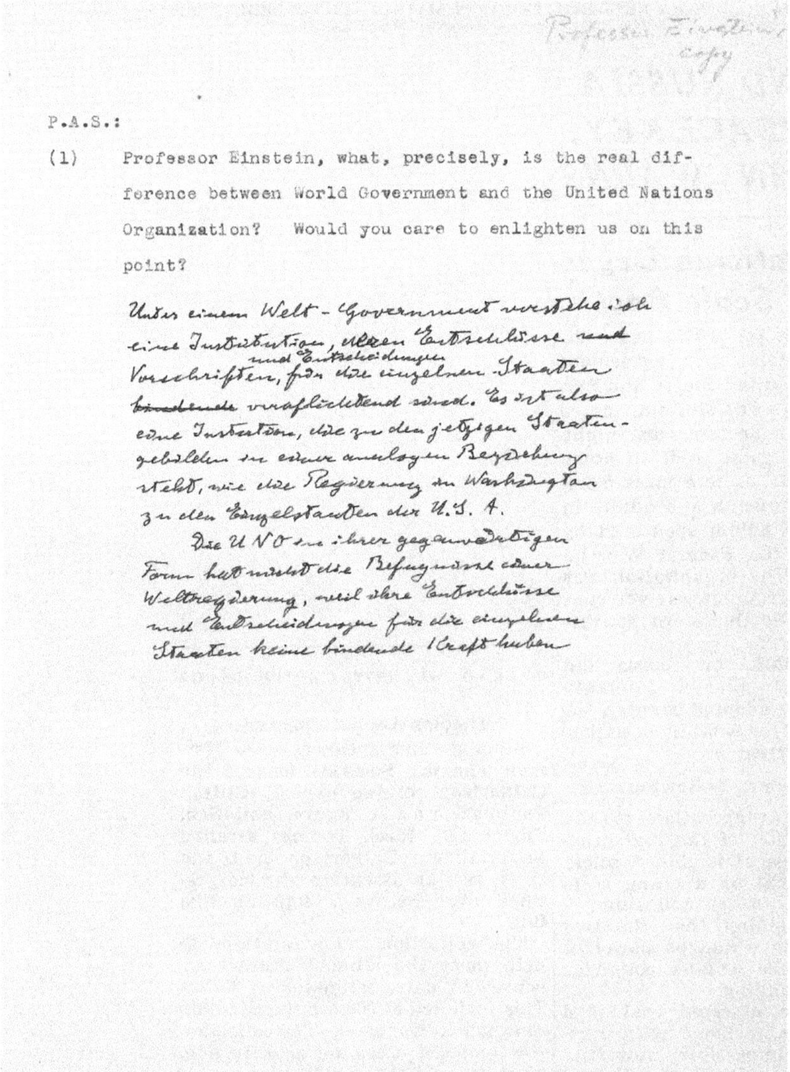

Professor Einstein,
copy

P.A.S.:

(1) Professor Einstein, what, precisely, is the real difference between World Government and the United Nations Organization? Would you care to enlighten us on this point?

Unter einem Welt-Government verstehe ich
eine Institution, deren Entschlüsse ~~und~~
und Entscheidungen
Vorschriften, für die einzelnen Staaten
~~bindende~~ verpflichtend sind. Es ist also
eine Institution, die zu den jetzigen Staaten-
gebilden in einer analogen Beziehung
steht, wie die Regierung in Washington
zu den Einzelstaaten der U.S.A.

Die UNO in ihrer gegenwärtigen
Form hat nicht die Befugnisse einer
Weltregierung, weil ihre Entschlüsse
und Entscheidungen für die einzelnen
Staaten keine bindende Kraft haben.

Abb. 4: Einsteins Antwort auf die Frage der Studenten, welche die Kundgebung zur „Weltregierung" in Chicago organisierten. Special Collections Research Center, Morris Library, Southern Illinois University Carbondale.

U. S. AND RUSSIA HOLD PEACE KEY, EINSTEIN WARNS: MATHEMATICIAN URGES GRAN
Chicago Daily Tribune (1923-1963); May 30, 1946; ProQuest Historical Newspapers: Chicago Tribune
pg. 3

U. S. AND RUSSIA HOLD PEACE KEY, EINSTEIN WARNS

Mathematician Urges Grand Scale Pact

The solution for world peace depends, ultimately upon agreement between the United States and Russia, Dr. Albert Einstein, noted mathematician, declared last night.

He spoke by radio from his home in Princeton, N. J., to a mass meeting of 5,000 students and adults in the Chicago Stadium sponsored by the Students for Federal World Government. The organization was founded by a group of war veterans studying at Northwestern university.

In his remarks on Russia and world peace, Dr. Einstein inferentially rapped his adopted country, the United States, for what he described as Russia's distress.

Sees Others Following

"It is no exaggeration to say that the solution of the real problem [world peace] is linked solely to an agreement on a grand scale between this country and Russia," he said, explaining that the two countries alone would be powerful enough to make other countries follow their bidding.

Dr. Einstein asserted that if a fundamental agreement with Russia appears impossible now the fault in part is that the United States has not made a serious attempt in that direction.

"There was no need," he went on, "to accept Fascist Argentina in the United Nations. There was no need to manufacture new atomic bombs without letup; nor was it necessary to delay proposed measures against Franco Spain. Russia's distress is a distress to whose origin we have contributed no little."

Thomas Among Speakers

Among other speakers were Norman Thomas, Socialist leader; Ely Culbertson, bridge expert; Clifton Fadiman, radio figure, and Sen. Taylor [D., Ida.]. Thomas assailed imperialism; Culbertson hit the U. N. as "an assembly of mice presided over by cats fighting like fury."

The collection hat was passed to help meet the student group's expenses to date, estimated at $9,500. This included $5,000 for the Stadium rent, which was paid. The collection was made, a press aid said, to help meet the rest of the obligations.

Abb. 5: Chicago Tribune, 30. Mai 1946.

Rassistische Diskriminierung

1946 wurde Einstein auch Bürgerrechtsaktivist. Nach Kriegsende kehrten rund eine Million schwarzer amerikanischer Soldaten zurück in die Heimat, nachdem sie für Freiheit und Demokratie in Europa gekämpft hatten. Sie hegten die Hoffnung, ihr Beitrag zum Sieg über den Faschismus in anderen Ländern würde ihrer Existenz als Bürger zweiter Klasse und der Diskriminierung in der Heimat ein Ende bereiten. Stattdessen sahen sie sich neuerlich einem feindlich gesinnten Teil der amerikanischen Bevölkerung gegenüber, der diesen uniformierten Soldaten ihre „Dreistigkeit" übelnahm, sich als gleichwertig zu betrachten. Rassentrennung war zu dieser Zeit im größten Teil der Vereinigten Staaten noch die Regel, es gab getrennte und ungleiche Schulen, Busse und Strände. Dies war die Situation vor allem im gesamten Süden, doch auch in New Jersey, wo Einstein lebte.

1946 begann eine Welle der Gewalt gegen Schwarze, bei der amerikaweit 65 Afroamerikaner ums Leben kamen, die meisten von ihnen Kriegsveteranen. Einer der meistbeachteten Vorfälle weißen Widerstands gegen die im Zweiten Weltkrieg gestärkte Vorstellung schwarzer Gleichberechtigung ereignete sich im Februar 1946, als 500 mit Maschinenpistolen bewaffnete Beamte des Bundesstaats Tennessee den Sitz der African American Community of Columbia umzingelten. Über 100 schwarze Personen wurden verhaftet, 27 wurden wegen Rebellion und versuchtem Mord angeklagt, zwei wurden im städtischen Gefängnis erschossen, während sie auf ihre Freilassung gegen Kaution warteten. Die Unruhen machten in ganz Amerika Schlagzeilen. Einstein wurde offiziell Mitglied des von Eleanor Roosevelt geleiteten National Committee for Justice in Columbia, Tennessee. Wenige Wochen später sprach er anlässlich der Verleihung eines Ehrendoktorats am 3. Mai vor Studenten der Lincoln University in Pennsylvania (Abb. 6). In dieser Phase seines Lebens vermied er öffentliche Auftritte an Universitäten, doch in diesem Fall machte er eine Ausnahme. In seiner Eröffnungsrede sagte er: „Mich hat ein wichtiger Anlass dazu bewegt, hier in diese Einrichtung zu kommen. In den Vereinigten Staaten sind die farbigen Menschen von den weißen Menschen getrennt. Diese Trennung liegt nicht an einer Krankheit der farbigen Menschen. Krank sind die weißen Menschen. Ich habe nicht vor, dazu zu schweigen."[7]

Tatsächlich hatte Einsteins Engagement als Bürgerrechtler bereits früher in diesem Jahr begonnen: mit der Veröffentlichung des Artikels „A Message to My Adopted Country" in der Zeitschrift *Pageant*. Dort lässt er keinen Zweifel: „Mit Blick auf die Gesellschaft gibt es bei den Amerikanern jedoch einen dunklen Fleck. Ihr Sinn für Gleichheit und Menschenwürde ist im Wesentlichen auf Menschen weißer Hautfarbe beschränkt. Selbst zwischen diesen gibt es Vorurteile, und ich als Jude nehme dies sehr aufmerksam wahr; doch diese Vorurteile sind unwesentlich, wenn man sie mit der Haltung der „Weißen" gegenüber ihren Mitbürgern dunklerer Hautfarbe vergleicht, insbesondere gegenüber Schwarzen. ... Je mehr ich mich als Amerikaner fühle, umso mehr schmerzt mich diese Situation. Meinem Gefühl der Mitschuld an dieser Situation kann ich nur entrinnen, indem ich das ausspreche."[8]

Abb. 6: Einstein spricht vor Studenten an der Lincoln University in Pennsylvania, 3. Mai 1946. John W. Mosley Photograph Collection, Temple University Libraries, Philadelphia.

Das Palästinaproblem

Unmittelbar nach dem Zweiten Weltkrieg und dem Holocaust wurde die zionistische Forderung nach einem freien Zuzug von Juden nach Palästina zu einem Problem von internationaler Bedeutung. Die britische Politik erlegte dieser Einwanderung auf arabischen Druck hin strenge Beschränkungen auf. Um die Vereinigten Staaten in ihr – offenbar unlösbares – Palästinaproblem einzubinden, bildeten die Briten zusammen mit den Amerikanern das Anglo-American Committee of Inquiry. Dieses gemeinsame Untersuchungskomitee widmete sich der Einwanderung europäischer Juden und deren Ansiedlung in Palästina. Im Januar 1946 wurde Einstein zu einer Anhörung vor das Komitee geladen (Abb. 7).[9] Er nutzte diese Gelegenheit, um die britische Kolonialpolitik zu attackieren, wegen der seiner Ansicht nach das Land nicht mehr in der Lage war, sein Mandat in Palästina weiter auszuüben. Er argumentierte, dass die große Mehrzahl der geflüchteten europäischen Juden in Palästina angesiedelt werden sollten, und er äußerte seine ausdrückliche Unterstützung einer unbegrenzten jüdischen Einwanderung nach Palästina. Doch zur Bestürzung seiner zionistischen Mitstreiter

Abb. 7: Albert Einstein umringt von Freunden – Meyer Weisgal (hält seinen Arm), Helen Dukas u. a. – auf dem Weg zur Anhörung zum Thema Palästina durch das Anglo-American Committee of Inquiry, Washington, DC, 11. Januar 1946. Foto von Alexander Archer.

lehnte er das Ziel eines jüdischen Staates ab. Hier die abschließenden Bemerkungen seiner Aussage vor dem Komitee: „Die Idee eines Staates ist nicht nach meinem Herzen. Ich kann nicht verstehen, wozu man das braucht. Damit gehen viele Schwierigkeiten einher und es ist engstirnig. Ich halte das für schlecht." Das Palästinaproblem beschäftigte Einstein weiter, wie aus seiner Korrespondenz im Jahr 1946 und darüber hinaus hervorgeht.

Öffentliche Aktivitäten einerseits, kontemplatives Schreiben andererseits

Es besteht ein krasser Gegensatz zwischen Inhalt und Stil der *Notizen* und der Art, wie sich Einstein bei seinen vielfältigen Aktivitäten im öffentlichen Leben zeigte. Er führte eine intensive *Vita activa*, während er gleichzeitig in seinen *Notizen* eine *Vita contemplativa* pries. Seinen politischen Aktivismus erwähnte er dort mit keinem Wort. Selbst in seiner privaten Korrespondenz, wie etwa in dem oben zitierten Brief an Besso, spielte er diesen Aspekt seines Lebens eher herunter. In *Autobiographisches* schreibt er: „Denn das Wesentliche im Dasein eines Menschen von meiner Art liegt in dem *was* und *wie* er denkt, nicht in dem, was er tut oder erleidet" (*Autobiographisches*, S. 30 [S. 205]). Dennoch sind seine politischen Ansichten und Aktivitäten nicht einfach eine Nebensache neben seinem Leben für die Wissenschaft. Vielmehr liegt ihnen offensichtlich derselbe innere Drang zugrunde wie seinem Streben nach wissenschaftlichen Erkenntnissen. Bei zahlreichen Gelegenheiten räumt Einstein ein, dass er einfach nicht anders kann, als sich zu engagieren – etwa mit seiner Unterstützung der Forderung einer Weltregierung oder der Sache der schwarzen Bevölkerung.

Wie hängt das eine Streben mit dem anderen zusammen? Auf den ersten Blick könnte man denken, die gemeinsame Wurzel ist die Suche nach Einheit, sei es die Einheit der Wissenschaft auf der Grundlage einer vereinheitlichten Feldtheorie oder die Vereinigung der Menschheit unter einer Weltregierung. Doch dies dürfte eine zu oberflächliche Parallele sein, eine allzu einfache Verbindung, die über die tiefere Spannung in Einsteins Persönlichkeit hinweggeht. Einstein selbst war sich dieser tief verwurzelten Spannung bewusst. 1931 schrieb er den Essay „Wie ich die Welt sehe". Hier behandelt er ein breites Spektrum an Themen, das von Wissenschaft bis Kunst und Religion reicht, von der idealen politischen Ordnung bis hin zum Sinn des Lebens. Auf S. 39 gehen wir näher darauf ein.[10] Tatsächlich kann man diesen Text als eine frühe Fassung seiner „Bekenntnisse" verstehen. Doch im Gegensatz zu den *Notizen* geht es dort ausdrücklich um beides: *Vita contemplativa* und *Vita activa*. In all diesen Sphären des menschlichen Lebens hielt Einstein an einer Reihe von Grundprinzipien fest, die ihn sein ganzes Leben hindurch leiteten. Ihm war bewusst, dass er im Grunde seines Wesens hin- und hergerissen war zwischen dem inneren Leben mit seinem Sinn für Unabhängigkeit einerseits und seiner Leidenschaft für menschliche Angelegenheiten andererseits. Dies spiegelt die folgende bekannte Aussage wider: „Mein leidenschaftlicher Sinn für soziale Gerechtigkeit und soziale Verpflichtung stand stets in einem eigentümlichen Gegensatz zu einem ausgesprochenen Mangel an unmittelbarem Anschlußbedürfnis an Menschen und an menschliche Gemeinschaften."[11]

Vielleicht war es Zufall, dass die Anfrage zum Verfassen seiner wissenschaftlichen Autobiografie ausgerechnet in diesem von besonderer Aktivität geprägten Jahr 1946 an ihn herangetragen wurde. Doch da es sich nun einmal so ergab, symbolisiert diese Schrift zusammen mit all den sonstigen Ereignissen dieses Jahres etwas von der inneren Dynamik, die Einstein in allen Bereichen menschlichen Strebens antrieb.

Anmerkungen

1 Einstein an Schilpp, 29. Mai 1946, AEA 42–513.

2 Schilpp an Einstein, 7. Dezember 1946, AEA 80–511.

3 Albert Einstein, *Albert Einstein über den Frieden: Weltordnung oder Weltuntergang?* Hrsg. Otto Nathan und Heinz Norden, Übersetzt von Will Schaber (Bern: Herbert Lang und Cie, 1975), S. 379.

4 Albert Einstein, „The Real Problem Is in the Hearts of Men", *New York Times Magazine*, 23. Juni 1946. Nachgedruckt in David E. Rowe und Robert Schulmann, *Einstein on Politics: His Private Thoughts and Public Stands on Nationalism, Zionism, War, Peace, and the Bomb* (Princeton, NJ: Princeton University Press, 2007), S. 383–388, hier S. 383.

5 Einstein an Besso, 21. April 1946, AEA 7–381; zitiert auch in Rowe und Schulmann, *Einstein on Politics*, S. 345.

6 Der komplette Text dieses Interviews: „Proceedings. Memorial Eve Rally, The Master Reporting Company Inc.", 29. Mai 1946, AEA 90–570.

7 *New York Times*, 4. Mai 1946, S. 7.

8 Januar 1946; Nachdruck in Rowe und Schulmann, *Einstein on Politics*, S. 474.

9 Januar Einstein: Nachdruck in Rowe und Schulmann, *Einstein on Politics*, S. 340–340.

10 Albert Einstein, „Wie ich die Welt sehe", in *Mein Weltbild*, Hrsg. Carl Seelig (Frankfurt am Main: Ullstein, 1991), S. 7–11. Siehe in diesem Band Teil II, Kapitel 1, S. 39.

11 Einstein, „Wie ich die Welt sehe", in Seelig, Hrsg., *Mein Weltbild*, S. 8.

4 Einsteins Schrift *Autobiographisches* und Plancks *Wissenschaftliche Selbstbiographie*

> Man klagt darüber, daß unsere Generation keine Philosophen habe. Mit Unrecht: die Philosophen sitzen jetzt nur in der anderen Fakultät, sie heißen *Planck* und *Einstein.*
> — Adolf von Harnack, zitiert von Arnold Sommerfeld in Schilpp, *Albert Einstein als Philosoph und Naturforscher*, S. 37.

Das Genre der intellektuellen Autobiografie hat eine lange Tradition. Allerdings gibt es wohl keine so auffällige Parallele zu Einsteins Memoiren wie die Autobiografie von Planck.[1] Einstein und Planck waren die beiden unangefochtenen Helden des Übergangs von der klassischen zur modernen Physik. In vielerlei Hinsicht waren sie so verschieden, wie zwei Menschen, die in ganz ähnlicher Umgebung geboren wurden und aufgewachsen sind, nur sein können. Nicht nur in politischer Hinsicht trennten sie Welten, auch in allen Aspekten des Privatlebens überwogen die Unterschiede. Ihre Beziehung war ziemlich komplex, dennoch entwickelten sie über die Jahre hinweg (sie waren von 1914 bis zum Beginn des nationalsozialistischen Regimes gemeinsam in Berlin) gegenseitigen Respekt, Kollegialität und Freundschaft, die stärker waren als die Unterschiede in ihren Persönlichkeiten und ihre diametral entgegengesetzten Anschauungen und Handlungsweisen in sozialen, nationalen und politischen Belangen. Ihr wissenschaftliches Weltbild war verblüffend ähnlich. Beide stellten ihre intellektuellen Anstrengungen in den Vordergrund und nicht ihre persönliche Lebensgeschichte. Beide verstanden die Physik als Teil eines intellektuellen Strebens nach einem umfassenden Weltbild. Kurz gesagt: Beide waren Philosoph und Wissenschaftler zugleich. Darüber hinaus überstand ihre gegenseitige Achtung die Härten der damaligen Zeit.

Im August 1944 hatte sich Emil Abderhalden, zu dieser Zeit Präsident der Deutschen Akademie der Wissenschaften Leopoldina, an prominente Mitglieder der Akademie mit der dringenden Bitte gewandt, Autobiografien zu verfassen und damit einen Beitrag zur Geschichte der Entwicklung der Naturwissenschaften zu leisten. Diese Bitte richtete er in einem persönlichen Brief auch an Max Planck. Der reagierte zunächst ablehnend, doch als Abderhalden ihn im Dezember erneut dringlich darum bat, ließ er sich davon überzeugen, dass er damit eine Pflicht gegenüber der Geschichtsschreibung und der Gemeinschaft der Wissenschaftler erfüllen würde. Damals war Planck 68 Jahre alt und seine Gesundheit verschlechterte sich zusehends. All seine persönliche Habe einschließlich der Korrespondenz und der Dokumente, die Zeugnis von seinem lebenslangen wissenschaftlichen Streben ablegten, ging verloren, als sein Haus bei einem verheerenden Luftangriff zerstört wurde. Doch der schwerste Schicksalsschlag sollte ihn in der Zeit zwischen seiner Zusage und der Fer-

https://doi.org/10.1515/9783110744811-005

Abb. 8: In ihrem Gründungsjahr verlieh die Deutsche Physikalische Gesellschaft die Max-Planck-Medaille an Albert Einstein; 29. Juni 1929. Max Planck, der zweite Empfänger dieser Auszeichnung im selben Jahr, überreichte Einstein die Medaille persönlich in Berlin. Quelle: Institute for Advanced Study.

tigstellung seiner Autobiografie ereilen. Sein Sohn Erwin wurde wegen seiner Beteiligung an der Verschwörung zur Ermordung Hitlers hingerichtet.

Trotz dieser ungemein schwierigen persönlichen Umstände fand Planck die Kraft, seine *Wissenschaftliche Selbstbiographie* abzuschließen. Die erste Fassung reichte er im März 1945 ein, doch erstmals veröffentlicht wurde die Schrift posthum im Jahr 1947.[2] Herausgegeben wurde die Schrift zusammen mit vier Artikeln, die auf Vorträgen aus den letzten Lebensjahren Max Plancks beruhen: „Scheinprobleme der Wissenschaft", „Sinn und Grenzen der exakten Wissenschaft", „Der Kausalitätsbegriff in der Physik" und „Religion und Naturwissenschaft". In diesen Artikeln und der *Wissenschaftlichen Selbstbiographie* erschließt sich, basierend auf seinem philosophischen und erkenntnistheoretischen Denken, Plancks wissenschaftliches Weltbild. Beim Lesen dieser Texte verstehen wir Schilpps Anmerkung in der Einleitung zu Einsteins Band für die LLP, in der er bedauert – so sehr, dass er es eine Tragödie nennt –, dass Max Planck bereits zu krank war, um zu Einsteins Band einen Essay beizusteuern. Beim Lesen dieser Texte kommen wir zudem zu der Überzeugung, dass Planck ein natürlicher Kandidat für einen weiteren Band über einen Philosophen und Wissenschaftler in der Bibliothek der lebenden Philosophen gewesen wäre.

Im fortgeschrittenen Alter und um dieselbe Zeit machten sich also Einstein und Planck daran, ihr Leben als Wissenschaftler niederzuschreiben. Überzeugt wurden sie von Abderhalden und Schilpp, und beide stimmten aus dem Gefühl heraus zu, dass dies eine Pflicht gegenüber der Gemeinschaft der Wissenschaftler und der Öffentlichkeit sei. Dank der Initiativen dieser beiden akademischen Unternehmer liegen uns heute also zwei ungemein aufschlussreiche Dokumente vor, die aus der Selbstwahrnehmung und Erinnerung heraus die intellektuelle Entwicklung zweier großartiger Wissenschaftler und wunderbarer Menschen erhellen. Bei beiden Autobiografien steht die wissenschaftliche Entwicklung im Mittelpunkt. Doch enthalten beide Texte auch Bemerkungen und Passagen, die uns Aufschluss darüber geben, wie sich die jeweilige Persönlichkeit und ihr Weltbild geformt hat.

Max Planck war am Maximiliangymnasium in München ein in allen Fächern guter Schüler. Im Gegensatz zu Einstein, der seiner Gymnasialzeit sehr kritisch gegenüberstand, würdigte Planck die hervorragende Ausbildung, die er von seinem Mathematiklehrer erhalten hatte. Er hätte sich auch für eine Laufbahn in der Mathematik entscheiden können, in Geschichte oder Musik. Oder er hätte der Familientradition folgen und Theologe oder Jurist werden können. Doch er widmete sich der Physik. In *Wissenschaftliche Selbstbiographie* erläutert er seine Wahl: „Was mich zu meiner Wissenschaft führte und von Jugend auf für sie begeisterte, ist die durchaus nicht selbstverständliche Tatsache, daß unsere Denkgesetze übereinstimmen mit den Gesetzmäßigkeiten im Ablauf der Eindrücke, die wir von der Außenwelt empfangen, daß es also dem Menschen möglich ist, durch reines Denken Aufschlüsse über jene Gesetzmäßigkeiten zu gewinnen."[3] Diese einleitenden Worte bringen Plancks Haltung gegenüber dem Problem der Fassbarkeit der äußeren Welt auf den Punkt.

Dem fügt er eine wichtige Aussage hinzu: „Dabei ist von wesentlicher Bedeutung, daß die Außenwelt etwas von uns Unabhängiges, Absolutes darstellt, dem wir gegenüberstehen, und das Suchen nach den Gesetzen, die für dieses Absolute gelten, erschien mir als die schönste wissenschaftliche Lebensaufgabe."[4] Die Betonung auf der unabhängigen Existenz der realen, physischen Welt ist ein grundlegendes Element des Weltbildes, das sich im Laufe einer intensiven und mitunter bitteren Debatte herausbildete, die Planck zwischen 1908 und 1910 mit dem österreichischen Physiker und Philosophen Ernst Mach geführt hatte.

Die Veröffentlichung von Einsteins spezieller Relativitätstheorie weckte sofort Plancks Aufmerksamkeit. Er stellt klar, dass sein ausdrückliches Interesse an dieser Theorie für ihn nicht im Widerspruch zu seiner Überzeugung hinsichtlich der Existenz des Absoluten in der physischen Welt steht: „Denn alles Relative setzt etwas Absolutes voraus, es hat nur dann einen Sinn, wenn ihm ein Absolutes gegenübersteht." Und er fügt hinzu: „Alle unsere Messungen sind relativer Art. Das Material der Instrumente, mit denen wir arbeiten, ist bedingt durch den Fundort, von dem es stammt, ihre Konstruktion ist bedingt durch die Geschicklichkeit des Technikers, der sie ersonnen hat, ihre Handhabung ist bedingt durch die speziellen Zwecke, die der Experimentator mit ihnen erreichen will. Aus allen diesen Daten gilt es das Absolute, Allgemeingültige, Invariante herauszufinden, was in ihnen steckt."[5]

Wir wollen hier nicht die philosophischen und erkenntnistheoretischen Überzeugungen vergleichen, welche die beiden Wissenschaftler in ihren Autobiografien äußern. Ein entsprechender Versuch ist bereits in Ilse Rosenthal-Schneiders Artikel „Voraussetzungen und Erwartungen in Einsteins Physik" in Schilpps *Albert Einstein als Philosoph und Naturforscher* enthalten. Plancks wissenschaftliches Weltbild könnte man vielleicht so zusammenfassen: Planck glaubte an die Existenz einer realen Welt; es ist diese reale Welt, die er als das „Absolute" voraussetzt; und es ist dieses Absolute, was er versuchte, in der Physik zu begründen – im absoluten Wert von Konzepten wie Energie oder Entropie, ja selbst in der Raumzeit-Metrik.

Ganz in diesem Sinn schließt Planck seine *Wissenschaftliche Selbstbiographie* ab:

> Meinem Bedürfnis, sowohl von den gesicherten Ergebnissen meiner wissenschaftlichen Arbeit als auch von meiner im Laufe der Zeit gewonnenen Stellung gegenüber allgemeineren Fragen, wie die nach dem Sinn der exakten Wissenschaft, nach ihrem Verhältnis zur Religion, nach der Beziehung der Kausalität zur Willensfreiheit, möglichst vollständig Zeugnis abzulegen, entsprach es, wenn ich den zahlreichen, im Lauf der Jahre immer häufiger an mich ergangenen Einladungen zu Vorträgen in Akademien, Universitäten, gelehrten Gesellschaften und Veranstaltungen für weitere Kreise stets gern Folge leistete und davon manche wertvolle Anregung persönlicher Art mitgenommen habe, die ich für den Rest meines Lebens dankbar aufbewahre.[6]

Plancks oben angesprochene Haltung zu allgemeinen Fragen kommt in den „weiteren Schriften" zur Sprache, die seine Autobiografie begleiten. Unser letztes Zitat zeigt, dass Planck nicht nur ein Vorkämpfer der Wissenschaft ist, sondern auch ein engagierter Missionar. Auch Einstein hat sein Leben lang die Rolle eines „Missionars der Wissenschaft" übernommen – nicht nur als Verpflichtung, sondern auch als Inspirationsquelle.[7]

Als Einstein und Planck ihre Autobiografien schrieben, stand das Streben nach einem einheitlichen Weltbild (das wir im folgenden Kapitel erörtern werden) nicht mehr auf der Tagesordnung der Wissenschaftler und Philosophen, was in den 1920ern und 30er Jahren noch der Fall gewesen war. Einstein und Planck gehörten zu den Wenigen, die dieses Ziel noch verfolgten. Nach ihrem Tod spielten Versuche zur Entwicklung eines einheitlichen Weltbildes auf der Grundlage wissenschaftlicher Forschung in Verbindung mit erkenntnistheoretischem Nachdenken nur noch eine Nebenrolle. Wahr ist natürlich auch, dass die Suche nach einer großen, vereinheitlichten Theorie der Physik nur ein Jahrzehnt später wieder zu einem Hauptanliegen der Forschung wurde, ebenso die Suche nach einer Quantentheorie der Gravitation. Doch diese Bestrebungen waren Sache einer Expertengemeinschaft von Physikern und bildeten nicht mehr den Bezugsrahmen für ein umfassendes, wissenschaftliches, philosophisches und kulturelles Weltbild, das auch ein breiteres Publikum interessieren würde.

Vielleicht wäre es an der Zeit, dieses gemeinsame Erbe von Einstein und Planck wieder auf die Tagesordnung zu setzen.

Anmerkungen

1 Siehe Hanoch Gutfreund, „Zwei der Glänzendsten Gestirne: Max Planck und Albert Einstein", in *Berlins wilde Energien: Porträts aus der Geschichte der Leibnizschen Wissenschaftsakademie*, Hrsg. S. Leibried, C. Markschies, E. Osterkamp, G. Stock (Berlin: De Gruyter Akademie Forschung, 2015), S. 310–343.

2 Die englische Übersetzung wurde 1949 veröffentlicht.

3 Max Planck, *Wissenschaftliche Selbstbiographie* (Leipzig: Barth, 1970, 5. Auflage), S. 8.

4 Ebd.

5 Ebd., S. 22.

6 Ebd., S. 24.

7 Jürgen Renn, „Einstein as a Missionary of Science", *Science & Education* 22 (2013): S. 2569–2591.

Teil II: *Autobiographisches*: Kommentare

1 Das Bemühen um ein einheitliches Weltbild

Verdient das Ergebnis einer so resignierten Bemühung [des theoretischen Physikers] den stolzen Namen „Weltbild"? Ich glaube, der stolze Name ist wohlverdient, denn die allgemeinsten Gesetze, auf welche das Gedankengebäude der theoretischen Physik gegründet ist, erheben den Anspruch, für jegliches Naturgeschehen gültig zu sein. ... Höchste Aufgabe des Physikers ist also das Aufsuchen jener allgemeinsten elementaren Gesetze, aus denen durch reine Deduktion das Weltbild zu gewinnen ist.
— Einstein, „Motive des Forschens", Ansprache zu Max Plancks sechzigstem Geburtstag, 26. April 1918[1]

Die Suche nach einem einheitlichen Weltbild war in Deutschland zu Beginn des 20. Jahrhunderts Gegenstand einer breiten Debatte. Besonders Max Planck und Ernst Mach, später auch Max von Laue, veröffentlichten Essays, die sich um „Die Einheit des physikalischen Weltbildes" drehten. 1912 unterzeichneten 34 Gelehrte einen Aufruf der Gesellschaft für Positivistische Philosophie, der in der *Physikalischen Zeitschrift*, damals das führende Publikationsorgan auf dem Gebiet der Physik, veröffentlicht wurde. In diesem Aufruf forderten sie die Entwicklung einer „umfassenden Weltanschauung" und das Vordringen zu einer „widerspruchsfreien Gesamtauffassung".[2] Zu den Unterzeichnern gehörten auch Ernst Mach, David Hilbert, Felix Klein und Sigmund Freud. Es war das erste Mal, dass Einstein eine öffentliche Stellungnahme unterzeichnete, und er nahm die Herausforderung ernster als die anderen Unterzeichner. Für ihn wurde die Suche nach einem einheitlichen Weltbild zu einer konstanten, lebenslangen Aufgabe, in der eine tiefe, intellektuelle und psychologische Notwendigkeit zum Ausdruck kam.

In der zitierten Ansprache zu Max Plancks 60. Geburtstag im Jahr 1918 beschreibt Einstein in poetischer Sprache, was einen absolut engagierten und beharrlichen Wissenschaftler bei seiner Arbeit antreibt.[3] Er stellt die Frage, wer wohl übrig bleiben würde, wenn der „Engel Gottes" all diejenigen aus dem Tempel der Wissenschaft vertreiben würde, die Wissenschaft auf der Grundlage eines „freudigen Gefühls einer überlegenen Geisteskraft" betreiben oder „nur um utilitaristischer Ziele willen" Wissenschaftler sind. Die dann noch übrig blieben, „was hat sie in den Tempel geführt?", fragt Einstein. Und er antwortet: „Es treibt den feiner Besaiteten aus dem persönlichen Dasein heraus in die Welt des objektiven Schauens und Verstehens". Unter den Verbleibenden seien dann auch die theoretischen Physiker, und deren höchste Aufgabe sei „das Aufsuchen jener allgemeinsten elementaren Gesetze, aus denen durch reine Deduktion das Weltbild zu gewinnen ist". Dazu sind laut Einstein nicht nur Beharrlichkeit und Hingabe erforderlich: „Der Gefühlszustand, der zu solchen Leistungen befähigt, ist dem des Religiösen oder Verliebten ähnlich; das tägliche Streben entspringt keinem Vorsatz oder Programm, sondern einem unmittelbaren Bedürfnis." Diese Worte richtet Einstein an Planck, doch mehr noch treffen sie auf ihn selber zu. Er nämlich hatte sich auf eine lebenslange Reise begeben, um nach einem einfachen, einheitlichen Weltbild zu suchen. Dabei leitete ihn der Glaube, dass das

https://doi.org/10.1515/9783110744811-006

„Ziel der Wissenschaft [...] erstens die möglichst *vollständige* begriffliche Erfassung und Verknüpfung der Sinneserlebnisse in ihrer ganzen Mannigfaltigkeit [ist], zweitens aber die Erreichung dieses Zieles *unter Verwendung eines Minimums von primären Begriffen und Relationen.* (Streben nach möglichster logischer Einheitlichkeit des Weltbildes bezw. logischer Einfachheit seiner Grundlagen).“[4]

Autobiographisches zeugt mehr als jeder andere Text Einsteins von seiner „Flucht aus dem Persönlichen“ auf der Suche nach dem ultimativen Bild der physikalischen Welt. Die 45 Seiten des Textes sind als fließende Abfolge von Begriffen, Ideen und Dilemmata angelegt, die nicht in Kapitel oder Abschnitte unterteilt ist. Sie sind in einem einfachen, gelegentlich witzigen Telegrammstil geschrieben. Die Erörterung verschiedener Themen ist hochgradig verwoben, doch liegt dem Ganzen eine Chronologie zugrunde. Als Einstein als Student die Welt der Physik betrat, war das mechanische Weltbild im Schwinden, zugunsten eines neuen, elektromagnetischen. Als junger Wissenschaftler trug er zur Klärung all jener Probleme und Rätsel bei, die in dieser Zeit auf der Tagesordnung der Physik standen – und löste dabei zwei konzeptionelle Revolutionen aus: die der Quantentheorie und die der Relativitätstheorie. Er glaubte, die abschließende, umfassende Theorie der physikalischen Wirklichkeit werde auf dem Feldbegriff der allgemeinen Relativitätstheorie beruhen. Die letzten zehn Jahre seines Lebens widmete Einstein – isoliert von der Physikergemeinschaft – der verzweifelten Anstrengung, dieses Weltbild zu finden, ständig schwankend zwischen Optimismus und Pessimismus. Er erreichte dieses Ziel nicht, glaubte aber, das sei die große zukünftige Aufgabe der Physik. *Autobiographisches* zeigt, wie ihn seine lebenslangen Anstrengungen zu diesem Glauben führten. Mehr noch stellt es ein ganzes Lebenswerk in den Dienst dieser Aufgabe, die in nichts Geringerem bestand als der Schaffung eines umfassenden wissenschaftlichen Weltbildes.

Unsere kommentierenden Essays sollen Einsteins Text nicht ersetzen. Die Themen, denen wir die einzelnen Kapitel widmen, sind eng mit Einsteins Darstellung verknüpft, die manchmal abrupt mitten in eine Diskussion einsteigt, ohne auch nur einen neuen Absatz zu beginnen. Wir versuchen, den Leser auf diesem verschlungenen Pfad der Entwicklung seiner Ideen zu leiten und zu zeigen, wie Einsteins Erwartungen gegen Ende seines Lebens aus dieser Entwicklung hervorgegangen sind.

Einstein warnte einmal: „Wenn Ihr von den theoretischen Physikern etwas lernen wollt über die von ihnen benutzten Methoden, so schlage ich Euch vor, am Grundsatz festzuhalten: Höret nicht auf ihre Worte, sondern haltet euch an ihre Taten!“[5] Beim Lesen der *Notizen* ist es nicht so, dass wir uns allein auf seine Worte verlassen müssen. Denn der Text illustriert umfänglich, was er tatsächlich getan hat. Wo der Text das nicht leistet oder von den eigentlichen Ereignissen abschweift, ergänzen wir seine autobiografischen Erinnerungen an die einzelnen Kapitel seines Wissenschaftlerlebens durch zusätzliche Informationen aus Essays und Briefen aus der entsprechenden Zeit und interpretieren die auftretenden Diskrepanzen.

Im Mittelpunkt der *Notizen* steht Einsteins wissenschaftliches Weltbild. Doch seine Ideen und Ansichten sowie sein Handeln in der Wissenschaft und außerhalb von ihr sind Teil einer allgemeineren Weltanschauung, die er in verschiedenen, selbst zusammengestellten Sammlungen von Artikeln, Briefen und Erinnerungen zu vermitteln suchte. Eine kompakte Zusammenfassung seiner allgemeinen Weltanschauung bietet der dreiseitige Essay „Wie ich die Welt sehe" von 1931. Es handelt sich um eine Sammlung von Feststellungen und Reflexionen zur Natur des Menschen, zur Bedeutung und zum Sinn des Lebens, zur erstrebenswerten Gesellschaftsordnung sowie auch zur Wissenschaft, Kunst und Religion.[6] Fassen wir sie kurz zusammen.

Einsteins politisches Ideal ist die Demokratie. Er ist fest davon überzeugt, dass autokratische Unterdrückungssysteme schnell degenerieren und dass die Nachfolge selbst der gütigsten Diktatoren stets von Schurken angetreten wird. Deswegen lehnt er politische Systeme wie seinerzeit in Russland und Italien leidenschaftlich ab. Andererseits schätzt er das damalige politische System Deutschlands, die Weimarer Republik, wegen ihrer demokratischen Verfassung und der umfangreichen, gesetzlich verankerten Vorsorge für Bedürftige und Kranke. Für Einstein sind Klassenunterschiede ungerechtfertigt und beruhen letztendlich auf der Anwendung von Gewalt. Er verabscheut den Militarismus. Er engagiert sich leidenschaftlich für soziale Gerechtigkeit und Verantwortung. Ideale wie Güte, Schönheit und Wahrheit geben ihm den Mut, dem Leben heiter zu begegnen. Er glaubt, dass ein einfaches, bescheidenes Leben für jeden Menschen körperlich und geistig gut ist. Und er verachtet Luxus, Besitztümer und äußeren Erfolg als Ziel und Zweck menschlichen Strebens. Das Leben wäre leer ohne das Streben von Kunst und Wissenschaft nach dem stets Unerreichbaren. Die schönste Erfahrung ist das Mysterium, das wir angesichts von Kunst und Wissenschaft empfinden. Diese Erfahrung setzt Einstein gleich mit wahrer Religiosität, im Gegensatz zu einem Verständnis von Religion, das auf dem Konzept eines menschenähnlich vorgestellten Gottes beruht, der seine Geschöpfe belohnt und bestraft. Einstein glaubt nicht an die Freiheit des Menschen im philosophischen Sinn. Menschen handeln aufgrund von äußerem Druck und aus einer inneren, deterministischen Notwendigkeit heraus; daher ist der freie Wille eine Illusion. Dazu zitiert er Schopenhauer: „Ein Mensch kann zwar tun, was er will, aber nicht wollen, was er will".[7]

Diese Ideen und Prinzipien haben Einstein sein ganzes Leben hindurch geleitet.

Anmerkungen

1 CPAE Bd. 7, Doc. 7, S. 54–59, hier S. 56–57.

2 Eine Diskussion dieser Episode in der Wissenschaftsgeschichte bietet „The Unified Weltbild as Supreme Task", in Gerald Holton, *Einstein, History, and Other Passions* (Woodbury, NY: American Institute of Physics Press, 1995), 37–39 (Aufruf auf S. 38). Weitere Informationen zum Aufruf in Gerald Holton, „Ernst Mach and the Fortunes of Positivism in America", *Isis* 83:1(1992): 27–60, hier 37–39.

3 Einstein, „Motive des Forschens", CPAE Bd. 7, Doc. 7, S. 54–59.

4 Einstein, „Physik und Realität", *Journal of the Franklin Institute*, 221:1323 (1936): 313–347, hier S. 316–317.

5 Einstein, „Zur Methodik der theoretischen Physik", in Seelig, Hrsg., *Mein Weltbild*, S. 113–119, hier S. 113.

6 Einstein, „Wie ich die Welt sehe", in Seelig, Hrsg., *Mein Weltbild,* S. 7–11.

7 Ebd., S. 8.

2 „Streben nach gedanklicher Erfassung der Dinge"

> Bei einem Menschen meiner Art liegt der Wendepunkt der Entwicklung darin, dass das Hauptinteresse sich allmählich weitgehend loslöst vom Momentanen und Nur-Persönlichen und sich dem Streben nach gedanklicher Erfassung der Dinge zuwendet.
> — Einstein, *Autobiographisches*, S. 6 [S. 196]

Am Anfang von *Autobiographisches* begegnet der Leser Einstein als einem lebenden Philosophen, der sich in einem besonderen Moment seines Lebens hinsetzt, um über sich selbst nachzudenken, wobei er es dem Leser gestattet, ihm über die Schulter zu blicken. Der Text macht damit sofort und ohne, dass eine weitere Erklärung notwendig wäre, deutlich, dass es bei den bevorstehenden Reflexionen um die Essenz eines Lebens geht, aber auch, dass der Mann, der sein Leben eigentlich der Aufgabe des Denkens gewidmet hat, dennoch bereit ist, diese Erfahrung mit seinen Lesern zu teilen.

Einstein macht diese Absicht deutlich, indem er zugibt, dass er vom Herausgeber der Reihe, Paul Schilpp, überzeugt werden musste, seine autobiografischen Aufzeichnungen zu schreiben, betont aber, dass dies seinen eigenen Überzeugungen entspricht. Dass er seine Aufzeichnungen als „Nekrolog" bezeichnet, stellt eine gewisse Distanz zum Geschriebenen her und deutet an, dass er ein vereinfachtes und vielleicht auch geschöntes Bild zeichnen wird, nicht mehr als eine Momentaufnahme eines Lebens im Fluss – ein Thema, das uns im weiteren Verlauf des Textes noch mehrfach begegnet. Er nimmt in seinen Aufzeichnungen keinen autobiografischen Blickwinkel ein. Mehrere Jahre zuvor hatte er einmal geschrieben: „Autobiographien verdanken ihre Entstehung meist der Selbstliebe oder Gefühlen negativen Charakters gegen Mitmenschen."[1]

Einstein nimmt in seinen *Notizen* nur ganz selten direkt auf konkrete biografische Ereignisse Bezug. Die einzigen Namen, die er erwähnt, sind die von Wissenschaftlern. Er nennt keine Orte oder Städte, so dass der Text geografisch kaum einzuordnen ist. Umso mehr Aufmerksamkeit verdienen deshalb die wenigen Passagen, in denen er von seinem Leben jenseits der Entwicklung seiner wissenschaftlichen Ideen berichtet. Es fällt sofort auf, dass all diese Passagen Stationen auf seinem Weg ins Geistesleben sind, und sie beziehen sich alle auf seine Kindheit. Wie Einstein selbst ausspricht, war die Wasserscheide seiner Entwicklung, der Entwicklung eines Menschen seiner Art, eine graduelle Loslösung seiner Interessen „vom Momentanen und Nur-Persönlichen" und die Hinwendung zum „Streben nach gedanklicher Erfassung der Dinge" (*Autobiographisches*, S. 6 [S. 196]). Doch wie kam es zu dieser Loslösung? Oder anders gefragt, worauf führt es Einstein selbst zurück, dass sein Lebensweg ihn an diesen Wendepunkt brachte?

https://doi.org/10.1515/9783110744811-007

Abb. 9: „… eine gedankliche Erfassung der Dinge".

Jeder Schritt seiner Schilderung vergangener Erfahrungen wird von Reflexionen darüber begleitet, wie die Erinnerung und das Denken funktionieren. Einstein ist sich der Rolle der Perspektive für die Erinnerung bewusst, die stets an einen bestimmten Moment und Ort gebunden ist, also genau jener Beschränkung auf das „Nur-Persönliche" unterliegt, die er zeitlebens zu überwinden getrachtet hatte. Dieses Streben war also selbst Teil einer zutiefst persönlichen Erfahrung, die er mit seinen ersten Schritten ins Erwachsenenalter zu enträtseln begann. Diese Schritte waren von Erfahrungen der Desillusionierung geprägt. Deren Ursprung sieht er in einer Erkenntnis, zu der er früh im Leben gelangte, nämlich dass das Hoffen und Streben der Menschen vergeblich ist, aber auch im Egozentrismus und in der Härte des alltäglichen Überlebenskampfes – all das verdeckt durch „Hypocrisy und glänzende Worte" (*Autobiographisches*, S. 2 [S. 195]). Diese Beschränkung menschlicher Aktivitäten auf das bloße Überleben konnte einen jungen Mann nicht befriedigen, der sich als „denkendes und fühlendes Wesen" betrachtete und den Drang verspürte, sein Leben in einen größeren, bedeutenderen Rahmen zu stellen.

Es ist natürlich schwierig, die allgemeine Beschreibung von Einsteins Wahrnehmung seiner inneren Distanz zu den Sorgen seiner Mitmenschen in Bezug zu einem konkreten Moment oder Ereignis seiner Biografie zu setzen. Doch sobald er mit der Beschreibung seiner ersten Reaktionen auf diese Wahrnehmung seiner Umwelt beginnt, wird klarer, was ihm vorschwebt. Einstein schreibt: „So kam ich – obwohl ein Kind ganz irreligiöser (jüdischer) Eltern – zu einer tiefen Religiosität" (*Autobiographisches*, S. 2 [S. 195]).

Die Distanz, derer sich der junge Einstein bewusst wurde, war offenbar die zwischen ihm und seinen Eltern und deren Sorgen. Einsteins Vater war Geschäftsmann. 1880 zog die Familie von Ulm nach München, wo Einsteins Vater Hermann mit seinem Bruder, dem Ingenieur Jakob Einstein, eine Firma gründete, die Dynamos, Bogenlampen und Glühbirnen, aber auch Telefonsysteme herstellte. Elektrotechnologie und die Elektrifizierung der Stadtbeleuchtung erlebten damals einen rasanten Aufschwung, und die Tatsache, dass seine Familie an dieser Entwicklung beteiligt war, lieferte dem jungen Albert faszinierende intellektuelle Anregungen und Herausforderungen. 1885 war das Unternehmen auf bis zu 200 Mitarbeiter angewachsen, doch dann veranlasste der Konkurrenzdruck durch die Großunternehmen der immer stärker konzentrierten Elektroindustrie die Einsteins dazu, ihr Geschäft nach Norditalien zu verlegen, nachdem sie 1893 einen wichtigen städtischen Auftrag für die Münchner Stadtbeleuchtung verloren hatten.

So zogen Firma und Familie 1894 ins italienische Pavia, doch der 14-jährige Albert musste vorerst an seiner Münchner Schule bleiben. So erlebte er mit, wie die wunderschönen Gärten des Familienanwesens zerstört wurden, um Platz für hässliche Mietskasernen zu schaffen. Im Dezember folgte er seiner Familie nach Italien und schrieb sich schließlich an der Kantonsschule Aargau in der Schweiz ein. Bereits 1896, also nur zwei Jahre nach dem Umzug, musste die in Pavia angesiedelte Firma verkauft werden. In Mailand wurde eine neue Firma gegründet, die ebenfalls nach zwei Jahren eingestellt wurde. Dennoch wurde ein weiteres Unternehmen gegründet. Es widmete sich der Installation von Kraftwerken für die elektrische Straßenbeleuchtung von Kleinstädten in der Nähe von Flüssen, die als Energiequelle genutzt wurden. Dieser Versuch erwies sich als einigermaßen erfolgreich und weckte die Erwartung, dass der junge Albert in das Unternehmen seines Vaters einsteigen könnte.

Doch der junge Albert hatte inzwischen die Unsicherheiten der Geschäftswelt gründlich kennengelernt, den harten Konkurrenzkampf und die Demütigung der finanziellen Ungewissheit. Er zog es vor, sich davon fernzuhalten, woran auch ein Versuch des Vaters nichts änderte, den Sohn während einer gemeinsamen Reise zum Kennenlernen ihres neuen Tätigkeitsfeldes in das Familienunternehmen einzuführen. Aus mehreren zeitgenössischen Dokumenten wird deutlich, dass der heranwachsende Albert andere Pläne für sein Leben hatte. 1896 hob er in einem auf Französisch verfassten Schulaufsatz zu seinen Zukunftsplänen hervor, dass er die Unabhängigkeit eines wissenschaftlichen Berufs vorziehe, und dabei erwähnte er seine Neigung für Abstraktion und mathematisches Denken.[2] In Briefen an seine Freunde spottete er über die philisterhafte Einstellung seiner Familie und pries ein einsames Leben im Sinne des Philosophen Schopenhauer.[3]

Schopenhauer mag stets ein Außenseiter abseits der Hauptströmungen des philosophischen Diskurses gewesen sein, besonders Mitte des 20. Jahrhunderts, als Einstein um seinen Beitrag zur Bibliothek lebender Philosophen gebeten wurde.[4] Doch wenn Einstein seine prägenden Erlebnisse in der Welt und mit ihren

Autoritäten interpretierte, zitierte er häufig Schopenhauer, beispielsweise als er die Scheinheiligkeit der ihn umgebenden Welt kommentierte. Schopenhauers Schriften wurden zu einer der intellektuellen Ressourcen bei den Anstrengungen des jungen Einstein, das Nur-Persönliche zu überwinden. Sein Biograf und Schwiegersohn (verheiratet mit seiner Stieftochter), Rudolf Kayser, berichtet zu Einstein aus den späten 1920ern in Berlin: „Die Wand seines kleinen Arbeitszimmers zu Hause schmücken Bilder dreier Denker, die er in besonderem Maße verehrt: Faraday, Maxwell und Schopenhauer."[5]

Diese Bemerkung bezieht sich natürlich auf eine spätere Phase. Doch Einstein muss diese Distanz zu den bürgerlichen Sorgen seiner Familie schon früher gespürt haben, als er noch nicht über seine späteren intellektuellen Ressourcen verfügte. Zu dieser früheren Zeit, im Alter von zwölf Jahren, suchte er Halt in der religiösen Tradition, die in seiner eigenen Familie nur oberflächlich gepflegt wurde. Dennoch war er mit sechs Jahren in die Religion eingewiesen worden, und gemäß der jüdischen Tradition wurde diese Grundlage ab seinem zehnten Lebensjahr von dem 1889 eingestellten Hauslehrer Max Talmud vertieft, der kaum älter als Einstein selbst war. Talmud war ein orthodoxer Jude aus Litauen, und ursprünglich sollte er den kleinen Albert mit den Prinzipien des Judaismus vertraut machen. Anfangs hatte dieser junge Mann damit fast zu viel Erfolg: Zum Entsetzen seiner Eltern forderte Albert von ihnen eine koschere Haushaltsführung und die Einhaltung anderer religiöser Traditionen des Judentums. Die Religion erfüllte ganz offensichtlich das Bedürfnis des jungen Einstein, die Suche nach seiner Identität und nach seinem Verhältnis zur Welt auf einer anderen Ebene zu bewältigen, nämlich als „denkendes und fühlendes Wesen", wie er selber schreibt. Diese Ebene fand er in dem, was er als das religiöse Paradies seiner Jugend beschreibt.

Was die Identifizierung mit der jüdischen Religion – die für seine Eltern kaum mehr als eine Tradition war – für den jungen Einstein ganz besonders anziehend gemacht haben muss, ist, dass sie einen Weg bot, sich in Krisenzeiten von den aus seiner Sicht bürgerlichen Sorgen seiner Eltern zu distanzieren. Aus der rückblickenden Perspektive seiner Autobiografie erscheint Religion zutiefst ambivalent: Sie ist das verlorene Paradies der Jugend, das versprochen hatte, die Ketten des Nur-Persönlichen zu sprengen, zugleich aber ist sie das Produkt der Erziehungsmaschinerie des Staates, die den jungen Leuten bestimmte Ansichten einpflanzt.

Diese religiöse Phase war kurz. Was sich Einstein aus dieser Phase offenbar bewahrt hat – und wofür sie einen Maßstab lieferte –, war das Bedürfnis nach einer Weltsicht, welche die Beschränkungen der individuellen und egozentrischen Perspektiven überwindet. Diese Erwartung wurde schon bald durch die Lektüre populärwissenschaftlicher Schriften erfüllt, an die er ebenfalls durch Max Talmud herangeführt wurde, der ihm ein enger Freund wurde. In diesem Sinne triumphierten die weltlichen Einstellungen seiner Eltern schließlich doch über die religiöse Rebellion des jungen Heranwachsenden. Gemeinsam mit Talmud las Einstein nun Bücher von Ludwig Büchner und Aaron Bernstein, die ihn in die Wissenschaft einführten, ohne dabei allzu sehr ins Detail zu gehen. Vor allem aber erschloss sich ihm hier eine Weltsicht, die in Opposition und kritisch zur religiösen stand.

Aus Bernsteins Büchern lernte der junge Einstein, dass Begriffe wie Atom oder Äther dabei helfen konnten, überraschende Beziehungen zwischen verschiedenen Bereichen des Wissens aufzudecken, die durch Spezialisierung auf unterschiedliche wissenschaftliche Disziplinen nicht ohne Weiteres erkennbar waren. Außerdem hinterließen verschiedene konzeptionelle Werkzeuge, die von Bernstein und anderen Autoren zum Herstellen von Verbindungen zwischen verschiedenen Bereichen der Physik und Chemie verwendet wurden, ihre Spuren und beeinflussten ohne Zweifel Einsteins Reaktionen auf die spätere Lektüre während seiner Studienzeit. Nach der Veröffentlichung seiner ersten Schrift über das Phänomen der Kapillarität,[6] in welcher er einen Vergleich zwischen Molekular- und Gravitationskräften anstellte, schreibt er in einem Brief: „Es ist ein herrliches Gefühl, die Einheitlichkeit eines Komplexes von Erscheinungen zu erkennen, die der direkten sinnlichen Wahrnehmung als ganz getrennte Dinge erscheinen".[7]

In den *Notizen* schreibt Einstein, dass durch das Lesen populärwissenschaftlicher Bücher, aus welchen er die Überzeugung gewonnen habe, dass vieles in den Erzählungen der Bibel nicht wahr sein konnte, in ihm eine „geradezu fanatische Freigeisterei" entstand, ein „Misstrauen gegen jede Art von Autorität" und „der Eindruck, dass die Jugend vom Staate mit Vorbedacht belogen wird" (*Autobiographisches*, S. 2–4 [S. 195]). Das war natürlich nicht nur eine Folge seiner Lektüre. Vielmehr waren die von ihm verschlungenen populärwissenschaftlichen Bücher für Einstein eine Quelle des Nachdenkens über seine eigenen Erfahrungen als Jugendlicher inmitten einer bürgerlichen Welt, die im besten Fall materielle Sicherheit bot, doch keine geistige Befriedigung, zumal der junge Einstein diese Welt als durchtränkt von Heuchelei, sinnlosen Worten und vorsätzlichen Lügen empfand. Tatsächlich zeichneten Bernsteins Bücher die Wissenschaft als ein zutiefst politisches Unterfangen, um die Menschheit über alle herkömmlichen Trennlinien hinweg zu vereinen. Der Autor selbst hatte die demokratische Revolution von 1848 unterstützt, und dieser rebellische Geist strömt auch aus seinen Büchern.

Doch die Bücher waren nicht Einsteins einzige Ressource. Mindestens genauso wichtig muss die Gesellschaft und Freundschaft des jungen Max Talmud gewesen sein, der ähnlich wie Bernstein und Einstein gesinnt war. Auch Talmud war politischer Aktivist, und er teilte nicht nur Einsteins Begeisterung für die Wissenschaft, sondern auch die Hoffnung, die Wissenschaft könne das bieten, woran Religion und Politik gescheitert waren: jenes menschliche Band, das über das Nur-Persönliche hinausgeht, Klassen und nationale Grenzen überwindet, ja sogar über die Welt der Lebenden hinaus eine Verbindung zu früheren Generationen herstellen kann. Vor diesem Hintergrund erhalten Einsteins lebenslange Freundschaften mit Menschen, die seine weitreichende Auffassung von der Wissenschaft teilen – angefangen bei Max Talmud, über die Mitgliedern der Akademie Olympia (siehe unten) und Michele

Besso, bis hin zu Wissenschaftlerkollegen wie Max Born – den Charakter einer nahezu religiösen Verbindung zwischen Menschen, die an die humanisierende Mission der Wissenschaft glauben.

Akademie Olympia

1902 antwortete der junge Philosophiestudent Maurice Solovine auf eine Anzeige Einsteins im *Berner Tagblatt*, in der dieser Privatunterricht in Mathematik und Physik für Studierende und Schüler anbot. Anstatt zu Physikstunden kam es zu einem Ideenaustausch über Probleme der Physik, und aus ihrem ersten Treffen erwuchs eine lebenslange Freundschaft. Sie beschlossen, gemeinsam Bücher wichtiger Autoren zu lesen und über diese zu diskutieren. Schon bald schloss sich ihnen der Mathematiker Conrad Habicht an. Die Treffen fanden normalerweise in Einsteins Wohnung statt und dauerten bis zum späten Abend, manchmal auch bis in die frühen Morgenstunden. Sie nannten diese Treffen „Akademie Olympia". Maurice Solovine berichtete später, Einsteins Frau Mileva Marić habe an den Treffen teilgenommen und zugehört, sich an den Diskussionen jedoch niemals beteiligt.[8]

Gemeinsam wurden unter anderem die folgenden Werke gelesen:

Analyse der Empfindungen und *Die Mechanik in ihrer Entwicklung* von Ernst Mach
Wissenschaft und Hypothese von Henri Poincaré
Grammar of Science von Karl Pearson
Ethik von Baruch Spinoza
Treatise on Human Nature von David Hume
Logic von John Stuart Mill
Was sind und was sollen die Zahlen? von Richard Dedekind

Gelesen wurden auch literarische Klassiker wie:

Andromaque von Jean Racine
Eine Weihnachtsgeschichte von Charles Dickens
Don Quijote von Cervantes

Auch Einsteins Arbeiten zur Thermodynamik und speziellen Relativitätstheorie wurden besprochen.

Die „Akademie" bestand nicht lange, denn Habicht verließ Bern 1904, Solovine 1905. Einstein erwähnte diese Treffen oft als Episode, die zu seiner späteren wissenschaftlichen Arbeit beigetragen hat. 1953 schrieb Einstein an Solovine: „An die unsterbliche Akademie Olympia. In deinem kurzen aktiven Dasein hast du in kindischer Freude dich ergötzt an allem was klar und gescheit war. Deine Mitglieder haben dich geschaffen, um sich über deine grossen, alten und aufgeblasenen Schwestern lustig zu machen. ... Wir alle drei Mitglieder haben uns zum Mindesten als dauerhaft erwiesen."[9]

Abb. 10: Die Akademie Olympia: Von links, Conrad Habicht, Maurice Solovine und Albert Einstein, um 1903. Bildarchiv der ETH-Bibliothek, Zürich.

Einstein erwähnt eine zweite persönliche Episode, die noch weiter in seine Kindheit zurückreicht. Vier oder fünf Jahre muss Einstein gewesen sein, als sein Vater ihm einen Kompass zeigte. Noch im Alter von 67 Jahren erinnerte er sich, dass die Magnetnadel bei ihm das Gefühl auslöste, einem Wunder beizuwohnen, weil ihr Verhalten von der intuitiven physikalischen Erwartung abwich. Einstein bezieht sich auf diese Erinnerung in den *Notizen* mit einem Vorbehalt: „Ich erinnere mich noch jetzt – oder glaube mich zu erinnern – dass dies Erlebnis tiefen und bleibenden Eindruck auf mich gemacht hat" (*Autobiographisches*, S. 8 [S. 197]). Der offensichtliche Zweifel in dieser Aussage spiegelt Einsteins anfänglich geäußerte Warnung wider: „Jede Erinnerung ist gefärbt durch das jetzige So-Sein, also durch einen trügerischen Blickpunkt" (*Autobiographisches*, S. 2 [S. 195]). Doch selbst wenn er sich in seiner frühen Kindheit dieses Gefühls des Wunderbaren nicht so bewusst gewesen sein sollte, wie er sich in *Autobiographisches* zu erinnern glaubt, so ist der bleibende Eindruck des Erlebnisses nicht zu leugnen. Einstein hat die Geschichte seiner ersten Begegnung mit einem Kompass in seinem Leben oft erzählt. Seinen kindlichen Sinn für das Wunderbare hat Einstein niemals verloren. In späteren Jahren schrieb er in einer Gratulation zum 80. Geburtstag an einen Freund, den Psychiater Otto Juliusburger: „Solche Menschen wie wir beide sterben zwar wie alle, aber sie werden nicht alt solange sie leben. Ich meine damit, sie stehen immer noch neugierig wie Kinder vor dem grossen Rätsel in das wir mitten hinein gesetzt sind".[10]

Das Verhalten der Magnetnadel in ihrem Gehäuse widersprach den Erwartungen des kleinen Albert. Bewegungen wurden doch durch Berührungen oder Kräfte verursacht, oder sie schienen einfach Teil der natürlichen Beschaffenheit der Welt zu sein, etwa wenn ein schwerer Körper nach unten fiel! Aristoteles und seine Schüler hatten auf diesen scheinbar selbstevidenten Eigenschaften der Körper ein ganzes Weltbild begründet. Das Abweichen einer Erfahrung von den intuitiven physikalischen Erwartungen steht also im Konflikt mit einer Welt feststehender Begriffe. Das ist die Essenz dessen, was Einstein in seinem Text als „Wunder" bezeichnet. Einstein sieht in solchen Konflikten zwischen Erfahrungen und den konzeptionellen Bezugsrahmen eine treibende Kraft unseres Denkens. In diesem Fall wies das unerwartete Verhalten der Nadel den jungen Einstein auf die Existenz einer hinter den Erscheinungen verborgenen Welt hin. Das war der erste Schritt hinein in eine Welt des Denkens, die ihm jedoch mächtige Werkzeuge bot, um das Verhalten greifbarer Dinge zu verstehen. Deshalb erzählt er diese Episode hier erneut.

Abb. 11: „Jede Erinnerung ist gefärbt durch das jetzige So-Sein".

Unmittelbar auf diese Geschichte folgt die Schilderung eines zweiten Wunders, das Einstein im kritischen Alter von zwölf Jahren beim Lesen eines Geometriebuchs widerfuhr. Im Mittelalter waren Wunderberichte das Kennzeichen von Heiligenlegenden, oft in Verbindung mit Initiationserlebnissen und Bekehrungen. Selbst in dem säkularen Sinn, den der Begriff des Wunders in dieser Autobiografie eines Wissenschaftlers hat, umfasst dieser die Dimension der Initiation, die eine transzendente Welt eröffnet. In diesem Fall zeigte die Begegnung mit der Geometrie als Wissenschaft dem jungen Einstein die Möglichkeit auf, durch reines Denken gesichertes Wissen über Objekte der Erfahrung zu erlangen – ein weiteres Beispiel für die Macht des Denkens über die reale Welt.

Er erinnerte sich zum Beispiel daran, dass es ihm gelungen war, eigenständig den Satz des Pythagoras abzuleiten, noch ehe er sich mit dem entsprechenden Lehrbuch vertraut gemacht hatte. In den *Notizen* bringt er seine jugendlichen Eindrücke vom Charakter des abstrakten Denkens in Verbindung mit der Erkenntnistheorie Immanuel Kants, die von einer ähnlichen Faszination für die Macht reinen Denkens durchdrungen ist. Rückblickend jedoch charakterisiert Einstein diese Macht als etwas, das auf einem Fehler beruht, nämlich auf der naiven Gleichsetzung der Entitäten der Geometrie mit realen Objekten, ohne zu erkennen, dass in den geometrischen Argumenten implizit eine vermittelnde Annahme enthalten ist.

Abb. 12: Albert Einstein am Luitpold-Gymnasium in München, 1890. Albert steht in der ersten Reihe als dritter von rechts. Beachten Sie, dass er als einziger Junge ein Lächeln im Gesicht hat. Albert Einstein Archives.

Nach einem kurzen Exkurs in die Erkenntnistheorie kehrt Einstein zu seinem „Nekrolog" zurück und setzt die Schilderung seiner Jugend fort, wiederum gereinigt vom „Nur-Persönlichen". Seine Beschreibung der Entdeckung der Kraft des Denkens wird nun allmählich zu einer Bildungsgeschichte, ohne allerdings den Erlösungsgedanken ganz aufzugeben. Er erwähnt seine Einführung in die Infinitesimalrechnung, die ihn ähnlich stark beeindruckt hatte wie die Einführung in die Geometrie, ebenso die populären Bücher Bernsteins, die wir oben schon besprochen hatten und deren Lektüre ihn mit „atemloser Spannung" erfüllt hatte. Danach wendet er sich seinem Studium an der Universität zu und übergeht dabei seine wechselhafte Schulzeit in München und Aarau ebenso wie die Streitigkeiten um seine berufliche Zukunft.

Die Schilderung seiner Studienzeit ist vom Spannungsverhältnis zwischen Physik und Mathematik geprägt. Aus der Sicht des erfahrenen Wissenschaftlers, der inzwischen all seine Hoffnungen auf die Stärken(n) der Mathematik gesetzt hat, fragt sich Einstein im Rückblick auf seine Studienzeit, was ihm entgangen war und warum er damals die Entscheidung traf, der Physik in seinem Leben Vorrang vor der Mathematik zu geben. Er erklärt, warum er sich für eine Karriere in der Physik entschied. Die Mathematik schien ihm aus einer Vielzahl von hochspezialisierten Teilgebieten zu bestehen, von denen jedes einzelne ein ganzes Leben hätte verschlingen können. Er erinnert sich weiter, dass ihm die fundamentale Rolle der Mathematik für das Verständnis der Physik erst nach Jahren des Forschens klar geworden war. Hier bezieht sich Einstein auf seine Bemühungen um die Entwicklung der allgemeinen Relativitätstheorie und konkret auf seine Suche nach der Feldgleichung. 1912 hatte er an seinen Freund Arnold Sommerfeld geschrieben, dass er Hochachtung für die Mathematik entwickelt habe, „die ich bis jetzt in ihren subtileren Teilen in meiner Einfalt für puren Luxus ansah!"[11]

Abb. 13: Einstein an der Gewerbeschule in Aarau, 1896. Ein Ausschnitt des Klassenfotos zum Schulabschluss. Bildarchiv der ETH-Bibliothek, Zürich.

Andererseits lernte er früh „herauszuspüren", was aus der überwältigenden Masse „des erfahrungsmäßig Gegebenen und ungenügend Verbundenen ... in die Tiefe führen konnte, von allem Anderen aber abzusehen" (*Autobiographisches*, S. 14 [S. 199]). Sein Assistent während der Niederschrift der *Notizen*, Ernst Straus, erinnert sich, dass Einstein ihm gegenüber oft von seinem Dilemma der Studienzeit hinsichtlich der Wahl zwischen Mathematik und Physik sprach. Als Student habe Einstein demnach gedacht, er würde nie in der Lage sein zu entscheiden, welche der vielen schönen Fragen der Mathematik zentral und welche nebensächlich sind. In der Physik dagegen habe er erkannt, was die zentralen Fragen waren.[12] Die Wahl der Probleme, mit denen er sich zu Beginn seiner Karriere beschäftigte, bestätigt die Erinnerungen des alten Einstein an das Dilemma und die Entscheidungsschwierigkeiten des jungen Einstein.

An diese Reflexionen über die Wahl der Karriere und die Auswahl der Probleme schließen sich noch eine Reihe persönlicher Erinnerungen an Einsteins intellektuelle Entwicklung an, die er nun in den Kontext des institutionalisierten Lernens stellt, das zwar einerseits eine Voraussetzung für seine Entwicklung war, sich andererseits aber auch als Hindernis erwies. Examen absolvieren zu müssen wirkte „abschreckend" auf den Studenten Einstein, selbst wenn er zugesteht, dass die Situation in der Schweiz weniger repressiv war als andernorts. Außerdem habe er von der Hilfe eines Freundes profitiert, der ihm zur Examensvorbereitung seine Notizbücher überließ. Diese Vorlesungsnotizen sind tatsächlich erhalten geblieben. Der Freund war der Mathematiker Marcel Grossmann, der ihm auch dabei half, eine Anstellung beim Patentamt zu erhalten. Später unterstützte er Einstein bei der Entwicklung der allgemeinen Relativitätstheorie in mathematischen Fragen.

Wieder kommt Einstein in *Autobiographisches* nun auf Heiligkeit und Wunder zu sprechen. Diesmal jedoch geht es nicht um Wunder im Zusammenhang mit einer geistigen Offenbarung, sondern um das Wunder, „dass der moderne Lehrbetrieb die heilige Neugier des Forschens noch nicht ganz erdrosselt hat; denn dies delikate Pflänzchen bedarf neben Anregung hauptsächlich der Freiheit; ohne diese geht es unweigerlich zugrunde" (*Autobiographisches*, S. 16 [S. 200]). Den Abschluss dieser Passage bildet das bemerkenswerte Bild eines Raubtiers, das man mit der Peitsche zum Fressen zwingt. Thematisiert wird hier der Gegensatz zwischen der Freude am Sehen und Suchen einerseits sowie dem Zwang und der Verpflichtung auf der anderen Seite – interpretiert als animalische Triebe und rohe Gewalt. Die Neugier ist für Einstein ein animalischer Trieb, der selbst mit Gewalt nicht unterdrückt werden kann. Es mag vielleicht etwas weit hergeholt sein, doch wir sind hier versucht, dieses Bild mit dem beliebten Gedicht „Der Panther" von Rainer Maria Rilke in Verbindung zu bringen (siehe Kasten), das in dieser Zeit jeder gelesen hatte und viele wahrscheinlich sogar auswendig kannten.

Der Panther

Sein Blick ist vom Vorübergehn der Stäbe
so müd geworden, daß er nichts mehr hält.
Ihm ist, als ob es tausend Stäbe gäbe
und hinter tausend Stäben keine Welt.
Der weiche Gang geschmeidig starker Schritte,
der sich im allerkleinsten Kreise dreht,
ist wie ein Tanz von Kraft um eine Mitte,
in der betäubt ein großer Wille steht.
Nur manchmal schiebt der Vorhang der Pupille
sich lautlos auf –. Dann geht ein Bild hinein,
geht durch der Glieder angespannte Stille –
und hört im Herzen auf zu sein.
— Rainer Maria Rilke, 1955[13]

Anmerkungen

1 Albert Einstein, „Vorwort", in Philipp Frank, *Einstein: Sein Leben und seine Zeit* (Braunschweig: Vieweg & Sohn, 1979), S. 5–6.

2 Einstein, „Mes Projets d'Avenir", 18 September 1896, CPAE Bd. 1, Doc. 22.

3 Einstein an Julia Niggli, 6. August 1899, CPAE Bd. 1, Doc. 51, S. 221–223; Einstein an Mileva Marić, 17. Dezember 1901, CPAE Bd. 1, Doc. 128, S. 325–326.

4 Zu Schopenhauer siehe Bart Vandenabeele, *A Companion to Schopenhauer* (Chichester: Blackwell Publishing, 2012).

5 Rudolf Kayser (als Anton Reiser), *Albert Einstein, ein biographisches Porträt* (Zwickau: E. Schwarz, 1997), S. 194.

6 Einstein, „Folgerungen aus den Capillaritätserscheinungen" (1901), nachgedruckt in CPAE Bd. 2, Doc. 1.

7 Einstein an M. Grossmann, 14. April 1901, CPAE Bd. 1, Doc. 100, S. 290–291.

8 Maurice Solovine, „Introduction", in Albert Einstein, *Briefe an Maurice Solovine: Faksimile Wiedergabe von Briefen aus den Jahren 1906 bis 1955 mit französischer Übersetzung, einer Einführung und drei Fotos* (Berlin: VEB Deutscher Verlag der Wissenschaften, 1960), S. XXIII.

9 Einstein an Solovine, 3. April 1953, Einstein, *Briefe an Maurice Solovine*, S. 124.

10 Einstein an Otto Juliusburger, 29. September 1947, AEA 38–238.

11 Einstein an Arnold Sommerfeld, 29. Oktober 1912, CPAE Bd. 5, Doc. 421, S. 505–506, hier S. 505.

12 Ernst G. Straus, „Reminiscences", in *Albert Einstein: Historical and Cultural Perspectives*, Hrsg. Gerald Holton und Yehuda Elkana (Princeton, NJ: Princeton University Press, 1982), S. 422.

13 Aus der Sammlung Neue Gedichte (1903–1907); Rainer Maria Rilke, *Sämtliche Werke* (Frankfurt am Main: Insel, 1955).

3 „Mein erkenntnistheoretisches Credo"

> Die gegenseitige Beziehung von Erkenntnistheorie und Science ist von merkwürdiger Art. Sie sind aufeinander gewiesen. Erkenntnistheorie ohne Kontakt mit Science wird zum leeren Schema. Science ohne Erkenntnistheorie ist – soweit überhaupt denkbar – primitiv und verworren.
> — Einstein „Bemerkungen zu den in diesem Bande vereinigten Arbeiten" in Schilpp, Hrsg., *Albert Einstein als Philosoph und Naturforscher*, S. 507.

Einstein definierte das Wesen und die Aufgabe der *Notizen* so: „... das Wesentliche im Dasein eines Menschen von meiner Art liegt in dem *was* und *wie* er denkt, nicht in dem, was er tut oder erleidet" (*Autobiographisches*, S. 30 [S. 205]). Für ihn war es also nur natürlich, die Schilderung seines intellektuellen Lebens mit einer Erörterung des Denkprozesses selbst zu beginnen, speziell mit dem Denken, das zu wissenschaftlichem Verstehen und zu Entdeckungen führt. Ihn faszinierte die Frage: „Was ist eigentlich ‚Denken'?" (*Autobiographisches*, S. 6 [S. 196]), und diese Frage behandelte er vielfach in seinen Schriften und seinem Meinungsaustausch mit Kollegen. Sie war Teil seines tiefgreifenden und lebenslangen Interesses an der Erkenntnistheorie, und das seit den frühesten Phasen seiner intellektuellen Entwicklung.[1]

Die Antwort, die Einstein in *Autobiographisches* auf diese Frage gibt, ist geprägt von seiner gründlichen Vertrautheit mit philosophischen Diskussionen und seiner Beteiligung an diesen. Auch an psychologischer Forschung zum Denken ist Einstein in diesem Zusammenhang ausgesprochen interessiert. Als Student war er fasziniert von Philosophen wie David Hume und Ernst Mach sowie von der Möglichkeit, etablierte wissenschaftliche Konzepte im Licht neuer empirischer Erkenntnisse zu hinterfragen. In den *Notizen* erwähnt er Hume und dessen Erkenntnis, dass grundlegende Konzepte, wie etwa die Kausalbeziehung zwischen Ereignissen, auf Konvention beruhen und nicht logisch aus dem Erfahrungsmaterial abgeleitet werden können. Humes Warnung an alle, die aus dem Wissen eine sichere Sache machen wollen, lautet in Einsteins Worten so: „Das sinnliche Rohmaterial, die einzige Quelle unserer Erkenntnis, kann uns durch Gewöhnung zu Glauben und Erwartung aber nicht zum Wissen oder gar zum Verstehen von gesetzmässigen Beziehungen führen".[2]

Zu der Zeit, als er seine Notizen schrieb, sprach Einstein die Frage nach der Beziehung zwischen Wissen und Sinneswahrnehmung auch in seinem Beitrag zu dem Band an, den die LLP Bertrand Russel widmete. Ein Blick auf diesen Essay hilft uns dabei, den weiteren philosophischen Kontext von Einsteins kurzen Bemerkungen zu seinen erkenntnistheoretischen Ansichten in den *Notizen* zu verstehen. Hier wollte er die Bedeutung von Begriffssystemen als Ergebnis eines freien Spiels des Denkens betont wissen, welches sich nicht vollständig auf empirische Aussagen und deren logische Zusammenhänge reduzieren lässt. Er stellt dort die folgende Frage: „... in was für einer Beziehung steht unsere Erkenntnis zu dem von den Sinnes-Eindrücken gelieferten Rohmaterial?" Was er konkret meinte, ist Folgendes: „Was für Erkenntnisse vermag das reine Denken zu liefern, unabhängig von den

https://doi.org/10.1515/9783110744811-008

Abb. 14: „... das Wesentliche im Dasein eines Menschen von meiner Art."

Sinneseindrücken?"[3] Obgleich sich die Bedeutung von Konzepten und Thesen aus ihrem Bezug zur sinnlichen Wahrnehmung ableitet, ist diese Beziehung für Einstein „rein intuitiv, nicht selbst von logischer Natur" (*Autobiographisches*, S. 10 [S. 198]). Und er schränkt ein: „Das Geschäft des logischen Denkens ist strikte beschränkt auf die Herstellung der Verbindung zwischen Begriffen und Sätzen untereinander nach festgesetzten Regeln" (*Autobiographisches*, S. 10 [S. 198]). In seinen Anmerkungen zur russellschen Wissenstheorie bringt Einstein diese Auffassung sogar noch stärker zum Ausdruck: „Nach meiner Überzeugung muß man sogar viel mehr behaupten: die in unserem Denken und in unseren sprachlichen Äußerungen auftretenden Begriffe sind alle – logisch betrachtet – freie Schöpfungen des Denkens und können nicht aus den Sinnen-Erlebnissen induktiv gewonnen werden"[4] Es ist nicht einfach, die „logisch unüberbrückbar[e]" Kluft zwischen gewissen Begriffen und den „sinnlichen Erlebnisse[n]" zu bemerken, da sie so eng mit unserem täglichen Denken verwoben sind.

Diese Erkenntnis ist die Grundlage von Einsteins eigenem erkenntnistheoretischen Credo: „Alle Begriffe, auch die erlebnis-nächsten, sind vom logischen Gesichtspunkte aus freie Setzungen, genau wie der Begriff der Kausalität, an den sich in erster Linie die Fragestellung angeschlossen hat" (*Autobiographisches*, S. 12 [S. 198]). Das steht im krassen Gegensatz zur Erkenntnistheorie Kants, der argumentierte, dass bestimmte Begriffe und Urteile unserem Wissen a priori gegeben sind, unabhängig von jeder Erfahrung. Einstein weist diesen Standpunkt kategorisch zurück. In seinem Buch *Vier Vorlesungen über Relativitätstheorie: gehalten im Mai 1921 an der Universität Princeton* (1922) zum Beispiel schreibt er, ohne Kant ausdrücklich zu nennen: „Es ist deshalb nach meiner Überzeugung einer der verderblichsten Taten der Philosophen, daß sie gewisse begriffliche Grundlagen der Naturwissenschaft aus dem der Kontrolle zugänglichen Gebiete des Empirisch-Zweckmäßigen in die unangreifbare Höhe des Denknotwendigen (Apriorischen) versetzt haben. Denn wenn es auch ausgemacht ist, daß die Welt der Begriffe nicht aus den Erlebnissen durch Logik (oder sonstwie) abgeleitet werden können, sondern in gewissem Sinn freie Schöpfungen des menschlichen Geistes sind, so sind sie doch ebensowenig unabhängig von der Art der Erlebnisse, wie etwa die Kleider von der Gestalt der menschlichen Leiber. Dies gilt im Besonderen auch von unseren Begriffen über Zeit und Raum, welche die Physiker – von Tatsachen gezwungen – aus dem Olymp des Apriori herunterholen mußten, um sie reparieren und wieder in einen brauchbaren Zustand setzen zu können."[5]

Einstein steht konventionalistischen Philosophen wie Pierre Duhem und Henri Poincaré näher. In den *Notizen* hebt er die Freiheit bei der Wahl von Begriffen hervor, und noch stärker als diese Philosophen betont er den kreativen Charakter dieser Freiheit beim produktiven Denken: „all unser Denken ist von dieser Art eines freien Spiels mit Begriffen" (*Autobiographisches*, S. 6 [S. 196]). Nur im Zuge eines solchen Prozesses können wir aus der Vielzahl scheinbar unzusammenhängender Sinneserfahrungen eine bedeutungsvolle und kohärente Struktur ableiten.

Auf ähnliche Art und Weise erörtert Einstein in seinem grundlegenden Essay „Physik und Realität" die Bildung von Begriffen aus sinnlichen Erfahrungen und das Entstehen einer „realen Welt" aus solchen Begriffen und ihren Beziehungen zueinander: „Die Verknüpfung der elementaren Begriffe des Alltags-Denkens mit Komplexen von Sinneserlebnissen ist nur intuitiv erfassbar und wissenschaftlich logischer Fixierung unzugänglich. Die Gesamtheit dieser Verknüpfungen – selbst nicht begrifflich fassbar – ist das einzige, was das Gebäude der Wissenschaft von einem leeren logischen Begriffs-Schema unterscheidet."[6] Sie mag also intuitiv sein, doch die Gewissheit bezüglich der Verbindung zwischen Begriffen und Sinneserfahrung „unterscheidet die leere Phantasterei von der wissenschaftlichen ‚Wahrheit'" (*Autobiographisches*, S. 10 [S. 198]).

Als Beispiel für einen Grundbegriff, der anhand von Sinneseindrücken gebildet wird, nennt „Physik und Realität" den Begriff des „körperlichen Objekts", dem wir in unserem Denken eine „reale Existenz" zuschreiben. Dieser Begriff ist nicht identisch mit der Gesamtheit der Sinneseindrücke, auf denen er beruht. Er wird frei in unserem Geist gebildet, doch seine Bedeutung und Rechtfertigung beruht auf den Sinneseindrücken, mit denen er verbunden ist. Einstein betont: „Die Berechtigung dieser Setzung liegt einzig darin, dass wir mit Hilfe derartiger Begriffe und zwischen ihnen gesetzter gedanklicher Relationen uns in dem Gewirre der Sinnesempfindungen zurecht zu finden vermögen." Diese Orientierung im Labyrinth des sinnlichen Erfahrungsmaterials ist also die Essenz der Wissenschaft, und das meint Einstein, wenn er sagt: „Alle Wissenschaft ist nur eine Verfeinerung des Denkens des Alltags."[7]

Erkenntnistheoretische und philosophische Überlegungen leiteten Einstein bei der Formulierung neuer Theorien, bei der Transformation von Wissensbeständen und bei seiner ununterbrochenen Arbeit an einem einheitlichen theoretischen

Rahmen. Auch sein Interesse an der Psychologie des Denkens ist Teil dieser Anstrengungen. Einstein war den Ansichten Max Wertheimers zugeneigt, einem der Gründer der Gestaltpsychologie. Wertheimer unterstrich den holistischen Charakter begrifflicher Konzepte und der Prozesse, die unsere Begrifflichkeit transformieren. Genau wie Wertheimer interessierte Einstein der „produktive" Charakter des Denkens. Sein erkenntnistheoretisches Credo geht also von der Gewissheit aus, dass unser Denken im Empirischen verwurzelt ist, doch es betont das kreative Moment des menschlichen Denkens und seine psychologische, über das Bewusstsein hinausgehende Tiefe. Auf kritische Diskussionen oder Polemiken mit zeitgenössischen Philosophen ließ sich Einstein nicht ein, doch zeigte er sich – nach jahrzehntelangen, kritischen Debatten mit den Gründern des logischen Empirismus, vor allem mit Moritz Schlick und Hans Reichenbach – davon überzeugt, dass diese Tiefe von einer Wissenschaftsphilosophie, die sich vor allem auf Sprache, Mathematik und Logik konzentriert, nicht angemessen verstanden werden kann. Damit stellt er sich gegen die Hauptströmung seiner Zeit, die Tradition des Wiener Kreises und den logischen Empirismus.

Bezüglich der eher psychologischen Aspekte des Denkens betont Einstein in *Autobiographisches*, dass unser Denken mit der Bildung und Abwandlung von Begriffen beginnt, die aus dem mentalen Ordnen von Bildern und Erinnerungsmomenten hervorgehen, die von Sinneseindrücken hervorgerufen werden und in verschiedenen Zusammenhängen wiederholt auftauchen. Er findet es natürlich, dass „unser Denken zum grössten Teil ohne Verwendung von Zeichen (Worte) vor sich geht und dazu noch weitgehend unbewusst" (*Autobiographisches*, S. 6 [S. 197]). Die Verbalisierung des Denkprozesses ist ein sekundärer Schritt und nur nötig, um das Denken mitteilbar zu machen.

---

15. März 1943

Im Zusammenhang mit der Studie, die ich gegenwärtig zur Psychologie der Erfindungen anstelle, wäre ich Ihnen für die Beantwortung der folgenden Fragen sehr dankbar:

A) Wird Ihr Denken mehr oder weniger durchgehend von Worten oder anderen präzisen Zeichen (etwa algebraischer Natur) begleitet, oder erfolgt es ohne solche Hilfsmittel?

B) Wird Ihr Denken von mentalen Bildern irgendwelcher Art begleitet (visuell, auditiv, Bewegungen)? Beschreiben Sie nach Möglichkeit die Art dieser Bilder.

C) Benötigt Ihr Denken Hilfsmittel oder Anleitungen analoger Art; im Wesentlichen meine ich damit kreatives Denken, doch vergleichbare Informationen oder normales Denken könnte ebenfalls dienlich sein?

D) Zu welchem Typ gehören Sie bezüglich Ihres normalen Denkens (visuell, auditiv, motorisch usw.)?

Zusatzfrage:

E) Welchen Anteil haben volles Bewusstsein und Randbewusstsein an diesen Prozessen?

Richten Sie Ihre Antworten bitte an
Professor Jacques Hadamard[8]

Nicht lange vor der Niederschrift der *Notizen* hatte Einstein seine psycholo-gisch-introspektive Auffassung von der Natur des Denkens in ähnlicher Weise in einem Brief an den französischen Mathematiker Jacques Hadamard zusammenge-fasst.[9] Hadamard führte zu dieser Zeit eine psychologische Studie mit Mathemati-kern durch, um ihre geistigen Prozesse zu erforschen. Einstein hatte Hadamard 1922 bei einem Besuch in Paris kennengelernt, wo er einen Vortrag zu seiner allge-meinen Relativitätstheorie hielt. Daraus ergab sich eine über 30 Jahre andauernde Korrespondenz, die vornehmlich Politik, Krieg und Menschenrechte zum Inhalt hatte. Einstein beantwortet in seinem Brief eine Reihe von Fragen, die Hadamard an ihn gerichtet hatte (siehe Kasten).

Einsteins vollständige Antwort auf Frage A zeigt, dass seine Überzeugungen hin-sichtlich der Natur des Denkens in erster Linie auf introspektiver Evidenz beruhen:

> Worte oder die Sprache in geschriebener oder gesprochener Form scheinen keinerlei Rolle in meinem Denkmechanismus zu spielen. Die psychischen Entitäten, die als Elemente des Den-kens zu dienen scheinen, sind bestimmte Zeichen und mehr oder weniger klare Bilder, die sich „willentlich" reproduzieren und kombinieren lassen.
>
> Es besteht natürlich eine gewisse Verbindung zwischen diesen Elementen und maßgebli-chen logischen Begriffen. Klar ist auch, dass der Wunsch, schließlich zu logisch miteinander verbundenen Begriffen zu gelangen, die emotionale Grundlage dieses eher vagen Spiels mit den oben erwähnten Elementen ist. Doch aus psychologischer Sicht scheint mir dieses kombina-torische Spiel ein wesentlicher Bestandteil des produktiven Denkens zu sein – ehe es zu einer Verbindung mit logischen Konstrukten in Worten oder anhand sonstiger Zeichen kommt, die sich anderen mitteilen lassen.[10]

Einsteins Antwort auf Frage E interessierte Hadamard besonders: „Es scheint mir, dass das, was Sie volles Bewusstsein nennen, ein Grenzfall ist, der nie ganz erreicht werden kann. Dies scheint mir in Verbindung mit dem zu stehen, was man die Enge des Bewusstseins nennt."[11] In der Tat widmet Hadamard zwei Kapitel seines Buches *A Mathematician's Mind* der Rolle des Unbewussten bei Entdeckungen. In *Autobiogra-phisches* betont Einstein, dass unser Denken „zum großen Teil ohne Verwendung von Zeichen ... und dazu noch weitgehend unbewusst vor sich geht. Denn wie sollten wir sonst manchmal dazu kommen, uns über ein Erlebnis ganz spontan zu ‚wundern'?" (*Autobiographisches*, S. 6 [S. 197]). Einstein bietet dann eine psychologische Lesart des klassischen Topos des „Sichwunderns" als Ausgangspunkt des Philosophierens. Nach seiner Interpretation überkommt uns die Empfindung des Wunderbaren stets dann, wenn wir mit einem Erlebnis konfrontiert sind, das unserer bestehenden, unhinterfragten Begriffswelt widerspricht.

Einstein schweift hier in den *Notizen* kurz ab und beschreibt, wie er in der Kind-heit zwei solche „Wunder" erlebt hat, worauf wir im vorherigen Kapitel bereits ein-gegangen sind. Doch kommen wir darauf in diesem Kontext ruhig noch einmal zurück. Bei einem dieser Erlebnisse war Einstein vier oder fünf Jahre alt und beob-achtete das Verhalten der Kompassnadel, das absolut nicht mit seiner unbewussten Begriffswelt vereinbar war. Bei dem anderen Erlebnis war er zwölf: Er bekam ein kleines Buch über die euklidische Geometrie in die Hände und erkannte, dass sich bestimmte unerwartete Behauptungen mit absoluter Sicherheit beweisen lassen, etwa die, dass sich die drei Höhen eines Dreiecks in einem Punkt schneiden. Erst viel später sollte ihm klar werden, dass gerade dieses „Wunder" – entstanden aus dem Eindruck, dass bestimmte Arten von Wissen über die Objekte der Erfahrung durch reines Denken erreichbar sind, was für die kantianische Erkenntnistheorie sprechen würde – tatsächlich auf problematischen Annahmen beruht.

Nichtsdestotrotz sollte das „Wunder", dass es durch bloßes Nachdenken möglich war, zu erstaunlichen Erkenntnissen zu gelangen, Einstein stets begleiten. Tatsächlich war er ein Meister der Gedankenexperimente, die bei mehreren seiner wissenschaftlichen Entdeckungen eine entscheidende Rolle spielten. Allerdings setzen Gedankenexperimente nicht die Existenz von A-priori-Wissen voraus, sondern arbeiten mit mentalen Konstruktionen, die es erlauben, die Konsequenzen bestehenden Wissens zu erforschen und über diese aus einer neuen Perspektive nachzudenken, was zu neuen Erkenntnissen führen kann – auch wenn man gar kein reales Experiment anstellt. In den *Notizen* liefert Einstein einige eindrucksvolle Beispiele für solche Gedankenexperimente und deren Rolle im produktiven Denken.

Das erste Beispiel ist seine Beschreibung, wie er sich im Alter von 16 vorgestellt hatte, auf einem Lichtstrahl zu reiten und einen weiteren Lichtstrahl zu beobachten, der sich parallel zu ihm ausbreitet. Das Nachdenken über die scheinbar paradoxen Konsequenzen der vorgestellten Situation veranlasste ihn, die bestehenden Theorien zur Ausbreitung von Licht zu überdenken, und schließlich stellte er zehn Jahre später seine spezielle Relativitätstheorie vor. Ein weiteres in den *Notizen* erwähntes Gedankenexperiment ist das eines reflektierenden Spiegels, der in einem Strahlungsfeld innerhalb eines geschlossenen Hohlraums aufgehängt ist. Dieses Gedankenexperiment überzeugte ihn in einer „drastischen und direkten Weise" von der Existenz von Lichtquanten. Wir werden diese Gedankenexperimente in den entsprechenden Kapiteln ausführlicher behandeln.

In einem Absatz des handschriftlichen Manuskripts von *Autobiographisches*, den er später strich und der der Schilderung der einschneidenden Wunder-Erlebnisse direkt vorausging, stellte Einstein eine noch explizitere Verbindung zwischen seinen erkenntnistheoretischen Überlegungen und seinen psychologischen Einsichten her. Ausgehend von einem berühmten Satz Kants umreißt Einstein ein Konzept des Wissenschaftlers als Philosoph und skizziert dabei zugleich eine Psychologie des Entdeckens. In diesem Absatz bezieht sich Einstein mit dem Begriff „Chok-Wirkung [sic]" auf das Ergebnis einer ungewöhnlichen Erfahrung, so wie es einem eher traditionellen Begriff des „Wunderbaren" als etwas „Erstaunlichem" entspricht. Das steht weitgehend im Einklang mit der Auffassung des Philosophen und Literaturkritikers Walter Benjamin, der in seinen Schriften zur Ästhetik die Rolle der Schockwirkung bei der Überwindung etablierter Wahrnehmungsweisen beschrieben hatte. Für Einstein weckt die Schockwirkung ein Bewusstsein für zuvor unbewusste Denkmechanismen und setzt dadurch einen Prozess der Selbstreflexion über das Denken in Gang. Zugleich ist

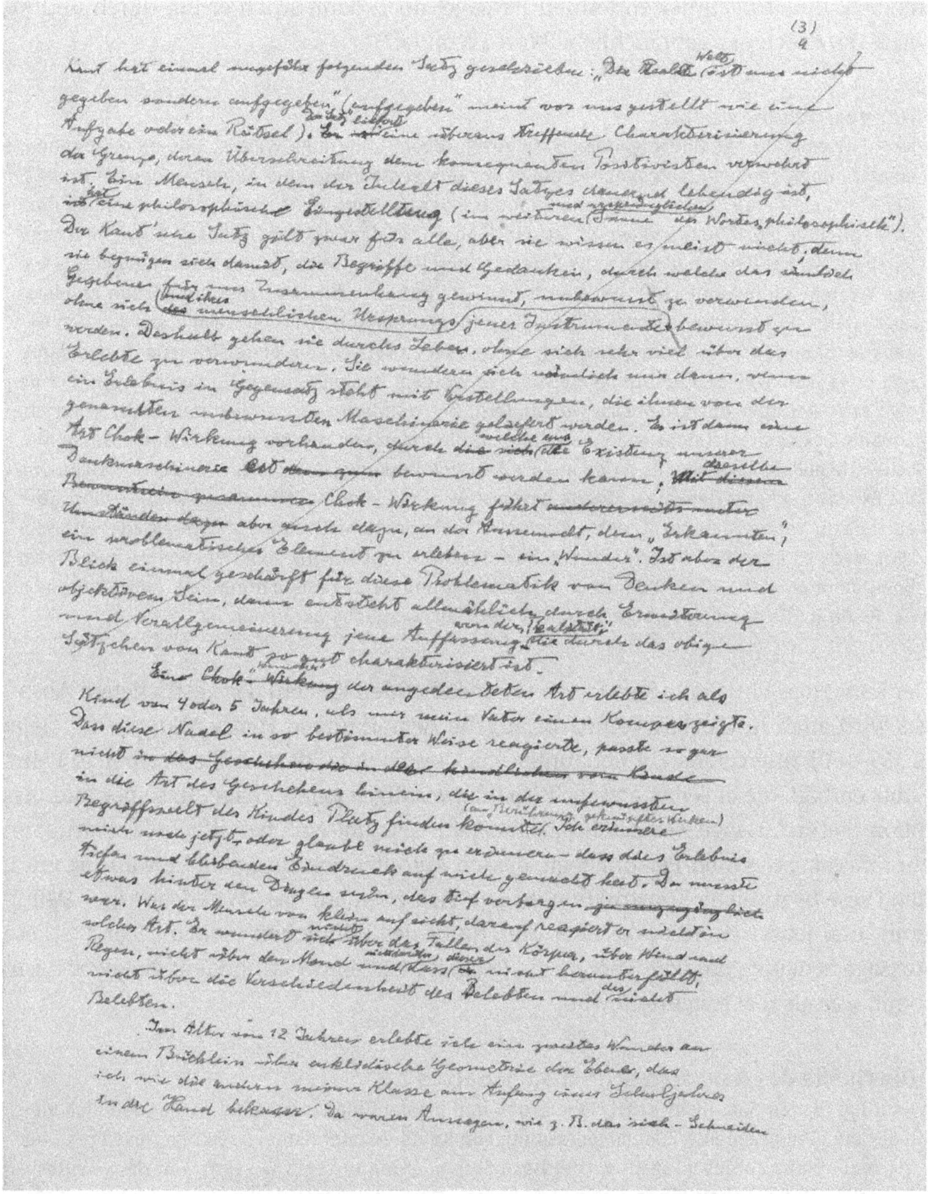

Abb. 15: Manuskriptseite mit gestrichenem Absatz (Transkription in nachfolgendem Kasten). The Morgan Library & Museum, New York.

sie der Auslöser jenes Gefühls des Sichwunderns über die „problematischen" Aspekte der äußeren Welt, die unsere Konzeption der Wirklichkeit in Frage stellen. Einstein wollte den Terminus „Chok-Wirkung" ursprünglich in den veröffentlichten Text auf-

nehmen, direkt nach der entfernten Passage, doch dann strich er ihn durch und er-
setzte ihn durch das gebräuchliche Wort „Wunder".

Der gestrichene Absatz

Kant hat einmal ungefähr folgenden Satz geschrieben: „Die reale Welt ist uns nicht gegeben,
sondern aufgegeben" („aufgegeben" meint vor uns gestellt wie eine Aufgabe oder ein Rätsel).
Der Satz liefert eine überaus treffende Charakterisierung der Grenze, deren Überschreitung dem
konsequenten Positivisten verwehrt ist. Ein Mensch, in dem der Inhalt dieses Satzes dauernd
lebendig ist, hat eine philosophische Eingestellung [sic] (im weiteren und ursprünglichen Sinne
des Wortes „philosophisch"). Der Kant'sche Satz gilt zwar für alle, aber sie wissen es meist
nicht; denn sie begnügen sich damit, die Begriffe und Gedanken, durch welche das sinnlich Gegebene für uns Zusammenhang gewinnt, unbewusst zu verwenden, ohne sich jener Instrumente
und ihres menschlichen Ursprungs bewusst zu werden. Deshalb gehen sie durchs Leben, ohne
sich sehr viel über das Erlebte zu verwundern. Sie wundern sich nämlich nur dann, wenn ein
Erlebnis in Gegensatz steht mit Vorstellungen, die ihnen von der genannten unbewussten Ma-
schinerie geliefert werden. Es ist dann eine Art Chok-Wirkung [sic] vorhanden, durch welche uns
die Existenz unserer Denkmaschinerie bewusst werden kann; dieselbe Chok-Wirkung führt aber
auch dazu, an der Außenwelt, dem „Erkannten", ein problematisches Element zu erleben – ein
„Wunder". Ist aber der Blick einmal geschärft für diese Problematik vom Denken und objektivem
Sein, dann entsteht allmählich durch Erweiterung und Verallgemeinerung jene Auffassung von
der Realität, die durch das obige Sätzchen von Kant so gut charakterisiert ist.

Der Kant zugeschriebene Satz (siehe untenstehenden Kasten) des gestrichenen Absat-
zes wird auch in Einsteins Antwort auf die Bemerkungen Henry Margenaus (siehe
S. 155–160) zitiert. Einstein behauptet von diesem Satz, dass er die kostbarste Lehre
Kants enthält, die er selber erst recht spät zu würdigen gelernt habe. In seiner Interpretation dieser Aussage Kants schreibt Einstein: „Es gibt eine begriffliche Konstruktion
zur Erfassung des inter-Persönlichen, dessen Autorität sich einzig auf Bewährung gründet. Diese begriffliche Konstruktion bezieht sich eben auf das „Wirkliche" (per Definition), und jede weitere Frage über die „Natur des Wirklichen" scheint leer."[12] Diese
Aussage bedeutet, dass die Theorie die Realität nicht entdeckt, sondern vielmehr nach-
formt, was als real festgestellt wird.

Die Quelle des Kant zugeschriebenen Satzes

Kant hat diesen Satz nicht geschrieben, den ihm Einstein hier zuschreibt. Es handelt sich vielmehr um eine prägnante Zusammenfassung von Kants erkenntnistheoretischen Aussagen über
die reale Welt. Vorgeschlagen wurde diese Formulierung unseres Wissens von dem deutsch-
jüdischen Philosophen Jonas Cohn in *Führende Denker* (Leipzig-Berlin: G. B. Teubner, 1921,
S. 85). Da diese Formulierung oft ohne Angabe von Quellen der kantschen Tradition zugeschrieben wird, zitieren wir sie hier nach der Originalausgabe:
   „Was bei Spinoza am Anfang stand, die einheitliche Gesetzlichkeit der ganzen Welt, die innerlich notwendige Verknüpfung aller Einzelheiten zu einem Ganzen, das steht für Kant am
Ende. Von einer ‚Welt' dürfen wir aber im Grunde nur reden, wo alle Einzelheiten zu einem Ganzen
verknüpft sind. Man erkennt so, daß dem Menschen nicht eine fertige Welt gegeben, sondern daß
es seine Aufgabe ist, den gegebenen Stoff sinnlicher Empfindungen immer vollständiger in die

Einheit einer Welt hineinzubauen – wir dürfen sagen: *Die Welt ist uns nicht gegeben, sondern aufgegeben* [Hervorhebung hinzugefügt].

Mit Blick auf Einsteins Versicherung, Kants Satz und seine Bedeutung stünden für den kostbarsten Teil der kantschen Tradition, muss man sich fragen, warum er den Absatz aus dem Text gestrichen hat, bevor er diesen zur Veröffentlichung einreichte. Wie dem auch sei, der Gedanke ließ ihn nicht los und schließlich brachte er ihn mit Nachdruck in seiner Antwort auf Margenaus Kommentar zum Ausdruck.[13]

Vor dem Hintergrund, dass Einstein so großen Wert auf die Natur von Begriffsbildungen als freie Kreationen des menschlichen Geistes legt, muss es eigentlich als Überraschung oder „Wunder" angesehen werden, wie gut sie uns dabei helfen, uns erfolgreich in der Welt zu orientieren. Dieser erweiterte Sinn vom „Sichwundern" im Zusammenhang mit der Verständlichkeit der Welt steht damit im Zentrum von Einsteins Credo: „Dass die Gesamtheit der Sinneserlebnisse so beschaffen ist, dass sie durch das Denken (Operieren mit Begriffen und Schaffung und Anwendung bestimmter funktioneller Verknüpfungen zwischen diesen sowie Zuordnung der Sinneserlebnisse zu den Begriffen) geordnet werden können, ist eine Tatsache, über die wir nur staunen, die wir aber niemals werden begreifen können. Man kann sagen: Das ewig Unbegreifliche an der Welt ist ihre Begreiflichkeit."[14]

Die Frage der erstaunlichen „Begreiflichkeit" der Welt kam 1952 erneut in einem Briefwechsel zwischen Einstein und Maurice Solovine auf, seinem lebenslangen Freund aus den Tagen der Akademie Olympia. Dieser war besorgt, Einsteins Standpunkt könne implizieren, dass die Begreifbarkeit der Welt in Frage stehe (siehe Kasten).

Was wir in *Autobiographisches* vor uns haben, ist also eine konzentrierte Darstellung von Einsteins lebenslangen Anstrengungen, den Denkprozess zu verstehen, auf dem seine erkenntnistheoretische Einstellung beruht. Obwohl er sich auf die verschiedensten Quellen und Anregungen stützt, die von Wertheimer und Hadamard bis zu einer Neubewertung des kantschen Erbes reicht, ist es verwunderlich, dass sich sein erkenntnistheoretisches Credo nicht als eklektizistische Mischung verschiedener Sichtweisen, sondern als sein ureigenes, überraschend kohärentes, philosophisches Gedankengebäude erweist.

Solovine schrieb an Einstein ...

... Nur einer Ihrer Aussprüche ist mir unverständlich, dass die Begreiflichkeit der Welt ein ewiges Geheimnis sei. Was mögen Sie wohl darunter verstehen? Was in Frage kommt, ist, ob die Welt so begriffen wird wie sie begriffen werden sollte, d. h. ob unsere Auffassung derselben ein treues objektives Bild derselben, oder bedingt ist durch unsere eigentümliche sinnliche und geistige Beschaffenheit. Das ist eben das erkenntnistheoretische Problem, das sehr schwierig und vielleicht niemals gelöst sein wird, aber die Begreiflichkeit der Welt, die verschiedene Formen annehmen kann, ist eine Tatsache, die nicht diskutiert werden kann. Es kann sich nur darum handeln zu bestimmen ob irgend eine Form derselben den Vorzug vor andern Formen verdient und als „richtig" oder „wahr" betrachtet werden kann. Da wir ein Teil der Natur sind, mit ihr in mannigfachen Beziehungen stehen und ihre Erscheinungen gesetzmässigen einförmigen Gesetzen unterworfen sind, die wir schon um unser Dasein zu erhalten genötigt sind zu kennen und zu „begreifen", so sehe ich nicht ein, wenn wir dazu noch unsern Erkenntnistrieb in Betracht ziehen, wie wir es machen könnten um sie nicht zu begreifen. Möglich ist nur, dass diese Begrifflichkeit einen subjektiven Charakter habe und keinen objektiven. Die Begreiflichkeit der Welt ist meines Erachtens eine in unserer Natur gelegene unabweisbare Notwendigkeit. (19. März 1952, AEA 21–286).

In seiner Antwort (30. März 1952, AEA 80–877) auf Solovines Bedenken arbeitet Einstein den Unterschied zwischen einer rein deskriptiven, lexikografischen Darstellung der Welt und einer kreativen wissenschaftlichen Theorie heraus, die in der Lage ist, die Natur auf der Grundlage weniger vom Menschen entwickelter Axiome zu erklären. Damit widerspricht er Solovines Behauptung, ein Verstehen der Welt sei praktisch unvermeidbar – eine Behauptung, die vollkommen offenlässt, wie die Tatsache, dass wir Teil der Natur sind, mit dem Erfolg der kreativen Wissenschaft einhergehen kann:

… Sie finden es merkwürdig, dass ich die Begreiflichkeit der Welt (soweit wir berechtigt sind, von einer solchen zu sprechen) als Wunder oder ewiges Geheimnis empfände. Nun, a priori sollte man doch eine chaotische Welt erwarten, die durch Denken in keiner Weise fassbar ist. Man könnte (ja sollte) erwarten, dass die Welt nur insoweit sich als gesetzlich erweise, als wir ordnend eingreifen. Es wäre eine Art Ordnung wie die alphabetische Ordnung der Worte einer Sprache. Die Art Ordnung, die dagegen z. B. durch Newtons Gravitations Theorie geschaffen wird, ist von ganz anderem Character. Wenn auch die Axiome der Theorie von Menschen gesetzt sind, so setzt doch der Erfolg eines solchen Beginnens eine hochgradige Ordnung der objectiven Welt voraus, die a priori zu erwarten man keinerlei Berechtigung hatte. Hier liegt das „Wunder" das sich mit der Entwicklung unserer Kenntnisse nun immer mehr verstärkt.

Anmerkungen

1 Die beiden Pioniere der Einsteinforschung, Gerald Holton und John Stachel, gingen Einsteins Antwort auf diese Frage nach: Gerald Holton, „What, Precisely, Is 'Thinking'? … Einstein's Answer", in Holton, *Einstein, die Geschichte und andere Leidenschaften* (Wiesbaden: Vieweg & Teubner, 1998), S. 237–252; Holton, „Verstehen der Wissenschaftsgeschichte", Ebd., S. 121–141; John Stachel, „What, Precisely, Is 'Thinking'?," in Stachel *Einstein's Miraculous Year: Five Papers That Changed the Face of Physics* (Princeton: Princeton University Press, 2005), S. xxxiv.

2 Albert Einstein, „Bemerkungen zu Bertrand Russells Erkenntnis-Theorie" in *The Philosophy of Bertrand Russell*, Hrsg. Paul Arthur Schilpp, The Library of Living Philosophers, Bd. 5, 2. Ausgabe (Evanston, IL: Library of Living Philosophers, 1946), S. 277–291, hier S. 284. Ursprünglich 1944 veröffentlicht.

3 Einstein, „Bemerkungen zu Bertrand Russells Erkenntnis-Theorie", S. 278.

4 Ebd., S. 286.

5 Albert Einstein, *Vier Vorlesungen über Relativitätstheorie: gehalten im Mai 1921 an der Universität Princeton* (Braunschweig: Vieweg, 1922), S. 2.

6 Einstein, „Physik und Realität", S. 316.

7 Ebd., S. 313, S. 314–315.

8 AEA 12–055.

9 Einstein an Hadamard, 17 Juni 1944, AEA 12–056; Nachdruck in *Ideas and Opinions*, Hrsg. Seelig (New York: Bonanza Books, 1954), S. 25–26. Siehe auch Jacques Hadamard, *A Mathematician's Mind* (Princeton, NJ: Princeton University Press, 1945).

10 Hadamard, *A Mathematician's Mind*, Appendix II, Nachdruck in Seelig, Hrsg., *Ideas and Opinions*, S. 25–26.

11 Ebd., S. 26.

12 Einstein, „Bemerkungen zu den in diesem Bande vereinigten Arbeiten" in *Albert Einstein als Philosoph und Naturforscher*, Hrsg. Paul Arthur Schilpp (Stuttgart: Kohlhammer Verlag, 1951), S. 493–511, hier S. 505.

13 Siehe Einsteins Antwort auf Margenau (S. 155–160). Siehe auch Thomas Ryckman, „'A Believing Rationalist': Einstein and 'the Truly Valuable' in Kant," in Janssen und Lehner, Hrsg., *The Cambridge Companion to Einstein*, S. 377–395.

14 Einstein, „Physik und Realität", S. 315.

4 Das mechanische Weltbild und sein Niedergang
„Nun zur Kritik der Mechanik als Basis der Physik"

> Am Anfang (wenn es einen solchen gab), schuf Gott Newtons Bewegungsgesetze samt den notwendigen Massen und Kräften. Dies ist alles; das Weitere ergibt die Ausbildung geeigneter mathematischer Methoden durch Deduktion. — Einstein, *Autobiographisches*, S. 16 [S. 200]

Die Mechanik ist eines der ältesten Felder des physikalischen Wissens. Die ersten Theorien der Mechanik gehen auf die griechische Antike zurück. In der wissenschaftlichen Revolution der frühen Neuzeit hatte die Mechanik paradigmatische Bedeutung. Höhepunkt war das Werk Newtons, welches die Gesetze der Bewegungen der Erde und der Planeten in einem einheitlichen theoretischen Rahmen vereinte. Damit schuf Newton die Grundlage für das, was im 18. und 19. Jahrhundert zum wegweisenden mechanischen Weltbild wurde und für immer mehr physikalische Phänomene mechanische Erklärungen lieferte. Als Student faszinierte Einstein diese übergreifende Bedeutung der Mechanik: „Was aber auf den Studenten den grössten Eindruck machte, war weniger der technische Aufbau der Mechanik und die Lösung komplizierter Probleme, sondern die Leistungen der Mechanik auf Gebieten, die dem Anscheine nach nichts mit Mechanik zu tun hatten" (*Autobiographisches*, S. 18 [S. 200]). Als Beispiele für den eindrucksvollen Anwendungsbereich der Mechanik nennt er Newtons Theorie der Schallausbreitung, die Hydrodynamik, die mechanische Lichttheorie, die kinetische Theorie der Wärme und vor allem die Möglichkeit, die Hauptsätze der Thermodynamik aus einer statistischen Theorie der klassischen Mechanik herzuleiten.

Die Erwartung, die gesamte Physik auf der Mechanik zu begründen, eröffnete die Aussicht auf ein wissenschaftliches Weltbild. Dass dieses Weltbild noch lückenhaft war und Defizite hatte, stand nicht zwangsläufig im Widerspruch zu dieser Hoffnung, sondern konnte als Einladung aufgefasst werden, das Bild zu vervollständigen. So dachte gewiss der junge Einstein. In den *Notizen* erwähnt er auch die Rolle der Mechanik als Grundlage der Atomhypothese und damit jener Bereiche der Naturwissenschaft, die damit zusammenhängen. Das betraf über die kinetische Wärmetheorie hinaus also auch die Chemie. Um das Jahr 1900 wusste man allerdings noch wenig über die tatsächliche mikroskopische Realität von Atomen. Als junger Wissenschaftler sah Einstein in der Weiterentwicklung der atomistischen Ideen und insbesondere in dem Nachweis, das Atome tatsächlich existieren, eines der mächtigsten Werkzeuge zur Vollendung eines wissenschaftlichen Weltbildes. Er wendete dieses Werkzeug auf verschiedensten Feldern der Physik an: in der Theorie der Kapillarität, in der Theorie wässriger Lösungen, in der Elektronentheorie der Metalle, in der Gastheorie und sogar in der Theorie des Lichts. Es war diese umfassende Perspektive, die ihn schließlich die Risse im mechanischen Weltbild mit großer Klarheit erkennen ließ.

https://doi.org/10.1515/9783110744811-009

Rückblickend sieht Einstein in den *Notizen* James Clerk Maxwell und Heinrich Hertz, Protagonisten der neuen Theorie des Elektromagnetismus, als diejenigen an, die dieses Vertrauen in die Mechanik als Grundlage aller Physik überwunden haben. Das war allerdings nicht unbedingt deren eigene Sichtweise, und ebenso wenig gaben sie jemals ihre Versuche auf, ihr Bemühungen mit einem mechanischen Fundament zu verknüpfen. Wie wir heute erkennen können, ging die konzeptuelle Grundlage des Elektromagnetismus in einem allmählichen Ablösungsprozess aus dem begrifflichen Rahmen der Mechanik hervor, indem die Grenzen des mechanischen Weltbildes ausgelotet wurden. Doch wie konnte ein Zeitgenosse erkennen, dass dieser Prozess schließlich zu einem vollständigen Bruch und zu einer Emanzipation des neuen Rahmens vom alten führen würde?

Für den jungen Einstein war es die Lektüre der historischen und zugleich kritischen Analyse der Mechanik durch den Physiker und Philosophen Ernst Mach, was seine Perspektive endgültig änderte. Aus der neuen Perspektive kam der ursprüngliche, feste Glaube an ein zu vollendendes mechanisches Weltbild nun einem „dogmatischen Glauben" gleich, wie Einstein schreibt (*Autobiographisches*, S. 18 [S. 201]). Das ist ein berühmtes Motiv der Aufklärung: In seinen *Prolegomena zu einer jeden künftigen Metaphysik* (1783) bemerkt der Philosoph Immanuel Kant: „... seit dem Entstehen der Metaphysik, so weit ihre Geschichte reicht, hat sich keine Begebenheit zugetragen, die in Ansehung des Schicksals dieser Wissenschaft hätte entscheidender werden können, als der Angriff, den David Hume auf dieselbe machte." Und einige Seiten weiter: „Die Erinnerung des David Hume war eben dasjenige, was mir vor vielen Jahren zuerst den dogmatischen Schlummer unterbrach."[1] Einstein hatte Kant und Hume gelesen und war vom Beharren des Letzteren auf den empirischen Wurzeln allen Wissens begeistert. Er dürfte auch mit dem Grund vertraut gewesen sein, warum Hume solchen Eindruck auf Kant gemacht hatte, und zog nun die Parallele zum Eindruck, den Mach auf ihn selbst als Student gemacht hatte.

Doch ebenso wie Kant, der von Hume beeindruckt war und dennoch die Notwendigkeit weiterer Verbesserungen der Erkenntnistheorie sah, bemerkte Einstein recht schnell, dass Machs erkenntnistheoretischer Standpunkt nicht haltbar war, auch wenn dieser ihn beeindruckt hatte. Anhand seiner eigenen Erfahrung als Wissenschaftler war er zu dem Schluss gekommen, dass Mach den „konstruktiv-spekulativen" Charakter des wissenschaftlichen Denkens dramatisch unterschätzt hatte. Streitpunkt war eben jenes Problem, das im Mittelpunkt des ehrgeizigen Forschungsprogramms des jungen Einstein stand, mit dem er dazu beitragen wollte, das mechanische Weltbild zu vervollständigen: die Existenz der Atome. *Autobiographisches* ist natürlich aus der rückblickenden Perspektive geschrieben und die nuancierte philosophische Argumentation klingt an vielen Stellen nachträglich rationalisierend. An diesem Punkt jedoch können wir das Nachbeben eines echten intellektuellen Zusammenpralls spüren. Für den jungen Einstein muss es eine Provokation gewesen sein, dass sein philosophischer Held, dessen kritischer Betrachtung der Mechanik als Grundlage der Physik er so sehr zustimmte, die Existenz von Atomen bestritt. Mach ist berühmt für seine Antwort an einen Vertreter der Theorie der Atome: „Ham se welche gesehen?"[2]

Angespornt durch eine solche Frage, machte sich der junge Einstein fieberhaft auf die Suche nach Beweisen für die Existenz von Atom – und zwar nicht mehr im Rahmen der klassischen Mechanik, sondern über die Grenzen der sich herausbildenden Kontinente – Mechanik, Thermodynamik und Elektrodynamik – der zeitgenössischen Physik hinweg. Die Lektüre Machs hatte Einstein ganz offensichtlich in mehrerlei Hinsicht angeregt. Sie hatte seinen dogmatischen Glauben an die Mechanik als Grundlage aller Physik erschüttert und ihn dazu geführt, die Existenz der Atome als entscheidende Frage der zeitgenössischen Physik zu erkennen. Dabei verstand er den Atomismus nun allerdings als eher „interdisziplinäre" Angelegenheit. Dieses intellektuelle Erlebnis veränderte auch seine Haltung zur Frage nach den Grundlagen der Physik. Für Einstein, der Mach gelesen hatte, ging es bei der Suche nach diesen Grundlagen nun nicht mehr um die Vervollständigung eines Weltbildes, sondern vielmehr um die Erforschung der Grenzen der existierenden Theoriegebäude, insbesondere die der Mechanik. Dass diese Grenzen nicht einfach fest und gegeben, sondern in Wirklichkeit recht elastisch sind, macht ihre Erforschung zu einer ausgesprochen nichttrivialen, manchmal ermüdenden und manchmal aufregenden Beschäftigung. In den *Notizen* verwendet Einstein daher größte Mühe darauf zu erklären, was er unter einer kritischen Analyse einer wissenschaftlichen Theorie versteht, ehe er auf die eigentliche Kritik der Mechanik zurückkommt.

Er identifiziert zunächst zwei Perspektiven, aus denen heraus man eine wissenschaftliche Theorie kritisieren kann: eine externe und eine interne. Die externe Perspektive bezieht sich auf die Übereinstimmung einer Theorie mit der empirischen Evidenz und insbesondere mit den experimentellen Fakten, die interne Perspektive auf die „innere Vollkommenheit" einer Theorie, insbesondere auf ihre „Natürlichkeit" und innere Einfachheit. Einstein ist sehr bewusst, dass es bei der ersten Perspektive nicht einfach darum geht, eine Theorie zu verwerfen, wenn sie widerlegt ist, weil zum Beispiel ein Widerspruch zwischen einer theoretischen Vorhersage und den empirischen Fakten aufgedeckt wurde. Einstein schreibt: „Man kann nämlich häufig, vielleicht sogar immer, an einer allgemeinen theoretischen Grundlage festhalten, indem man durch künstliche, zusätzliche Annahmen ihre Anpassung an die Tatsachen möglich macht" (*Autobiographisches*, S. 22 [S. 201]). Die zweite Perspektive präzise auszudrücken, also was genau er mit der „inneren Vollkommenheit" einer Theorie meint, fällt ihm sogar noch schwerer. Letztendlich betrachtet er es als eine Frage der Abwägung zwischen verschiedenen Qualitäten. Er schreibt: „[ich] bekenne hiermit, dass ich nicht ohne Weiteres, vielleicht überhaupt nicht fähig wäre, diese Andeutungen durch scharfe Definitionen zu ersetzen" (*Autobiographisches*, S. 22 [S. 202]).

Er sagt es zwar nicht explizit, doch seine nachfolgende Kritik der Mechanik aus diesen beiden Perspektiven heraus macht deutlich, dass zwischen ihnen eine Wechselbeziehung besteht. Denn in der Tat wird das Hinzufügen künstlicher Annahmen zu einer wissenschaftlichen Theorie, angestoßen durch neue empirische Beobachtungen, ganz bestimmt ihre innere Vollkommenheit beeinträchtigen – was immer das konkret bedeutet. Allerdings fügt Einstein hinzu, dass die zweite Perspektive, also die Frage der inneren Vollkommenheit, umso wichtiger wird, je schwieriger es ist, eine physikalische Theorie anhand empirischer Beobachtungen zu prüfen. Genau das war damals bei seinen Versuchen zur Entwicklung einer einheitlichen Feldtheorie der Fall, und in einer solchen Situation befindet sich auch die Grundlagenphysik heute. Einstein betont auch, dass er sich nicht auf spezifische Bereiche der Physik bezieht, sondern dass es ihm um Theorien geht, welche die Gesamtheit aller physikalischen Phänomene betrachten.

Nach diesem erkenntnistheoretischen Zwischenspiel wendet Einstein sich wieder der Kritik der Mechanik zu. Er beginnt mit der ersten, der externen Perspektive. Sofort wird klar, dass ihn tatsächlich nicht spezifische Bereiche oder Teildisziplinen interessieren, sondern das umfassende wissenschaftliche Weltbild. Als erstes Beispiel für die Schwierigkeiten der Mechanik, empirische Beobachtungen zufriedenstellend zu erklären, führt Einstein die „Eingliederung" der Wellenoptik in das mechanische Weltbild an. Anstatt die Wellenoptik als eigenständige, spezialisierte Teildisziplin der klassischen Physik zu betrachten, richtet sich Einsteins Blick auf das Problem, Lichtwellen auf der Grundlage der Mechanik zu erklären. Eine solche Erklärung erforderte die Einführung eines hypothetischen mechanischen Mediums, des sogenannten Äthers, der mit seinen spezifischen mechanischen Eigenschaften die Eigentümlichkeiten der Lichtwellen erklären konnte, – etwa ihre Transversalität, also die Tatsache, dass sie senkrecht zu ihrer Ausbreitungsrichtung schwingen. Ein solcher Äther müsste einem festen, inkompressiblen Körper gleichen, doch zugleich müsste er durchlässig genug sein, um etwa die Bewegung der Planeten nicht zu stören. Oder wie es Einstein pointiert formuliert: Der Äther muss „neben der sonstigen Materie ein Gespensterdasein führen" (*Autobiographisches*, S. 22 [S. 202], Abb. 16).

Noch schlimmer wurde die Situation durch die Entwicklung der Elektrodynamik, zu der auch die Optik gerechnet werden musste, als Maxwell erkannte, dass Lichtwellen elektromagnetische Wellen sind. Mit der Elektrodynamik kamen neue Entitäten auf, die anhand von Konzepten wie dem der „Felder" beschrieben wurden. Deren Existenz erwies sich nach langwieriger Untersuchung als losgelöst von mechanischen Prozessen. Trotz vieler Versuche, Maxwells Gleichungen auf die Basis mechanischer Modelle zu stellen, erlangten neue Begriffe wie der der Felder immer größere Autonomie gegenüber den mechanischen Grundlagen der Physik. Sorgfältig beschreibt Einstein in den *Notizen* den Prozess des Aufkommens eines neuen begrifflichen Rahmens und dessen Emanzipation von dem alten, der sich als immer ungeeigneter für die Erklärung der neuen empirischen Fakten erwies. Dieser Prozess führte zu einem radikalen Bruch mit den mechanischen Grundlagen der Physik. Das geschah jedoch stufenweise und nahezu unbemerkt, wie Einstein be-

Abb. 16: „… dieser Äther musste neben der sonstigen Materie ein Gespensterdasein führen".

merkt: „so verliess man halb unvermerkt die Mechanik als Basis der Physik, weil deren Anpassung an die Tatsachen sich schliesslich als hoffnungslos darstellte" (*Autobiographisches*, S. 24 [S. 203]). Er schließt mit der Feststellung, dass der Triumph dieses neuen Feldes der Physik jedoch nicht vollständig war, sondern einen Zwischenzustand herstellte, der durch den Dualismus von Konzepten charakterisiert ist, da die mechanischen Grundlagen nicht vollständig abgelöst wurden.

Dieser Dualismus bietet Einstein einen guten Ansatzpunkt, um nun auf den zweiten Gesichtspunkt seiner Kritik der Mechanik zu sprechen zu kommen: die innere Vollkommenheit der Mechanik als grundlegende Theorie der Physik. Wie wir sehen werden, fokussiert er sich auch hier auf einen Dualismus, oder, allgemeiner gesprochen, auf die Pluralität der Grundbausteine als Schwäche im Fundament der Mechanik. Auch hier äußert er die Ansicht, dass letztlich eine Feldtheorie helfen würde, diese Schwäche zu überwinden. Die erste Inkonsistenz, die Einstein erläutert, ist die, dass aus rein geometrischer Sicht grundsätzlich jedes beliebige Bezugssystem zulässig ist, während die klassische Mechanik den Inertialsystemen eine bevorzugte Rolle als besondere Klasse von Bezugssystemen zuschreibt. Da diese Sonderrolle intuitiv nicht plausibel ist, hätten die Physiker zu ihrer Rechtfertigung besondere Annahmen eingeführt, so etwa Newtons Konzept eines absoluten Raumes. Eine solche Annahme verweist jedoch auf eine Entität jenseits der Objekte der Mechanik, was die Struktur der Theorie verkompliziert. Den jungen Einstein hatte Machs kritische historische Analyse der Mechanik beeindruckt, die diese Inkonsistenz herausarbeitet. Er teilte Machs Überzeugung, Trägheit müsse als Ergebnis der Wechselwirkung von Massen betrachtet werden. Damals regte ihn das zur Suche nach einer allgemeinen Relativitätstheorie an, die das klassische Prinzip der Relativität für alle Bezugssysteme verallgemeinern sollte. Nach der Vollendung dieser Theorie wurde ihm jedoch in einem langen und schmerzlichen Prozess der Loslösung von seiner machschen Heuristik (er dauerte bis in die frühen 1930er Jahre) klar, dass dieses Vorhaben letztendlich sinnlos war. In den *Notizen* fasst er lakonisch zusammen: „In eine konsequente Feldtheorie passt ein solcher Lösungsversuch nicht hinein, wie man unmittelbar einsieht" (*Autobiographisches*, S. 26 [S. 203]).

Einstein belässt es jedoch nicht bei dieser sachlichen Schlussfolgerung, sondern führt dem Leser nochmals vor Augen, wie plausibel ihm Machs Argument einst erschienen war. Er führt hierzu eine Analogie an, die ihm sein Freund und lebenslanger Gesprächspartner Michele Besso einmal vorgetragen hatte: Eine Situation, in der eine Gruppe von Leuten nur zu einem sehr begrenzten Ausschnitt der Erdoberfläche Zugang hat, weshalb sie zu dem Schluss gelangt, die vertikale Dimension hätte gegenüber den anderen Raumrichtungen eine bevorzugte Stellung, denn dies ist die Richtung, in der Körper auf die Erde fallen. Tatsächlich ist diese Situation gar nicht so imaginär wie es zunächst scheint. Denn schließlich war die vertikale Dimension so lange der wichtigste Prüfstein der intuitiven Physik, bis die sphärische Form der Erde entdeckt wurde. Das gilt sowohl für die Geschichte der Menschheit, als auch für die Entwicklung des Individuums, ehe es sich die entsprechende Bildung aneignet. Einstein weist mit diesem Argument auf eine Situation hin, in welcher die Theorie eine inhärente Asymmetrie aufweist – in diesem Fall zwischen einer physikalischen Bevorzugung der vertikalen Dimension und der Isotropie des Raums.

Dann kommt Einstein auf weitere Komplikationen im Aufbau der Mechanik zu sprechen. Ebenso wie die gerade besprochene Inkonsistenz haben diese Komplikationen alle in irgendeiner Form mit der allgemeinen Relativitätstheorie zu tun, sei es, dass sie dieser den Weg geebnet haben, oder dass sie durch sie aufgelöst wurden. Interessant sind solche Komplikationen für Einstein hier also offenbar deshalb, weil er hofft, aus ihnen zu lernen, wie solche inneren Schwierigkeiten dazu dienen können, einen bestehenden theoretischen Rahmen durch einen einheitlicheren zu ersetzen. Zuerst geht er auf drei Punkte ein, die alle miteinander in Beziehung stehen: die Dualität von Bewegungsgleichung und Kraftgesetz in der klassischen Mechanik, die eigenartige Natur des Gravitationsgesetzes und die duale Natur der Masse. Sie hängen zusammen, weil nur im Falle der Gravitationswechselwirkung die Masse als einzige „Ladung" (etwa im Vergleich zur elektrischen Ladung) sowohl in den Feldgleichungen als auch in den Bewegungsgleichungen vorkommt. Daraus folgt, dass die Bewegung unter dem Einfluss der Gravitation in der klassischen Mechanik von der Masse unabhängig ist. Einstein argumentiert, das Kraftgesetz der Gravitation ließe sich so umschreiben, dass ein Bezug zur Struktur des Raums hergestellt wird – ein Hinweis darauf, dass Gravitation eigentlich als Eigenschaft des Raums und nicht als eine Kraft zu begreifen sei. Schließlich merkt er noch an, dass die Aufspaltung der Energie in kinetische und potentielle Energie durch die klassische Mechanik unnatürlich sei, was schon Heinrich Hertz beobachtet habe.

Zusammenfassend lässt sich sagen, dass die klassische Mechanik abgesehen von ihren Konflikten mit der empirischen Evidenz eine Reihe interner Spannungen und Inkongruenzen enthielt, die allerdings klar in eine bestimmte Richtung wiesen: die Ersetzung des Begriffs der Fernwirkung durch den Feldbegriff und die Erklärung der Gravitation aus den Eigenschaften des Raums – und nicht als Kraft, wie Newton es getan hatte. Einstein sagte es nicht explizit, doch aus seinem Rückblick auf die Geschichte der klassischen Mechanik und das mechanische Weltbild leitete er ganz klar die Hoffnung ab, dass der nächste Schritt – von der allgemeinen Relativitätstheorie hin zu einer einheitlichen Feldtheorie – auch ohne eine klare Orientierungshilfe durch experimentelle Hinweise, also „das Konfrontieren der Implikationen der Theorie mit den Tatsachen" (*Autobiographisches*, S. 24 [S. 203]), geleistet werden könne. Umgekehrt hat diese Hoffnung ganz offensichtlich auch seine Darstellung dieser Geschichte geprägt.

Zum Abschluss dieser kritischen Auseinandersetzung mit dem mechanischen Weltbild wendet sich Einstein rhetorisch direkt an Newton: „Newton verzeih' mir; du fandst den einzigen Weg der zu deiner Zeit für einen Menschen von höchster Denk- und Gestaltungskraft eben noch möglich war. Die Begriffe, die du schufst, sind auch jetzt noch führend in unserem physikalischen Denken, obwohl wir nun wissen, dass sie durch andere, der Sphäre der unmittelbaren Erfahrung ferner stehende ersetzt werden müssen, wenn wir ein tieferes Begreifen der Zusammenhänge anstreben" (*Autobiographisches*, S. 30 [S. 205]). Einsteins Kritik an Newtons Erbe war offensichtlich der unvermeidliche Preis des wissenschaftlichen Fortschritts. Dass Newtons Begriffe nach wie vor das physikalische Denken leiten, ist nicht als nachhaltige Errungenschaft anzusehen, sondern als Problem, das es zu lösen gilt. Über sein eigenes Erbe dachte Einstein genauso.

Anmerkungen

1 Immanuel Kant, *Prolegomena zu einer jeden künftigen Metaphysik, die als Wissenschaft wird auftreten können*, in Werkausgabe, Hrsg. Wilhelm Weischedel, Schriften zur Metaphysik und Logik, Band V, (Frankfurt am Main: Suhrkamp, 1978 [1783]), S. 115 und S. 119.
2 Henning Ganz, *Wie die Naturgesetze Wirklichkeit schaffen. Über Physik und Realität*, (München: Carl Hanser Verlag, 2002), S. 38.

5 Das Aufkommen des elektromagnetischen Weltbildes und der Feldbegriff

„Der Übergang von den Fernwirkungskräften zu Feldern"

> Was die Physiker nach langem Zaudern langsam dazu brachte, den Glauben an die Möglichkeit zu verlassen, dass die gesamte Physik auf Newtons Mechanik gegründet werden könne, war die Faraday-Maxwell'sche Elektrodynamik.
>
> — Einstein, *Autobiographisches*, S. 22–24 [S. 202]

Einstein beschließt seine Kritik am newtonschen Weltbild und an den Versuchen, die Mechanik zur Grundlage aller Physik zu machen, mit einer Entschuldigung gegenüber Newton. Unmittelbar im Anschluss erinnert er den Leser daran, dass er mit *Autobiographisches* im Wesentlichen einen Nekrolog vor sich hat. Ein Nekrolog ist der zusammenfassende Rückblick auf ein Leben. Im Fall einer Person seiner Art, die ihr Leben der Suche nach den Gesetzen gewidmet hat, welche die physikalische Realität beschreiben, ist nicht wichtig, was diese Person wann und wo gemacht hat. Wichtig sind allein die Gedanken, die diese Person bei ihrem geistigen Unterfangen geleitet haben. In diesem Sinn teilt Einstein mit dem Leser zwei biografische Erlebnisse aus seiner Studentenzeit: wie ihn die klassische Thermodynamik beeindruckt hatte und wie fasziniert er von der Theorie des Elektromagnetismus war, die James Clerk Maxwell formuliert hatte (*Autobiographisches*, S. 30–32 [S. 205]).

Ab der Mitte des 19. Jahrhunderts entwickelten sich Elektromagnetismus (oder Elektrodynamik) und Thermodynamik parallel zur Mechanik zu Gedankengebäuden eines spezialisierten Wissens. Diese Gedankengebäude lösten sich zunehmend vom ursprünglichen Kontinent der Mechanik, folgten bald ihren eigenen Gesetzen und wurden zu mehr oder weniger eigenständigen Wissensgebieten. Sie haben eine Reihe von Grundbegriffen mit der Mechanik gemeinsam, darunter etwa Raum und Zeit, doch daneben besitzen sie eigene mentale Modelle, Begriffe und Theorien, die sich von denen der Mechanik unterscheiden.

Einstein sah in der klassischen Thermodynamik die ideale physikalische Theorie von universellem Gehalt, die niemals ihre Gültigkeit verlieren würde. Er ließ sich von ihr bei seiner Suche nach neuen Gesetzen und Prinzipien leiten, etwa auf seiner Reise zur speziellen Relativitätstheorie (siehe Kapitel 10). Maxwells Theorie war Einsteins Spielwiese auf dem Weg zu seinem *„annus mirabilis"*, dem Wunderjahr 1905. Deshalb ist es so wichtig für ihn, die geistigen Wurzeln seines wissenschaftlichen Unterfangens zu betonen, ehe er beginnt zu beschreiben, wie sich dieses im Laufe seines Lebens entwickelt hat.

Um die Mitte des 19. Jahrhunderts hatte Maxwell, Faraday und anderer folgend, gezeigt, dass elektrische und magnetische Phänomene sehr eng zusammenhängen, und er vereinigte sie in den vier grundlegenden Gleichungen des Elektromagnetismus, die seinen Namen tragen. Diese Gleichungen führten den Begriff elektrischer

https://doi.org/10.1515/9783110744811-010

und magnetischer Felder als neue physikalische Entitäten ein, die überall im Raum existieren. Diese Felder werden von elektrischen Ladungen und Strömen erzeugt und sind verantwortlich für deren Verhalten. Sie sind stetige Funktionen der räumlichen und zeitlichen Koordinaten. Maxwells Gleichungen setzen die räumlichen Änderungen elektrischer und magnetischer Felder in Relation zu ihren zeitlichen Änderungsraten und zu den Ladungen und Strömen. Solche Zusammenhänge zwischen Änderungsraten physikalischer Größen werden mathematisch durch partielle Differentialgleichungen ausgedrückt.

Wie sich herausstellte, erzeugen sich ändernde elektrische Felder Magnetfelder und umgekehrt. Auf diese Weise entsteht eine elektromagnetische Welle, die sich mit einer Geschwindigkeit von rund 300 Millionen Metern pro Sekunde ausbreitet. Die Vorhersage der elektromagnetischen Strahlung und ihre experimentelle Bestätigung durch Hertz war ein Triumph von Maxwells Theorie. Eine Konsequenz dieses Triumphs war die Erkenntnis, dass Licht eine solche elektromagnetische Welle ist. Diese Schlussfolgerung führte zur Integration der Optik in die Theorie des Elektromagnetismus. Einstein erinnert sich, dass diese Entwicklung, die die Lichtgeschwindigkeit mit dem System der elektrischen und magnetischen Einheiten verband, für ihn „wie eine Offenbarung" war (*Autobiographisches*, S. 30 [S. 205]).

In einem früheren Essay zu den bedeutenden Entwicklungen in der Physik („Physik und Realität", 1936) hatte sich Einstein auf „Faradays und Maxwells Theorie des elektrischen Feldes" als „wohl die tiefgehendste Umwälzung, welche das Fundament der Physik seit Newton erfahren hat" bezogen.[1] Sie ersetzt die materiellen, diskreten Teilchen durch kontinuierliche Felder, die nun als die grundlegenden Entitäten der Physik gelten, was der Einführung eines neuen physikalischen Weltbildes entspricht und mit dem Niedergang des mechanischen, newtonschen Weltbildes einhergeht. Michael Faraday war ein britischer Physiker, dessen herausragende experimentelle Arbeit zu elektromagnetischen Phänomenen eine der Grundlagen der maxwellschen Gleichungen lieferte. Einstein erwähnt in den *Notizen* auch Faraday und zieht eine Parallele zwischen dem Paar Galilei – Newton, den Begründern des alten Weltbildes, und dem Paar Faraday – Maxwell, den Begründern des neu aufkommenden Weltbildes. Der Erstgenannte in jedem der beiden Paare ließ sich jeweils durch seine Intuition leiten und führte die grundlegenden Experimente durch; der Zweitgenannte sorgte für die exakte mathematische Formulierung. In den *Notizen* erinnert sich Einstein an den tiefen Eindruck, den Maxwells Theorie während seiner Studienzeit auf ihn gemacht hatte. „Der faszinierendste Gegenstand zur Zeit meines Studiums war die Maxwell'sche Theorie. Was sie als revolutionär erscheinen liess, war der Übergang von den Fernwirkungskräften zu Feldern als Fundamentalgrössen" (*Autobiographisches*, S. 30 [S. 205]).

Die maxwellsche Theorie so zu erweitern, dass optische Phänomene von der Theorie mit abgedeckt wurden, bereitete erhebliche Schwierigkeiten. Um die optischen Eigenschaften von Materie und Phänomene wie die Leitfähigkeit von Metallen zu beschreiben, wurde angenommen, dass das Feld auch im Inneren von Materie existiert. Der leere Raum (Äther) und das Innere eines materiellen (dielektrischen) Körpers wurden als gleichwertig behandelt. Materie als Träger des Feldes kann eine Geschwindigkeit haben, und das müsste dann ebenso für den Äther gelten. Damit erbte die Theorie all die Probleme, die schon seit Anfang des Jahrhunderts im Mittelpunkt der wissenschaftlichen Diskussion zur Optik standen.

All diese Schwierigkeiten sollte Hendrik Antoon Lorentz ausräumen, wenn auch um den Preis einer zusätzlichen Verkomplizierung der Theorie. In seiner modifizierten Theorie des Elektromagnetismus ist der Äther unbewegt und sein Verhalten wird vollständig von den Gesetzen der Elektrodynamik bestimmt. Um das elektromagnetische Verhalten gewöhnlicher Materie erklären zu können, nahm Lorentz zusätzlich zum Äther den Atomismus als weiteren unsichtbaren Mechanismus in seine Theorie auf. Materie besteht nach seiner Annahme aus Elementarteilchen mit elektrischer Ladung. Eigenschaften von Materie, wie etwa Leitfähigkeit und Lichtbrechung, werden durch die Wechselwirkung zwischen diesen Teilchen bestimmt.

Nach Lorentz' Theorie wechselwirken Ladungen ausschließlich über den Äther miteinander, indem sie Felder erzeugen und indem sie den Kräften ausgesetzt sind, die von diesen Feldern ausgeübt werden. Ihre Bewegung ist durch die newtonschen Bewegungsgleichungen bestimmt. Lorentz ist es also gelungen, die Gesetze der Elektrodynamik und die newtonsche Mechanik zu integrieren. Es gibt jedoch einen entscheidenden Unterschied: Die Kraft zwischen den Teilchen wird durch ein Feld vermittelt und wirkt nicht aus der Distanz.

So sehr Einstein auch von der Maxwell-Lorentz-Theorie beeindruckt war, blieb doch ein Vorbehalt bestehen. Die Theorie kombiniert zwei substantiell verschiedene Entitäten, nämlich materielle Punktteilchen und kontinuierliche Felder. Die Energie eines solchen Systems setzt sich aus zwei grundverschiedenen Dingen zusammen, der kinetischen Energie der Teilchen und der Energie des Feldes. Einstein beginnt seinen 1905 veröffentlichten Aufsatz über die Natur der elektromagnetischen Strahlung mit diesem störenden Dualismus: „Zwischen den theoretischen Vorstellungen, welche sich die Physiker über die Gase und andere ponderable Körper gebildet haben, und der maxwellschen Theorie der elektromagnetischen Prozesse im sogenannten leeren Raume besteht ein tiefgreifender formaler Unterschied. Während wir uns nämlich den Zustand eines Körpers durch die Lagen und Geschwindigkeiten einer zwar sehr großen, jedoch endlichen Anzahl von Atomen und Elektronen für vollkommen bestimmt ansehen, bedienen wir uns zur Bestimmung des elektromagnetischen Zustandes eines Raumes kontinuierlicher räumlicher Funktionen, so daß also eine endliche Anzahl von Größen nicht als genügend anzusehen ist zur vollständigen Festlegung des elektromagnetischen Zustandes eines Raumes."[2]

Einstein hoffte, dass dieser Dualismus in einer Theorie überwunden werden könne, in der die Punktteilchen und ihre Bewegungsgleichungen aus den Feldgleichungen abgeleitet werden können. Das ist mit Maxwells Theorie nicht möglich. Es wurde ein bedeutender, jedoch erfolgloser Versuch unternommen, dieses Ziel zu erreichen. 1912 veröffentlichte der deutsche Physiker Gustav Mie eine einflussreiche Arbeit zur Theorie der Materie, die auf einer nichtlinearen Erweiterung der Maxwell-Gleichungen beruhte (siehe Kapitel 13). Das Bestreben, den Teilchen-Feld-Dualismus auszuräumen, war für Einstein ein Ansporn, an einer Theorie zu arbeiten, die Gravitation und Elektromagnetismus in ein und demselben Rahmen behandeln würde. Er war davon überzeugt, dass das möglich sei. Darauf kommen wir in Kapitel 13 zu sprechen.

Anmerkungen

1 Einstein, „Physik und Realität", S. 328.
2 Einstein, „Über einen die Erzeugung und Verwandlung des Lichtes betreffenden heuristischen Gesichtspunkt", *Annalen der Physik* 17 (1905), zitiert nach CPAE Bd. 2, Doc. 14, S. 149–169, hier S. 150.

6 Plancks Formel für die Schwarzkörperstrahlung
„Die Sache hat aber eine bedenkliche Kehrseite"

> All meine Versuche, das theoretische Fundament der Physik diesen Erkenntnissen anzupassen, scheiterten aber völlig. Es war wie wenn einem der Boden unter den Füssen weggezogen worden wäre, ohne dass sich irgendwo fester Grund zeigte, auf dem man hätte bauen können.
> — Einstein, *Autobiographisches*, S. 42 [S. 209]

Zu den bedeutendsten Problemen, die am Ende des 19. Jahrhunderts auf der Tagesordnung der Physik standen, gehört ein Problem an der Grenze zwischen Thermodynamik und Elektrodynamik: Es ging um das Verhalten der elektromagnetischen Strahlung in einem Hohlraum, der von vollständig reflektierenden Wänden umschlossen ist. Die Verteilung der Energie einer solchen Strahlung über die verschiedenen Frequenzen, also das Strahlungsspektrum, wurde mit immer höherer Genauigkeit gemessen, auch wegen der zunehmenden Bedeutung dieses Problems für die damalige Industrie (etwa zwecks Standardisierung elektrischer Lichtquellen). Die Verteilung hängt ausschließlich von der Temperatur des Hohlraums ab. Das Phänomen selbst ist als „Schwarzkörperstrahlung" bekannt. Ein Schwarzkörper ist das mentale Modell einer idealisierten Quelle thermischer Strahlung, bei dem angenommen wird, dass die ihn treffende elektromagnetische Strahlung vollständig absorbiert wird. Das Konzept hatte Gustav Kirchhoff geprägt und es wurde zur Grundlage theoretischer und experimenteller Studien zur elektromagnetischen Strahlung im thermischen Gleichgewicht. Bis zum Ende des 19. Jahrhunderts blieben alle Versuche erfolglos, eine Theorie zu formulieren, die eine angemessene Erklärung für die Form der Energieverteilung liefern konnte. In den *Notizen* nennt Einstein die Problematik der Schwarzkörperstrahlung eine „fundamentale Krise" der klassischen Physik (*Autobiographisches*, S. 34 [S. 206]). Es stellte sich heraus, dass die klassische Physik nur den Bereich der niedrigen Frequenzen der beobachteten Energieverteilung erklären konnte. Die Lösung dieses Problems wurde zum Ausgangspunkt der Quantentheorie und baute auf Max Plancks grundlegenden Beiträgen auf.

Einstein schreibt man jedoch zurecht den größten Teil des Verdienstes zu, das Schwarzkörperproblem als kritische Herausforderung für die klassische Physik identifiziert zu haben. Einsteins Anstrengungen zu diesem Thema führten zu einem Aufsatz über die korpuskularen Aspekte elektromagnetischer Strahlung, der 1905 veröffentlicht wurde. Dieser und zwei weiteren bahnbrechenden Arbeiten – zur brownschen Bewegung und zur speziellen Relativitätstheorie – verdankt dieses Jahr die Bezeichnung *annus mirabilis*: das „Wunderjahr". Diese drei Arbeiten, die Einsteins kopernikanische Revolution markieren, wurden zu Grundpfeilern der modernen Physik. Sie wurden in einem kurzen Zeitraum von nur dreieinhalb Monaten veröffentlicht. Einstein muss gleichzeitig über die verschiedenen Themen nachgedacht und an ihnen gearbeitet haben. Zwar unterscheiden sich die Arbeiten in

https://doi.org/10.1515/9783110744811-011

Abb. 17: „… ohne dass sich irgendwo fester Grund zeigte, auf dem man hätte bauen können."

ihren phänomenologischen Inhalten und bezüglich der verwendeten mathematischen Werkzeuge, doch ihren Ursprung kann man nicht verstehen, wenn man sie isoliert voneinander betrachtet.

Einsteins Schilderung der Arbeit zu diesen drei Themen seines „wunderbaren Jahres" in *Autobiographisches* ist ebenfalls eng verwoben. Es ist unklar, ob die Reihenfolge der Darstellung damit übereinstimmt, wie sich die Lösung der verschiedenen Probleme tatsächlich entwickelt hat. Seine Schilderung beginnt mit der Kritik der Mechanik und Elektrodynamik, die wir hier in den vorangegangenen Kapiteln beschrieben haben. Darauf folgt der Versuch, anhand bekannter experimenteller Fakten eine Alternative zu begründen. In den *Notizen* erwähnt Einstein die Schriften seines *annus mirabilis* nicht,[1] die für den partiell erfolgreichen Abschluss seiner Bemühungen stehen. Partiell deshalb, weil diese Arbeiten zwar bahnbrechende Erkenntnisse enthalten, doch noch keine Alternative zur klassischen Physik begründen. Die Erörterung in *Autobiographisches* beschränkt sich auf die Schilderung seiner Mühen auf dem Weg zu diesem Ziel. Jedem dieser drei Themen werden wir ein eigenes Kapitel widmen.

Im Jahr 1900 hatte Max Planck nach fünfjähriger Arbeit zu diesem Problem eine Formel entwickelt, die mit hoher Genauigkeit die beobachtete Frequenzverteilung der Schwarzkörperstrahlung beschrieb. Sein Weg zu diesem Ergebnis war alles andere als geradlinig verlaufen, und das Begriffssystem der klassischen Physik hatte er dabei nicht verlassen. In seiner Nobelpreisrede erinnert er sich: „Blicke ich zurück auf die nun schon zwanzig Jahre zurückliegende Zeit, da sich der Begriff und die Größe des physikalischen Wirkungsquantums zum erstenmal aus dem Kreise der vorliegenden Erfahrungstatsachen herauszuschälen begann, und auf den langen, vielfach verschlungenen Weg, der schließlich zu seiner Enthüllung führte, so will mir heute diese ganze Entwicklung bisweilen vorkommen als eine neue Illustration zu dem altbewährten Goetheschen Wort, daß der Mensch irrt, solange er strebt.“[2]

Planck hatte die Thermodynamik zur Spielwiese seiner wissenschaftlichen Tätigkeit gemacht und er blieb dieser Entscheidung bis zum Ende seines Lebens treu. Das Strahlungsgesetz für Schwarzkörper war die krönende Errungenschaft seiner Forschung. Plancks Formel enthält die Planck-Konstante h (oder auch Planck'sches Wirkungsquantum), von der man heute weiß, dass sie eine der grundlegenden Naturkonstanten ist, und die zu einem Markenzeichen der Quantentheorie geworden ist. Dank einer weiteren Konstante, der Boltzmann-Konstante k, deren Wert anhand empirischer Daten bestimmt werden konnte, gelang Planck eine korrekte Berechnung der Atomgröße aus den Eigenschaften der Schwarzkörperstrahlung. Dies war ein großer Erfolg seiner Anstrengungen, wie er klar erkannte und was auch Einstein in *Autobiographisches* würdigt.

Auch der Thermodynamik schenkte Einstein in den frühen Phasen seiner Karriere seine Aufmerksamkeit. In den *Notizen* finden wir einen besonderen Hinweis auf diesen Bereich der klassischen Physik: „Es ist die einzige physikalische Theorie allgemeinen Inhaltes, von der ich überzeugt bin, dass sie im Rahmen der Anwendbarkeit ihrer Grundbegriffe niemals umgestossen werden wird“ (*Autobiographisches*, S. 30 [S. 205]). Die ersten drei Veröffentlichungen Einsteins, die denen des *annus mirabilis* vorausgingen, waren der Thermodynamik gewidmet. Auf diese Schriften kommen wir in nachfolgenden Kapiteln noch zurück.

Einstein erläutert Plancks Herleitung sehr detailliert und unter Verwendung der mathematischen Ausdrücke, was sonst in *Autobiographisches* nicht der Fall ist. Planck hatte Boltzmanns Formel verwendet, welche die Entropie mit der Anzahl der Mikrozustände verbindet, die mit einem gegebenen thermodynamischen (Makro-)Zustand vereinbar sind. Die Entropie ist demnach proportional zum Logarithmus dieser Anzahl. Planck verwendete dieses Verfahren zur Bestimmung der Energieverteilung einer Anzahl geladener Resonatoren einer bestimmten Frequenz, welche die Strahlung aussendenden oder absorbierenden Wände des Hohlraums repräsentierten. Zur Berechnung der Anzahl der Mikrozustände, die mit einem thermodynamischen Zustand einer gegebenen Energie kompatibel sind, teilte er diese Energie in eine große, aber endliche Anzahl von Elementen gleicher Energie (Energiequanten). Letztendlich basiert die Herleitung der planckschen Formel auf der Annahme, dass ein materieller Körper Strahlung in diskreten Energiepaketen, oder eben Energiequanten, abgibt und absorbiert, deren Größe durch die Planck-Konstante h bestimmt ist.

Bereits 1901 meldete Einstein Zweifel an Plancks Herleitung seiner Strahlungsformel an. In einem Brief an Mileva Marić schreibt er: „Was mich gegen Plancks Betrachtungen über die Natur der Strahlung einnimmt, ist leicht gesagt. Planck nimmt an, daß eine ganz bestimmte Art von Resonatoren (bestimmte Periode und Dämpfung) den Umsatz der Energie der Strahlung bedinge, mit welcher

Voraussetzung ich mich nicht recht befreunden kann. Vielleicht ist seine neueste Theorie allgemeiner."[3]

In den *Notizen* zeigt Einstein auf, dass die Prämissen der Herleitung von Plancks Formel tatsächlich zu einer anderen Schlussfolgerung führen würden. Tatsächlich implizieren sie, dass die mittlere Energie eines Strahlung emittierenden und absorbierenden Resonators von der Frequenz unabhängig wäre, sowohl bei niedrigen als auch bei hohen Temperaturen. Plancks Formel (*Autobiographisches*, S. 38–40 [S. 208]) ergibt nur im Grenzbereich hoher Temperaturen eine frequenzunabhängige Energie. Folgt man Plancks Überlegungen bis zu ihren logischen Schlüssen, würde man also entweder die statistische Mechanik oder Maxwells Theorie der Elektrodynamik widerlegen. Noch wahrscheinlicher wäre, dass sich beide als falsch oder nur innerhalb angemessener Grenzen anwendbar erwiesen. Hätte Planck das bemerkt, hätte er seine große Entdeckung nach Einsteins Einschätzung wahrscheinlich verworfen. Das meint Einstein, wenn er schreibt: „Die Sache hat aber eine bedenkliche Kehrseite, die Planck zunächst glücklicher Weise übersah" (*Autobiographisches*, S. 40 [S. 208]). Anscheinend hatte Einstein vor, seine Kritik an Plancks Strahlungstheorie 1904 zu veröffentlichen, doch sein guter Freund Michele Besso brachte ihn davon ab. Jahre später erinnerte sich Besso in einem Brief an Einstein an diese Episode: „Meinerseits war ich in den Jahren 1904 und '05 Dein Publikum; habe ich bei der Fassung Deiner Mitteilungen zum Quantenproblem Dich um einen Teil Deines Ruhms gebracht, Dir dafür in Planck einen Freund verschafft."[4]

Einstein erinnert sich, dass ihm all das kurz nach dem Erscheinen der Arbeit Plancks deutlich geworden war. Doch eine Zeit lang fühlte er sich hilflos: „All meine Versuche, das theoretische Fundament der Physik diesen Erkenntnissen anzupassen, scheiterten aber völlig. Es war wie wenn einem der Boden unter den Füssen weggezogen worden wäre, ohne dass sich irgendwo fester Grund zeigte, auf dem man hätte bauen können" (*Autobiographisches*, S. 42 [S. 209], Abb. 17). Einsteins Studien zu den Grundlagen der statistischen Mechanik in den Jahren 1902–1904, auf die wir im folgenden Kapitel eingehen, lieferten ihm die Werkzeuge zur Untersuchung von Plancks Herleitung und ihren Konsequenzen.

Einstein steht Plancks Herleitung der Formel für die Schwarzkörperstrahlung zwar kritisch gegenüber, doch er erläutert nicht, wie er mit dieser Formel 1905 umging. Ebenso wenig erläutert er, wie er sie schließlich 1916 im Zusammenhang mit seiner Arbeit zur Wechselwirkung zwischen Atomen und elektromagnetischer Strahlung ableitete, die in zwei bahnbrechenden Schriften ihren Niederschlag fand: „Strahlungs-Emission und -Absorption nach der Quantentheorie" und „Zur Quantentheorie der Strahlung".[5] Die Absorption von Strahlung durch ein Atom ist proportional zur Strahlungsdichte. Atome emittieren Strahlung in einem spontanen, zufälligen Prozess. Einstein nahm an, dass dieser Prozess auch von der umgebenden Strahlung stimuliert werden könne. Durch die Anwendung dieser Prozesse auf ein System von Atomen in einem Strahlungsfeld fand er eine einfache Herleitung der planckschen Formel. Er schrieb an seinen Freund Besso: „Es ist mir ein prächti-

ges Licht über die Absorption und Emission der Strahlung aufgegangen; es wird
Dich interessieren. Eine verblüffend einfache Ableitung der Planck'schen Formel,
ich möchte sagen die Ableitung. Alles ganz quantisch."[6]

Diese weiteren Beiträge zur Quantentheorie der Strahlung lieferten eine wichtige Bestätigung des Teilchencharakters von Strahlung, wobei diese Teilchen (Photonen) nicht nur Energie, sondern auch einen Impuls tragen. In einem weiteren
Brief an Besso schrieb Einstein: „Dabei ergibt sich ... das Resultat, dass bei jeder
elementaren Energieübertragung zwischen Strahlung und Materie der Impulsbetrag
hv/c auf das Molekül übergeht. Daraus folgt, dass jeder solche Elementarprozess
ein *Vollständig gerichteter Vorgang* ist. Damit sind die Lichtquanten so gut wie gesichert."[7] Man könnte denken, damit sei für Einstein der Begriff der Lichtteilchen er-
ledigt gewesen und er hätte aufgehört, über diese Idee nachzudenken. Doch im
Gegenteil: Darüber sollte er sich noch sein ganzes Leben lang endlos viele Gedanken machen. In einem seiner letzten Briefe an Besso schrieb er: „Die ganzen 50
Jahre bewusster Grübelei haben mich der Antwort der Frage „Was sind Lichtquanten" nicht näher gebracht. Heute glaubt zwar jeder Lump, er wisse es, aber er
täuscht sich."[8]

Obwohl die Frage der Lichtquanten ganz offensichtlich von entscheidender Bedeutung für Einsteins intellektuelle Biografie ist, erwähnt er dies in den *Notizen* mit
keinem Wort. Diese interessante Tatsache liefert einen weiteren Hinweis auf die zugrundeliegende Erzählabsicht. Einstein verstand *Autobiographisches* als Vermächtnis. Der Text sollte der Fortsetzung seiner intellektuellen Reise dienen können, die
er begonnen hatte und die irgendwann zwangsläufig in den Versuch münden
würde, eine einheitliche Feldtheorie zu formulieren. Er hatte sicherlich erkannt,
dass die Frage der Lichtquanten auch für andere Wege der Forschung relevant sein
würde, doch dieser zu viel Aufmerksamkeit zu schenken, hätte von der Erörterung
des von ihm gewählten Weges abgelenkt.

Konfrontiert mit Plancks Ergebnis war Einstein 1905 klar, dass ein Ersatz für die
klassische Physik erforderlich war, doch auch wenn er dieses Ziel nicht erreichen
konnte, hatten die Konsequenzen seiner Überlegungen gewaltige Bedeutung. Er entwickelte eine neue Sichtweise auf die Wechselwirkung zwischen Strahlung und Materie und erklärte erst unlängst entdeckte Phänomene wie den lichtelektrischen Effekt,
was ihm später den Nobelpreis einbringen sollten. Diese neuen Effekte beschreibt
Einstein ebenfalls in einer Arbeit seines *annus mirabilis* – in der Schrift „Über einen
die Erzeugung und Verwandlung des Lichtes betreffenden heuristischen Gesichtspunkt". Sein Interesse galt in diesen Jahren jedoch weniger den experimentellen Konsequenzen, sondern eher der Frage: „Was für allgemeine Folgerungen können aus
der Strahlungsformel betreffend die Struktur der Strahlung und überhaupt betreffend
das elektromagnetische Fundament der Physik gezogen werden?" (*Autobiographisches*, S. 44 [S. 210]).

Die Erörterung der Schwarzkörperstrahlung in *Autobiographisches* endet hier
abrupt und Einstein wendet sich anderen Themen zu. Wir kennen seine Antwort

auf die oben zitierte Frage. Der Aspekt des Diskreten, den Plancks Herleitung der Strahlungsformel impliziert, beschränkt sich nicht auf Emission und Absorption, sondern betrifft die Natur des Strahlungsfeldes selbst, das unter bestimmten Bedingungen als Sammlung diskreter Energiequanten (Photonen) beschrieben werden kann. Wie Einstein zu dieser revolutionären Schlussfolgerung kam, beschreiben wir in Kapitel 9, wo wir erörtern, wie ihn sein Interesse an den thermodynamischen Fluktuationen der Teilchenbewegung und des Strahlungsfeldes zu einem Gedankenexperiment mit dem mentalen Modell eines in einem Strahlungsfeld aufgehängten Spiegels führte.

Planck hingegen sah in dem Konzept des Energiequantums ein mathematisches Instrument, das bestenfalls erklären konnte, wie Energie absorbiert oder emittiert wird, wenn elektromagnetische Strahlung mit Materie wechselwirkt. Er akzeptierte nicht, dass Energiequanten eine physikalische Realität seien und die Beschaffenheit der elektromagnetischen Strahlung an sich beschreiben. Hätte er das akzeptiert, dann hätte er die gewohnten Gefilde und gepflasterten Straßen der klassischen Physik verlassen müssen. Hätte er das getan, dann hätte er sich an die Spitze des revolutionären Übergangs von der klassischen zur Quantenphysik gesetzt. Plancks Formel spielt genau diese Rolle. Doch Planck selber überließ es anderen, allen voran Einstein, die Revolution auszurufen.

Im Mai 1905 schrieb Einstein an seinen Freund Conrad Habicht: „Ich verspreche Ihnen vier Arbeiten, ... von denen ich die erste in Bälde schicken könnte. ... Sie handelt über die Strahlung und die energetischen Eigenschaften des Lichtes und ist sehr revolutionär“.[9] Jede der vier in diesem Brief angekündigten Schriften stand für jeweils eine bahnbrechende Errungenschaft. Unter ihnen war auch die Arbeit, die eine modifizierte Behandlung von Raum und Zeit einführte und damit die erste Version von Einsteins spezieller Relativitätstheorie präsentierte. Doch in seinem Brief erwähnte er nur diejenige Schrift als revolutionär, in der die Quanten der Strahlungsenergie eingeführt werden. In dieser Arbeit hebt Einstein die revolutionären Implikationen der planckschen Formel entschlossen hervor. In der Einleitung heißt es: „Nach der hier ins Auge zu fassenden Annahme ist bei Ausbreitung eines von einem Punkte ausgehenden Lichtstrahles die Energie nicht kontinuierlich auf größer und größer werdende Räume verteilt, sondern es besteht dieselbe aus einer endlichen Zahl von in Raumpunkten lokalisierten Energiequanten, welche sich bewegen, ohne sich zu teilen und nur als Ganze absorbiert und erzeugt werden können.“[10]

In dieser Phase seines Lebens war Einstein auf keinen a priori gegebenen Satz von Begriffen festgelegt, und er war stets bereit, überkommene begriffliche Rahmen durch neue zu ersetzen, wenn es seine Analyse rechtfertigte. Planck dagegen war zurückhaltend, wenn es darum ging, die Konsequenzen seiner eigenen Entdeckung zu akzeptieren. Selbst 1913 hoffte Planck noch, die klassische Physik retten zu können, obwohl sich die Hinweise auf ihren bevorstehenden Zusammenbruch immer mehr häuften: „So mag die gegenwärtige theoretische Physik den Eindruck eines zwar altehrwürdigen, aber morsch gewordenen Gebäudes gewähren, an dem ein Bestandteil nach dem andern abzubröckeln beginnt und dessen Grundfesten sogar ins Schwanken zu geraten drohen. Und doch wäre nichts unrichtiger als eine derartige Vorstellung. ... Aber eine nähere Besichtigung ergibt, ... daß gewisse Quadern des Baues nur deshalb von der Stelle gerückt werden, um an einem anderen Orte zweckmäßigeren und festeren Platz zu finden, und daß die bisherigen eigentlichen Fundamente der Theorie gerade gegenwärtig so fest und so gesichert ruhen wie zu keiner Zeit vorher."[11]

Im selben Jahr würdigte Planck in einem Empfehlungsschreiben für Einstein an die Preußische Akademie der Wissenschaften zwar dessen herausragende Beiträge zur Physik – er flocht jedoch einen Vorbehalt ein: „Daß er in seinen Spekulationen gelegentlich auch ein mal über das Ziel hinausgeschossen haben mag, wie zum Beispiel in seiner Hypothese der Lichtquanten, wird man ihm nicht allzu schwer anrechnen dürfen, denn ohne einmal ein Risiko zu wagen, läßt sich auch in der exaktesten Naturwissenschaft keine wirkliche Neuerung einführen."[12] Wenn Einstein tatsächlich ein Risiko auf sich genommen hatte, dann hatte es sich unermesslich gelohnt. In seiner eigenen *Wissenschaftliche Selbstbiographie* erinnert sich Planck an diese Phase seiner wissenschaftlichen Karriere: „Meine vergeblichen Versuche, das Wirkungsquantum irgendwie der klassischen Theorie einzugliedern, erstreckten sich auf eine Reihe von Jahren und kosteten mich viel Arbeit. Manche Fachgenossen haben darin eine Art Tragik erblickt."[13]

Ironischerweise befand sich Einstein Jahre später in einer ähnlichen Situation und man bezog sich auf ihn selbst mit praktisch denselben Worten. Nachdem sich die Quantenmechanik als Theorie der Materie und Strahlung etabliert hatte, war es allgemein akzeptiert, dass sie eine probabilistische Natur elementarer Prozesse implizierte. Einstein jedoch akzeptierte die Quantenmechanik in ihrer probabilistischen Form bis zu seinem Lebensende nicht als die endgültige Theorie. Einer seiner Kollegen und Freunde, Max Born, schrieb über ihn: „Klarer als irgend jemand vor ihm hat er die statistische Grundlage der physikalischen Gesetze erkannt, und im Kampf für die Klärung des noch verworrenen Gebietes der Quantenphänomene leistete er Pionierarbeit. Später aber, als durch sein Werk eine Synthese der statistischen und der Quantenprinzipien geschaffen war, die fast allen Physikern annehmbar erschien, hielt er sich abseits und ablehnend. Viele von uns empfinden das als tragisch, für ihn selbst, der nun seinen Weg in Einsamkeit gehen muß, und für uns, denen der Meister und Bannerträger fehlt."[14]

Anmerkungen

1 Diese Schriften sind nachgedruckt in CPAE Bd. 2 (Doc. 14, Doc. 16, und Doc. 23). Siehe Stachel, Hrsg., *Einstein's Miraculous Year.*

2 Max Planck, „Die Entstehung und bisherige Entwicklung der Quantentheorie", Nobel-Vortrag, gehalten vor der Königlich Schwedischen Akademie der Wissenschaften zu Stockholm am 2. Juni 1920, in *Max Planck: Vorträge, Reden, Erinnerungen,* Hrsg. Hans Roos und Armin Hermann (Berlin/ Heidelberg: Springer, 2001), S. 25–40, hier S. 25.

3 Einstein an Mileva Marić, 10. April 1901, CPAE Bd. 1, Doc. 97.

4 Besso an Einstein, 17. Januar 1928, AEA 7–100.

5 Einstein, „Strahlungs-Emission und -Absorption nach der Quantentheorie", *Deutsche Physikalische Gesellschaft, Verhandlungen* 18 (1916): S. 318–323; Nachdruck in CPAE Bd. 6, Doc. 34. „Zur Quantentheorie der Strahlung", *Physikalische Gesellschaft Zürich, Mitteilungen* 18 (1916): S. 47–62; ebenfalls in *Physikalische Zeitschrift* 18 (1917): S. 121–128; Nachdruck in CPAE Bd. 6, Doc. 38.

6 Einstein an Besso, Freitag, 11. August 1916 CPAE Bd. 8, Doc. 250.

7 Einstein an Besso, Mittwoch, 6. September 1916 CPAE Bd. 8, Doc. 254.

8 Einstein an Besso, 12. Dezember 1951, AEA 7–401.

9 Einstein an Conrad Habicht, 18 oder 24. Mai 1905 CPAE Bd. 5, Doc. 27.

10 Einstein, „Über einen die Erzeugung und Verwandlung des Lichtes betreffenden heuristischen Gesichtspunkt", CPAE, Bd. 2, Doc. 14, S. 151. Siehe auch Stachel, Hrsg., *Einstein's Miraculous Year,* S. 178.

11 Max Planck, "Neue Bahnen der Physikalischen Erkenntnis" (1913), in Max Planck, *Wege zur physikalischen Erkenntnis: Reden und Vorträge* (Leipzig: S. Hirzel, 1933), S. 35.

12 Max Planck, „Proposal for Einstein's Membership in the Prussian Academy of Sciences", 12. Juni 1913, in CPAE Bd. 5, Doc. 445.

13 Planck, *Wissenschaftliche Selbstbiographie,* S. 21.

14 Max Born, „Einsteins statistische Theorien", in Schilpp, *Albert Einstein als Philosoph und Naturforscher,* S. 84–97, hier S. 84.

7 Einsteins statistische Mechanik
Das Schließen der „Lücke"

> Nicht vertraut mit den früher erschienen und den Gegenstand tatsächlich erschöpfenden Untersuchungen von Boltzmann und Gibbs, entwickelte ich die statistische Mechanik und die auf sie gegründete molekularkinetische Theorie der Thermodynamik.
>
> — Einstein, *Autobiographisches*, S. 44 [S. 210]

Dieses Zitat aus *Autobiographisches* lenkt unsere Aufmerksamkeit auf mehrere Fragen: Was wusste Einstein über die Arbeit von Boltzmann und Gibbs, als er zwischen 1902 und 1904 seine Version der statistischen Mechanik entwickelte? War ihre Arbeit zu diesem Thema wirklich erschöpfend? Was war neu an Einsteins Formulierung der statistischen Physik?

Die statistische Mechanik wendet die Wahrscheinlichkeitstheorie auf das Studium physikalischer Systeme an, die aus einer großen Zahl mikroskopischer Bestandteile bestehen, insbesondere Materieteilchen. Sie bietet einen theoretischen Rahmen, um die zufälligen Bewegungen von Milliarden und Abermilliarden individueller Atome und Moleküle sowie die Kollisionen zwischen ihnen mit den thermodynamischen Eigenschaften makroskopischer Systeme wie Temperatur, Druck und Entropie in Beziehung zu setzen. Auch die Hauptsätze der Thermodynamik können innerhalb dieses theoretischen Rahmens hergeleitet werden.

Die Bausteine der statistischen Mechanik finden sich in zahlreichen Veröffentlichungen von James Clerk Maxwell und Ludwig Boltzmann, die im 19. Jahrhundert Pionierarbeit zur kinetischen Theorie der Gase geleistet hatten (siehe Kasten). Erstmals wurde die statistische Mechanik jedoch 1902 von Josiah Willard Gibbs in seinem Buch *Elementary Principles of Statistical Mechanics* als abgeschlossene und eigenständige Theorie formuliert. Im selben Jahr und den beiden darauffolgenden veröffentlichte Einstein drei Schriften zur statistischen Mechanik: „Kinetische Theorie des Wärmegleichgewichtes und des zweiten Hauptsatzes der Thermodynamik" (1902), „Eine Theorie der Grundlagen der Thermodynamik" (1903) und „Zur allgemeinen molekularen Theorie der Wärme" (1904).[1] Diese Arbeiten entstanden fast gleichzeitig wie die grundlegende Abhandlung von Gibbs und unabhängig von dieser. Doch anders als Gibbs untersuchte Einstein sofort auch die Verbindungen zu einem breiten Spektrum weiterer Themen, zu denen er in jener Zeit forschte.

Einsteins Arbeit zur statistischen Mechanik wurde von seiner Überzeugung geleitet, dass Atome und Moleküle tatsächlich existieren. Obgleich die auf dem Atombegriff basierende kinetische Gastheorie gegen Ende des 19. Jahrhunderts ausgesprochen erfolgreich war, lehnten viele zeitgenössische Physiker dieses Konzept ab. Einer der führenden Kritiker der atomistischen Hypothese war der österreichische Physiker Ernst Mach. Für ihn war das atomistische Bild, das der kinetischen Gastheorie zugrunde lag, einfach nur eine nützliche Hypothese zur Veranschaulichung der Ergebnisse. Mach war ein Empiriker, für den eine Behauptung, die nicht durch direkte Beobach-

https://doi.org/10.1515/9783110744811-012

tungen gestützt wurde, nicht als Teil der physikalischen Realität akzeptiert werden sollte. Einstein war bei seiner Formulierung der Relativitätstheorie, der speziellen wie der allgemeinen, sehr von Mach beeinflusst, doch der anti-atomistischen Einstellung seines Vorbilds schloss er sich nicht an. In den *Notizen* erwähnt er seinen eigenen Glauben an den Atomismus als einen großen Ansporn bei seiner Arbeit zur statistischen Mechanik. „Mein Hauptziel dabei war es, Tatsachen zu finden, welche die Existenz von Atomen von bestimmter endlicher Grösse möglichst sicher stellten" (*Autobiographisches*, S. 46 [S. 210]).

Die kinetische Gastheorie

Die kinetische Gastheorie beschreibt Gase (insbesondere ein „ideales Gas" von ausreichend geringer Dichte) als Ansammlung einer großen Anzahl von Teilchen (Atome oder Moleküle), die sich mit großer Geschwindigkeit bewegen und in zufälliger Weise miteinander sowie mit den Wänden des Behältnisses kollidieren, in dem sie enthalten sind. Die makroskopischen Eigenschaften eines solchen Systems im Gleichgewichtszustand lassen sich anhand statistischer Methoden beschreiben. Insbesondere liefert die kinetische Gastheorie eine Beziehung zwischen Druck, Temperatur und Volumen eines idealen Gases. Der Druck entsteht durch die Kollision der Gasteilchen mit den Wänden des Behälters, und die Temperatur des Systems hängt mit der mittleren kinetischen Energie zusammen. Die kinetische Gastheorie kann noch weitere makroskopische Eigenschaften beschreiben, darunter etwa die Viskosität und die Wärmeleitfähigkeit des Systems.

Die wachsende Bedeutung der Atomtheorie um die Jahrhundertwende und die konzeptuellen Probleme, die damit einhergingen, zogen den jungen Einstein an. Für ihn war die Atomtheorie eine Verbindung zwischen verschiedenen Feldern der zeitgenössischen Wissenschaft, die ihn auf eine konzeptuelle Vereinheitlichung verschiedener Phänomene hoffen ließ. Von Boltzmanns atomistischen Grundsätzen war er fest überzeugt. 1900 schrieb er in einem Brief an Mileva Marić: „Der Boltzmann ist ganz großartig. ... Ich bin fest von der Richtigkeit der Prinzipien der Theorie überzeugt, das heißt ich bin überzeugt, daß es sich wirklich um Bewegung diskreter Massenpunkte von bestimmter endlicher Größe bei den Gasen handelt."[2]

Ein weiterer innovativer Aspekt der einsteinschen Formulierung der statistischen Mechanik war seine Auffassung, dass Fluktuationen physikalischer Größen ernst zu nehmen seien. Er vermutete, daraus könnten sich neue und wichtige Konsequenzen ergeben. Die thermodynamischen Eigenschaften eines Zustands eines physikalischen Systems werden als statistische Mittelwerte über alle möglichen mikroskopischen Konfigurationen von Position und Geschwindigkeit der Teilchen errechnet, die das System bilden. Boltzmann und Gibbs argumentierten, dass die Fluktuationen um diese Mittelwerte extrem klein seien. Sie behaupteten, dass sie in einem makroskopischen System nie zu beobachten sein würden. Boltzmann betonte: „Selbst in der nächsten Umgebung der kleinsten in einem Gase suspendirten Körperchen ist die Zahl der Moleküle schon so gross, dass es aussichtslos erscheint, selbst in sehr kleinen Zeiten irgendwie eine beobachtbare Abweichung von der Limite zu hoffen, der sich die Erscheinungen bei unendlicher Zahl der Moleküle nähern."[3] Einstein akzeptierte diese Schlussfolgerung nicht und suchte nach Fällen, wo solche von der statistischen Mechanik vorhergesagten Fluktuationsphänomene beobachtet werden könnten; andernfalls wäre die statistische Mechanik überflüssig.

Einstein hatte Boltzmanns Buch *Vorlesungen über Gastheorie* gelesen, kannte allerdings diejenigen Schriften nicht, in denen Boltzmann seine Arbeit begründet und erläutert. Er las das Buch mit Blick auf seine eigenen Interessen und entwickelte eine neue Interpretation seiner Ergebnisse. Dazu stellte er sie in einen neuen und weiteren Kontext, einschließlich der Strahlungstheorie und der Elektronentheorie der Metalle. Auf diese Themen kommen wir weiter unten noch zurück. In einem Brief an Mileva Marić schreibt er: „Ich studiere gegenwärtig wieder Boltzmanns Gastheorie. Alles ist sehr schön, aber zu wenig Wert gelegt auf den Vergleich mit der Wirklichkeit."[4] Einige Monate später schrieb er an seinen Freund Marcel Grossmann: „Ich habe mich in letzter Zeit gründlich mit Boltzmanns Arbeiten über kinetische Gastheorie befaßt & in den letzten Tagen selbst eine kleine Arbeit geschrieben, welche den Schlußstein einer von ihm begonnenen Beweiskette liefert."[5] Die „kleine Arbeit" ist vermutlich eine frühe Version der ersten Schrift von Einsteins Trilogie über die statistische Mechanik.

Diese beiden Kommentare deuten darauf hin, dass Einstein in Boltzmanns Arbeit gewisse Mängel ausgemacht hatte, obgleich er in der Erörterung der Errungenschaften der klassischen Mechanik schreibt: „[Es war] auch von tiefem Interesse, dass die statistische Theorie der klassischen Mechanik imstande war, die Grundgesetze der Thermodynamik zu deduzieren, was dem Wesen nach schon von Boltzmann geleistet wurde" (*Autobiographisches*, S. 18 [S. 200–201]).

Ausdrücklicher benennt Einstein die Mängel der bisherigen Arbeit zur statistischen Mechanik in den Eingangsbemerkungen zu seiner Schrift von 1902. Diese beginnt mit der Aussage, dass, so groß die Errungenschaften der kinetischen Theorie der Wärme auch seien, „so ist doch bis jetzt die Mechanik nicht im stande gewesen, ... die Sätze über das Wärmegleichgewicht und den zweiten Hauptsatz unter alleiniger Benutzung der mechanischen Gleichungen und der Wahrscheinlichkeitsrechnung herzuleiten, obwohl Maxwell's und Boltzmann's Theorien diesem Ziele bereits nahegekommen sind. Zweck der nachfolgenden Betrachtung ist es, diese Lücke auszufüllen."[6] Einstein nennt Maxwell und Boltzmann, nicht jedoch Gibbs. Einstein war sich die Tatsache nicht bewusst, dass seine Arbeit die wesentlichen Elemente der statistischen Mechanik enthielt, die Gibbs bereits ein Jahr zuvor ausgiebig erörtert hatte.

Das Konzept, das drei Schriften Einsteins zur statistischen Mechanik zugrunde liegt, ist verwandt mit der Methode der Mittelung über schnelle, zufällige Änderungen des mikroskopischen Zustands eines Systems aus N Teilchen. Ein solcher Zustand ist zu jedem Zeitpunkt durch die Positionen und Geschwindigkeiten seiner Teilchen charakterisiert. Einstein (und Gibbs) argumentierte, dass man, anstatt über die zeitlichen Änderungen dieses riesigen Satzes von Parametern zu mitteln, ein imaginäres „Ensemble" aller möglichen Mikrozustände annehmen und die Mittelung über diese durchführen kann. Einstein erörterte solche statistischen Ensembles von Mikrozuständen konstanter Energie und zeigte, dass die zeitliche Mittelung und die Mittelung über das Ensemble zu denselben Ergebnissen führte.

In der ersten der Arbeiten leitete Einstein den zweiten Hauptsatz der Thermodynamik aus den Gesetzen der Mechanik und der Wahrscheinlichkeitstheorie ab. Er untersuchte die statistisch-mechanische Beschreibung von Temperatur und Entropie und leitete das Äquipartitionstheorem ab (siehe Kasten), welches besagt, dass im Gleichgewicht die Energie des Systems gleichmäßig über seine mikroskopischen Freiheitsgrade verteilt ist. Einstein schloss daraus, dass die mechanischen Aspekte des Systems keine bedeutende Rolle spielen, dass die Ergebnisse also allgemeiner sein können. Seine zweite Schrift dient im Wesentlichen der Loslösung seiner statistischen Mechanik von der Mechanik. Das ebnete den Weg für viele Anwendungen auf Systeme außerhalb der Mechanik, darunter etwa das Strahlungsfeld und Elektronen in Metallen.[7]

Das Äquipartitionstheorem

Das auch Gleichverteilungssatz genannte Äquipartitionstheorem ist eines der grundlegenden Ergebnisse der klassischen statistischen Mechanik. Das Theorem zeigt, dass die Energie eines dynamischen Systems im Gleichgewicht gleichmäßig auf seine Freiheitsgrade verteilt ist, und es bestimmt die Energie des Systems. Freiheitsgrade sind Parameter, welche den Mikrozustand des Systems beschreiben. In einem idealen Gas aus punktförmigen atomaren Teilchen sind diese Parameter die $3N$ Komponenten der Geschwindigkeiten aller N Teilchen. Wenn das Gas aus Molekülen besteht, gibt es außerdem $3N$ Freiheitsgrade für die Rotationsbewegung der Moleküle. Sind die Teilchen zusätzlich einer externen Kraft ausgesetzt, die von ihrer Position abhängig ist, müssen auch die räumlichen Koordinaten der Teilchen in der Anzahl der Freiheitsgrade des Systems berücksichtigt werden. Die jedem Freiheitsgrad zugeordnete Energie beträgt $(1/2)kT$, wobei k die Boltzmann-Konstante und T die Temperatur ist.

Nach Abschluss seiner zweiten Arbeit schrieb Einstein an seinen Freund Michele Besso: „Meine Arbeit hab ich nun endlich < vorgestern > Montag abgeschickt nach vielfachem Umarbeiten und Verbessern. Jetzt aber ist sie vollkommen klar und einfach, so daß ich ganz zufrieden damit bin. Unter Voraussetzung des Energieprinzips und der atomistischen Theorie folgen die Begriffe Temperatur und Entropie, sowie mit Benützung der Hypothese, daß Zustandsverteilungen isol[ierter] Systeme niemals in unwahrscheinlichere übergehen, auch der zweite Hauptsatz in seiner allgemeinsten Form, nämlich die Unm[öglichkeit] eines perpetuum mobile zweiter Art."[8]

Zwischen Einsteins drei Schriften zur statistischen Mechanik gibt es starke Überschneidungen, zumindest hinsichtlich ihrer allgemeinen Methodik. Dennoch enthält die dritte Arbeit wichtige neue Ergebnisse. Einstein leitet dort die Fluktuationen der Energie eines Systems her, das sich in Kontakt mit einem anderen System von sehr hoher Energie und konstanter Temperatur T befindet. Er zeigt, dass der Mittelwert der Energiefluktuationen mit der Konstante k – bekannt als Boltzmann-Konstante – zusammenhängt, die eine zentrale Rolle in der kinetischen Theorie der Wärme spielt, wie im vorangegangenen Kapitel bereits erläutert. Diese Beziehung verleiht der Konstante k eine neue Bedeutung. Einstein wendet diese Berechnung dann auf die Energie des Strahlungsfeld eines Schwarzen Körpers an, das in einem Würfel der Seitenlänge L eingeschlossen ist, und zeigt Folgendes: Ist L gleich der Wellenlänge λ_m des Maximums der Energieverteilung des Strahlungsfeldes, dann liegen die Energiefluktuationen in der Größenordnung der Energie selbst. Dieses Ergebnis bringt ihn zu einer überraschenden Schlussfolgerung: „Man sieht, daß sowohl die Art der Abhängigkeit von der Temperatur als auch die Größenordnung von λ_m mittels der allgemeinen molekularen Theorie der Wärme richtig bestimmt werden kann, und ich glaube, daß diese Übereinstimmung bei der großen Allgemeinheit unserer Voraussetzungen nicht dem Zufall zugeschrieben werden darf."[9]

Einsteins Formulierung der statistischen Mechanik wurde zu einem Grundstein seiner Arbeit, die in sein „wunderbares Jahr" münden sollte. Wie wir später noch erörtern werden, liegt hier der Ausgangspunkt seiner Überarbeitung der Grundlagen der klassischen Physik und seiner Analyse der Schwarzkörperstrahlung, der brownschen Bewegung und weiterer Fluktuationsphänomene als Evidenzen für die Existenz von Atomen.

Abb. 18: Einstein mit seiner ersten Frau, Mileva Marić, in Kac, Serbien (1910), wo Milevas Vater ein Landhaus hatte. Bildarchiv der ETH-Bibliothek, Zürich.

Noch ein weiteres Thema erregte Einsteins Aufmerksamkeit im Rahmen seiner atomistischen Studien dieser Jahre, es wird in seinen *Notizen* jedoch nicht erwähnt. In Analogie zu den frei beweglichen Atomen in Gasen hatte der deutsche Physiker Paul Drude eine Elektronentheorie der Metalle entwickelt. Drudes Theorie geht von frei beweglichen Ladungsträgern in Metallen aus, die sowohl für deren elektrische Leitfähigkeit und Wärmeleitfähigkeit verantwortlich sind, als auch für den Zusammenhang zwischen diesen beiden Eigenschaften, der durch das sogenannte Wiedemann-Franz'sche Gesetz beschrieben wird. Einstein stand Drudes Theorie kritisch gegenüber. Genau kennen wir seine Einwände jedoch nicht, denn weder der Inhalt eines Briefes, den Einstein 1901 an Drude geschrieben hatte, noch dessen Antwort sind überliefert. Alles, was wir über diese Briefe und Einsteins Interesse an diesem Thema wissen, stützt sich auf die mit Mileva Marić (Abb. 18) gewechselten Liebesbriefe. Einstein hatte womöglich seine eigene, unabhängige Version einer Elektronentheorie der Metalle entwickelt. Sein Interesse an der Elektronentheorie spielte in jedem Fall eine Rolle bei der Entwicklung seiner Formulierung der statistischen Mechanik, denn sie machte die Notwendigkeit offenbar, das Äquipartitionstheorem über die kinetische Gastheorie hinaus für eine größere Klasse physikalischer Systeme herzuleiten.[10]

Anmerkungen

1 Nachdruck in CPAE Bd. 2, Docs. 3, 4, 5.

2 Einstein an Marić, 13[?] September 1900, CPAE Bd. 1, Doc. 75.

3 Ludwig Boltzmann, *Vorlesungen über Gastheorie*. Bd. 2. (Leipzig: Barth, 1898), S. 112.

4 Einstein an Marić, 30. April 1901, CPAE Bd. 1, Doc. 102.

5 Einstein an Grossmann, 6[?] September 1901, CPAE Bd. 1, Doc. 122.

6 Albert Einstein, „Kinetische Theorie des Wärmegleichgewichtes und des zweiten Hauptsatzes der Thermodynamik", CPAE Bd. 2, Doc. 3.

7 Siehe dazu die Diskussion in Martin Klein, „Fluctuations and Statistical Physics in Einstein's Early Work", in *Albert Einstein: Historical and Cultural Perspectives*, Hrsg. Gerald Holton und Yehuda Elkana (Princeton, NJ: Princeton University Press, 1982), S. 39.

8 Einstein an Besso, 22. Januar 1903, CPAE Bd. 5, Doc. 5.

9 Albert Einstein, „Zur allgemeinen molekularen Theorie der Wärme", *Annalen der Physik* 14 (1904): S. 354–362; Nachgedruckt in CPAE Bd. 2, Doc. 5, S. 98–108, hier S. 107.

10 Eine Erörterung dieses Aspekts bietet Jürgen Renn, „Einstein's Controversy with Drude and the Origin of Statistical Mechanics", *Archive for History of Exact Sciences* 51, Nr. 4 (Dezember 1997): S. 315–354.

8 Brownsche Bewegung

„Die Existenz von Atomen von bestimmter endlicher Grösse"

> Dabei entdeckte ich, dass es nach der atomistischen Theorie eine der Beobachtung zugängliche Bewegung suspendierter mikroskopischer Teilchen geben müsse, ohne zu wissen, dass Beobachtungen über die „Brown'sche Bewegung" schon lange bekannt waren.
>
> — Einstein, *Autobiographisches*, S. 44 [S. 210]

Abb. 19 : „... es sind unerklärte Bewegungen lebloser kleiner suspendirter Körper in der That beobachtet worden von den Physiologen."

Zum Abschluss seiner Erörterung der planckschen Strahlungsformel stellt Einstein die Frage nach den Konsequenzen, die sich aus dieser Formel hinsichtlich der elektromagnetischen Grundlagen der Physik ziehen lassen. Ohne diese Frage zu beantworten, geht er abrupt – er beginnt nicht einmal einen neuen Absatz – zum Problem der brownschen Bewegung über (siehe Kasten).

Wir haben Einsteins Aussage in den *Notizen* bereits zitiert, wonach sein oberstes Ziel darin bestand, die Existenz von Atomen von bestimmbarer Größe zu belegen. Seine Bemühungen zum Erreichen dieses Ziels, zusammen mit der Beobachtung von Fluktuationen physikalischer Systeme wie etwa der Wärmestrahlung, motiviert durch sein Interesse an Plancks wegweisender Arbeit – all das zusammen sind die treibenden Kräfte seiner Arbeit, die das Wunderjahr 1905 möglich gemacht haben. Ursprünglich glaubte Einstein, das Szenario der elektromagnetischen Strahlung in einem abgeschlossenen Hohlraum sei am besten geeignet, um solche Fluktuationen aufzudecken (diesen Punkt nehmen wir in Kapitel 9 wieder auf, wo wir auf Einsteins Schlussfolgerungen zur korpuskularen Beschaffenheit des Strahlungsfeldes

https://doi.org/10.1515/9783110744811-013

zurückkommen). Doch seine Suche nach beobachtbaren Fluktuationen sollte ihn zu einem völlig anderen System führen. Er kam zu dem Schluss, dass kolloidale Teilchen, die groß genug sind, um sie unter dem Mikroskop beobachten zu können, in einer Suspension von den thermischen Bewegungen der Flüssigkeitsmoleküle in eine fortgesetzte, zufällige Bewegung versetzt werden. Die Bewegung der Flüssigkeitsmoleküle würde sich durch die molekular-kinetische Theorie der Wärme beschreiben lassen.

Brownschne Bewegung

Die brownsche Bewegung ist die unregelmäßige Bewegung eines mikroskopischen, in einer Flüssigkeit suspendierten Teilchens. Die erste systematische Untersuchung solcher Bewegungen stellte der Botaniker Robert Brown an, der seine sorgfältigen Beobachtungen 1828 veröffentlichte. Er hatte eine große Anzahl verschiedener Teilchen in Suspension beobachtet – von Pflanzenpollen bis hin zu Fragmenten einer ägyptischen Sphinx – und zudem eine Vielzahl möglicher Ursachen untersucht – von Strömungen in der Flüssigkeit über die Wechselwirkung der Teilchen bis hin zur Bildung kleiner Luftbläschen. Dadurch gelang es Brown und seinen Nachfolgern, viele potentielle Erklärungen für die unregelmäßigen Bewegungen suspendierter Teilchen auszuschließen, darunter etwa die Vorstellung, es könne sich um eine exklusive Eigenschaft organischer Materie handeln und in gewisser Weise ein Ausdruck von „Leben" sein. Doch die brownsche Bewegung war kein Thema, das unter Physikern größeres Interesse weckte, zumindest nicht vor Mitte des 19. Jahrhunderts. Mittlerweile war eine Reihe von Artikeln zum Einfluss bestimmter Faktoren auf die brownsche Bewegung erschienen, darunter Flüssigkeitstemperatur, Kapillarität, Konvektionsströme in der Flüssigkeit, Verdunstung, Lichteinwirkung auf die Teilchen, elektrische Kräfte und die Rolle der Umgebung. Seit Mitte des 19. Jahrhunderts zogen Wissenschaftler als einen möglichen Erklärungsansatz für die brownsche Bewegung die kinetische Theorie der Wärme in Betracht, die inzwischen zu einem nützlichen Werkzeug bei der Untersuchung thermischer Phänomene auf mechanischer Grundlage geworden war. Es war plausibel anzunehmen, dass die erratische Bewegung des suspendierten Teilchens durch die sich zufällig bewegenden Moleküle der Suspensionsflüssigkeit verursacht wird. Keine dieser Bemühungen führte jedoch zu einer stimmigen Theorie der brownschen Bewegung. Es stellte sich heraus, dass alle, die sich an einer Erklärung versucht hatten, übersehen hatten, dass es bei der brownschen Bewegung keine Geschwindigkeit im klassischen Sinne gibt, denn diese ist ein stochastischer Prozess, bei dem die mittlere quadratische Verschiebung eines Teilchens proportional zur Zeit ist. Eine Ausnahme war in dieser Hinsicht der polnische Physiker Marian von Smoluchowski, der um die gleiche Zeit wie Einstein eine brauchbare Theorie der brownschen Bewegung entwickelte.

In den *Notizen* erinnert sich Einstein an den entscheidenden Schritt, der ihn zu dieser Schlussfolgerung brachte. Er vermutete, dass Teilchen in einer Suspension auf dieselbe Art zum osmotischen Druck beitragen, wie dies die Moleküle in einer Lösung tun, also etwa Salz- oder Zuckermoleküle. Der osmotische Druck ist in der klassischen Physik der Druck, der in Flüssigkeiten auf eine trennende Membran ausgeübt wird, wenn sich auf einer Seite der Membran eine Substanz in Lösung befindet, die nicht durch die Membran dringen kann. Dieser Begriff war ursprünglich im Zusammenhang mit der Thermodynamik von Lösungen zur Behandlung der gelösten Moleküle eingeführt worden, und in diesem Kontext war er gut verstanden.

Seine Anwendbarkeit für eine Ansammlung suspendierter Teilchen lag jedoch nicht auf der Hand.

Nachdem dieser Schritt getan war, konnte Einstein die Begriffe und Methoden anwenden, mit denen er aus früheren Arbeiten bereits vertraut war. Seine ersten beiden Schriften, die vor den drei Schriften zur statistischen Mechanik veröffentlicht wurden und die Einstein später einmal als „meine zwei wertlosen Erstlingsarbeiten" bezeichnen sollte, waren dann letzten Endes doch nicht so „wertlos".[1] Insbesondere der zweite dieser beiden Aufsätze, „Ueber die thermodynamische Theorie der Potentialdifferenz zwischen Metallen und vollständig dissociirten Lösungen ihrer Salze und über eine elektrische Methode zur Erforschung der Molecularkräfte",[2] hatte sich schon mit mehreren der Themen beschäftigt, die in seiner Schrift über die brownsche Bewegung eine entscheidende Rolle spielen sollten. So handelte sie zum Beispiel vom Wesen der Diffusion und von der Anwendung der Thermodynamik auf die Theorie von Lösungen. 1903 hatte Einstein bereits eine Idee entwickelt, wie man anhand hydrodynamischer Argumente die Größe von Ionen in einer Flüssigkeit berechnen könnte und wie sich durch Diffusion die Größe neutraler Salzmoleküle bestimmen ließe. Diese Idee mündete in seiner Doktorarbeit „Eine neue Bestimmung der Moleküldimensionen",[3] die er nach mehreren Fehlschlägen schließlich 1905 erfolgreich abschloss und an der Universität Zürich einreichte.

In dieser Dissertation gelangte Einstein zu einem Ausdruck für den Diffusionskoeffizienten, der die Größe eines Atoms berücksichtigt. Er verwendete diese Gleichung zusammen mit einer hydrodynamischen Gleichung, welche atomare Größen und die Viskosität der Flüssigkeit zueinander in Beziehung setzt. So werden Atomgrößen aus experimentellen Daten zur Diffusion und Viskosität abgeleitet. In dieser Schrift, die zur Beschreibung der brownschen Bewegung führte, leitete Einstein erneut die Gleichung für Viskosität und Diffusion her, doch diesmal mit den Methoden der statistischen Physik. Nur so nämlich konnte er die Anwendung von Begriffen wie dem des osmotischen Drucks auf eine Ansammlung suspendierter Teilchen rechtfertigen. Er kombinierte die Ergebnisse der Forschung für seine Doktorarbeit mit denen, die er bei seinen Untersuchungen zu Fluktuationen im Kontext der statistischen Mechanik angestellt hatte. Dadurch standen ihm alle Zusammenhänge zur Verfügung, um ein Modell der beobachtbaren Fluktuationen in einem materiellen System zu entwickeln, so wie es die brownsche Bewegung veranschaulicht hatte.

Das Ergebnis dieser zusammengeführten Bemühungen war Einsteins Herleitung der mittleren quadratischen Verschiebung, die solche Teilchen in einer gegebenen Zeit zurücklegen, veröffentlicht in den Schriften seines *annus mirabilis* unter dem Titel „Über die von der molekularkinetischen Theorie der Wärme geforderte Bewegung von in ruhenden Flüssigkeiten suspendierten Teilchen".[4] Experimentelle Messungen der vorhergesagten Verschiebung sollten später eine neue und zuverlässige Methode zur Bestimmung der Avogadro-Konstante (siehe Kasten) und der tatsächlichen Größe von Atomen liefern.

In der Einleitung zu dieser Schrift schreibt Einstein: „Es ist möglich, daß die hier zu behandelnden Bewegungen mit der sogenannten ‚brownschen Molekularbewegung' identisch sind; die mir erreichbaren Angaben über letztere sind jedoch so ungenau, daß ich mir hierüber kein Urteil bilden konnte." Der Wissenschaftshistoriker Martin Klein bemerkt zu dieser Schrift: „Einstein hatte die brownsche Bewegung *erfunden*. Wenn man weniger behauptet, diese Schrift also wie üblich als seine *Erklärung* der brownschen Bewegung beschreibt, unterschätzt man sie.[5]

In dem bereits in Kapitel 6 erwähnten Brief an Conrad Habicht schreibt Einstein zu dieser Veröffentlichung: „Die dritte [Arbeit] beweist, daß unter Voraussetzung der molekularen Theorie der Wärme in Flüssigkeiten suspendirte Körper von der Größenordnung 1/1000 mm bereits eine wahrnehmbare ungeordnete Bewegung ausführen müssen, welche durch die Wärmebewegung erzeugt ist; es sind unerklärte Bewegungen lebloser kleiner suspendirter Körper in der That beobachtet worden von den Physiologen, welche Bewegungen von ihnen ‚Brown'sche Molekularbewegung' genannt wird."[6]

Die Avogadro-Konstante

Die Avogadro-Konstante oder Avogadro-Zahl ist die Anzahl der Teilchen – in der Regel Atome oder Moleküle – in einem Mol einer Substanz. Das Mol ist definiert als die Stoffmenge, die so viele Teilchen, Atome oder Moleküle der betreffenden Substanz enthält, wie in 12 Gramm des Isotops Kohlenstoff-12 (^{12}C) enthalten sind. Benannt ist die Avogadro-Konstante nach dem italienischen Wissenschaftler Amedeo Avogadro (1776–1856), der als Erster vermutet hatte, das Volumen eines Gases egal welcher Substanz sei bei gegebener Temperatur und gegebenem Druck proportional zur Anzahl der Atome oder Moleküle in diesem Volumen. Er kannte jedoch nicht den Wert dieser Proportionalitätskonstante. Dieser wird durch die Avogadro-Zahl angegeben. Der französische Physiker Jean Perrin erhielt 1926 den Nobelpreis für Physik vor allem für seine Messungen der Avogadro-Zahl mithilfe verschiedener Methoden. Ihr Wert ist $6,022 \times 10^{23}$. Einstein erkannte die weitreichenden Implikationen seiner Arbeit zur brownschen Bewegung sofort.[7] Wenn das vorhergesagte Verhalten von suspendierten Teilchen beobachtet werden könnte, dann, so schreibt er in der Einleitung, sei „… die klassische Thermodynamik schon für mikroskopisch unterscheidbare Räume nicht mehr als genau gültig anzusehen und es ist dann eine exakte Bestimmung der wahren Atomgröße möglich. Erwiese sich umgekehrt die Voraussage dieser Bewegung als unzutreffend, so wäre damit ein schwerwiegendes Argument gegen die molekularkinetische Auffassung der Wärme gegeben."[8]

In einer Reihe raffinierter Experimente, die 1908 erstmals veröffentlicht wurden, bestätigte Jean Perrin die Vorhersagen dieser Arbeit experimentell. Einstein hatte also sein Ziel erreicht, „Tatsachen zu finden, welche die Existenz von Atomen von bestimmter endlicher Grösse möglichst sicher stellten". In *Autobiographisches* betont Einstein die Bedeutung dieses Ergebnisses, um Anti-Atomisten wie Wilhelm Ostwald und Ernst Mach von der Realität der Atome zu überzeugen. Machs anti-atomistische Einstellung hatten wir bereits erwähnt. Ostwald war ein weiterer führender Vertreter dieser Sichtweise und zudem ein namhafter Befürworter eines konkurrierenden wissenschaftlichen Weltbildes, in dessen Mittelpunkt das Konzept der Energie steht und die daher die Bezeichnung Energetik trägt. Um die Jahrhundertwende mündete die Diskussion zur Energetik in einer heftigen Kontroverse zwischen Ostwald und dem Hauptvertreter des Atomismus, Ludwig Boltzmann.

Einstein schrieb die Abneigung dieser Wissenschaftler gegen die Atomtheorie ihrer positivistischen philosophischen Einstellung zu und stellte fest, dass selbst Gelehrte ihres Formats „durch philosophische Vorurteile für die Interpretation von Tatsachen gehemmt werden können". Einstein schließt diese Einschätzung mit einer Bemerkung ab, die ganz im Sinne seines erkenntnistheoretischen Credos steht, das wir in Kapitel 3 behandelt hatten: Das Vorurteil sei „seither keineswegs ausgestorben", und es „liegt in dem Glauben, dass die Tatsachen allein ohne freie begriffliche Konstruktion wissenschaftliche Erkenntnis liefern könnten und sollten. Solche Täuschung ist nur dadurch möglich, dass man sich der freien Wahl von solchen Begriffen nicht leicht bewusst werden kann, die durch Bewährung und langen Gebrauch unmittelbar mit dem empirischen Material verknüpft zu sein scheinen" (*Autobiographisches*, S. 46 [S. 210]).

In seinen Anmerkungen zu Bertrand Russell nennt Einstein diese Schwierigkeit eine „plebejische Illusion": „Dieser mehr aristokratischen Illusion von der unbeschränkten Durchdringungskraft des Denkens steht die mehr plebejische Illusion des naiven Realismus gegenüber, gemäß welcher die Dinge so „sind", wie wir sie mit unseren Sinnen wahrnehmen. Diese Illusion beherrscht das tägliche Treiben der Menschen und Tiere. Sie ist auch der Ausgangspunkt der Wissenschaften, insbesondere der Naturwissenschaften."[9] Den Ausdruck „aristokratische Illusion" bezieht Einstein auf den philosophischen Glauben an die grenzenlose Macht des Denkens, demzufolge alles, was dem Wissen zugänglich ist, durch pures Nachdenken gefunden werden kann.

Arnold Sommerfeld erinnerte daran, dass ihm der „alte Kämpfer gegen die Atomistik" Wilhelm Ostwald, einmal gesagt habe, ihn habe die vollständige Erklärung der brownschen Bewegung zum Atomismus bekehrt.[10] Im selben Band bemerkte Max Born: „Ich denke, diese Forschungen Einsteins haben mehr als alles andere dazu beigetragen, die Physiker von der Realität der Atome und Moleküle, von der kinetischen Wärmetheorie und von der fundamentalen Bedeutung der Wahrscheinlichkeit in den Naturgesetzen zu überzeugen. Wenn man diese Arbeiten liest, dann ist man geneigt, zu glauben, daß in jener Zeit der statistische Aspekt der Physik Einsteins Geist vorwiegend beschäftigte. Aber doch arbeitete er gleichzeitig an der Relativitätstheorie, in der eine strenge Kausalität herrscht."[11]

Anmerkungen

1 Einstein an Johannes Stark, 7. Dezember 1907, CPAE, Bd. 5, Doc. 66.
2 Nachdruck in CPAE Bd. 2, Doc. 2.
3 Nachdruck in CPAE Bd. 2, Doc. 15.

4 Diese Schriften sind nachgedruckt und werden erörtert in Stachel, Hrsg., *Einstein's Miraculous Year.*

5 Klein, *Fluctuations and Statistical Physics in Einstein's Early Work*, S. 47.

6 Einstein an Habicht, 18. oder 24. Mai 1905 CPAE Bd. 5, Doc. 27.

7 Siehe Mary Jo Nye, *Molecular Reality: A Perspective on the Scientific Work of Jean Perrin* (London: MacDonald, 1972).

8 Stachel, Hrsg., *Einstein's Miraculous Year*, S. 85.

9 Albert Einstein, „Bertrand Russell und das philosophische Denken", in Seelig, Hrsg., *Mein Weltbild*, S. 35–40, hier S. 36.

10 Arnold Sommerfeld, „Albert Einstein", in Schilpp, Hrsg., *Albert Einstein als Philosoph und Naturforscher*, S. 37–42, hier S. 41.

11 Born, „Einsteins statistische Theorien", S. 87.

9 Ein reflektierender Spiegel im Strahlungsfeld
„Der Spiegel muss gewisse unregelmässige Schwankungen erfahren"

Diese Betrachtung zeigte in einer drastischen und direkten Weise, dass den Planck'schen Quanten eine Art unmittelbare Realität zugeschrieben werden muss, dass also die Strahlung in energetischer Beziehung eine Art Molekularstruktur besitzen muss [...].

— Einstein, *Autobiographisches*, S. 48 [S. 211]

Abb. 20: „[Der Spiegel] ... muss aber gewisse ... unregelmässige Schwankungen des auf ihn wirkenden Druckes ... erfahren."

Die Arbeit zur brownschen Bewegung hatte zur Herleitung der mittleren Verschiebung eines relativ großen Teilchens geführt, das in einer Flüssigkeit aus sich zufällig bewegenden Molekülen suspendiert ist. Dies ließ Einstein eine Analogie mit einem scheinbar ganz verschiedenen physikalischen System vermuten. In einem seiner klassischen Gedankenexperimente stellte sich Einstein einen reflektierenden Spiegel vor, der in einem geschlossenen Hohlraum von einem Strahlungsfeld umgeben ist. Mit dieser Analogie konnte er die Diskussion um Plancks Formel zur spektralen Energieverteilung der Schwarzkörperstrahlung illustrieren.

Nach Maxwells klassischer Theorie trägt eine elektromagnetische Welle Energie und Impuls. Die Änderung des Impulses einer elektromagnetischen Welle durch die Reflexion an einer materiellen Oberfläche erzeugt eine auf diese Oberfläche wirkende Kraft. Das Strahlungsfeld in einem Hohlraum ist eine Überlagerung unendlich vieler

https://doi.org/10.1515/9783110744811-014

solcher kleiner Wellen, die miteinander interferieren und sich in alle Richtungen bewegen. Ihre Wechselwirkung mit der reflektierenden Oberfläche erzeugt auf dieser einen Strahlungsdruck. In seiner Schrift „Zur allgemeinen molekularen Theorie der Wärme" leitete Einstein 1904 die Energiefluktuationen eines solchen Strahlungsfeldes her. Durch eine ähnliche Berechnung konnte er zudem die Fluktuationen des Strahlungsdrucks herleiten, die von den Impulsfluktuationen verursacht werden.

Nun wird die Analogie zum Problem der brownschen Bewegung offensichtlich. In Einsteins Gedankenexperiment kann sich der Spiegel frei in senkrechter Richtung zu seiner Oberfläche bewegen. Wäre der Spiegel aus irgendeinem Grund in Bewegung und gäbe es keine lokalen Druckschwankungen, dann müsste der Spiegel eigentlich allmählich zur Ruhe kommen, denn die Reflexion auf der Vorderseite würde eine stärkere Kraft ausüben als auf der Rückseite. Dieses Ungleichgewicht der Kräfte wäre analog zur bremsenden Kraftwirkung auf die in einer Flüssigkeit suspendierten Teilchen, welche durch deren Viskosität entsteht. Die Druckschwankungen allerdings würden verhindern, dass der Spiegel zur Ruhe kommt. Genau darin besteht Einsteins entscheidende Erkenntnis, die ihn zu der Schlussfolgerung brachte, dass die Fluktuationen der Wärmestrahlung direkt mit der materiellen Bewegung eines Spiegels im Strahlungsfeld innerhalb eines abgeschlossenen Hohlraums zusammenhängen. Infolge der auf ihn einfallenden Strahlung und der aus dem Strahlungsdruck resultierenden Reibungskraft müsste der frei aufgehängte Spiegel ein Verhalten zeigen, das der brownschen Bewegung ähnlich ist.

Gemäß dem Äquipartitionstheorem (siehe Kapitel 7) muss die mittlere kinetische Energie, die jedem Freiheitsgrad der Bewegung aller Konstituenten eines gegebenen Systems zugeteilt ist, gleich $(\frac{1}{2})kT$ sein. Das also wäre die mittlere kinetische Energie des Spiegels, der sich in nur einer Richtung frei bewegen kann (ein einziger Freiheitsgrad). Einstein konnte nun zeigen, dass die Fluktuationen des Strahlungsdrucks, wenn man sie im Rahmen der maxwellschen Theorie, also auf der Grundlage des Konzepts eines kontinuierlichen elektromagnetischen Feldes berechnet, nicht ausreichen, um den Spiegel mit dieser Energiemenge in Bewegung zu versetzen. Anders jedoch sieht es aus, wenn man zugesteht, dass es eine zweite Art von Druckfluktuationen gibt, die sich nicht aus der maxwellschen Theorie ableiten lassen und die von der korpuskularen Natur der Strahlung verursacht werden. Dann würde die erwartete Bewegung des Spiegels ganz natürlich folgen. Dieses Ergebnis zeigte für Einstein „in einer drastischen und direkten Weise, dass den Planck'schen Quanten eine Art unmittelbare Realität zugeschrieben werden muss" (*Autobiographisches*, S. 48 [S. 211]).

Dieses Gedankenexperiment wird weder in Einsteins Schriften des Jahres 1905 erwähnt, noch in seiner Korrespondenz mit Mileva Marić. In gedruckter Form wurde es erstmals 1909 detailliert behandelt.[1] In späteren Erinnerungen betonte Einstein jedoch, ihm sei diese Idee bereits Anfang des Jahres 1900 gekommen. So stellt er es in *Autobiographisches* dar, einige Jahre später erwähnt er diesen Umstand ebenfalls in einem Brief an Max von Laue: „… Aber 1905 wusste ich schon sicher, dass sie zu falschen Schwankungen des Strahlungsdruckes fuehrt und damit zu einer unrichtigen Brown'schen Bewegung eines Spiegels in einem Planck'-schen Strahlungs-Hohlraum. Nach meiner Ansicht kommt man nicht darum herum, der Strahlung eine objektive atomistische Struktur zuzuschreiben, die natuerlich nicht in den Rahmen der Maxwell'schen Theorie hineinpasst."[2]

Einstein argumentierte, dass seine Analyse des fluktuierenden Spiegels in einem Strahlungsfeld einen überzeugenden Beleg für die Existenz von Lichtquanten liefere. Max Planck ließ sich davon jedoch nicht überzeugen. In einer Diskussion im Anschluss an Einsteins Vortrag „Über die Entwickelung unserer Anschauungen über das Wesen und die Konstitution der Strahlung" bei einem Treffen deutscher Wissenschaftler und Physiker 1909 in Salzburg[3] schloss Planck seine relativ langen Anmerkungen mit dem Vorschlag seiner anfänglichen Interpretation der Strahlungsenergiequanten: „... Jedenfalls meine ich, man müßte zunächst versuchen, die ganze Schwierigkeit der Quantentheorie zu verlegen in das Gebiet der Wechselwirkung zwischen der Materie und der strahlenden Energie; die Vorgänge im reinen Vakuum könnte man dann vorläufig noch mit den Maxwell'schen Gleichungen erklären."[4]

Die Erörterung zum fluktuierenden Spiegel endet mit einer Bemerkung, die Einstein in *Autobiographisches* sowie bei mehreren anderen Gelegenheiten in den letzten zehn Jahren seines Lebens ein ums andere Mal vorbringt. Ihm war klar, dass seine Erkenntnisse zur korpuskularen Natur der Strahlung inzwischen zu einem Grundpfeiler der ausgesprochen erfolgreichen Quantenmechanik geworden waren, was ihn zu einem Mitbegründer der Quantenphysik machte. Dennoch zweifelt er am endgültigen Status der zeitgenössischen Interpretation dieser Theorie: „Diese Doppelnatur von Strahlung (und materiellen Korpuskeln) ist eine Haupteigenschaft der Realität, welche die Quanten-Mechanik in einer geistreichen und verblüffend erfolgreichen Weise gedeutet hat. Diese Deutung welche von fast allen zeitgenössischen Physikern als im wesentlichen endgültig angesehen wird, erscheint mir als ein nur temporärer Ausweg" (*Autobiographisches*, S. 48 [S. 211]). Genau wie für Planck, doch im entgegengesetzten Sinn, blieb für Einstein der aktuelle Wissensstand ein Provisorium.

Anmerkungen

1 CPAE Bd. 2, Doc. 56, Doc. 60.
2 Einstein an von Laue 17. März 1952, AEA 16–168.
3 CPAE Bd. 2, Doc. 60.
4 CPAE Bd. 2, Doc. 61, S. 584–587, hier S. 585–586.

10 Die spezielle Relativitätstheorie
„Es gibt keine Gleichzeitigkeit distanter Ereignisse"

> Das kritische Denken, dessen es zur Auffindung dieses zentralen Punktes bedurfte, wurde bei
> mir entscheidend gefördert insbesondere durch die Lektüre von David Humes und Ernst
> Machs philosophischen Schriften.   — Einstein, *Autobiographisches*, S. 50 [S. 212]

Ende Mai 1905 schrieb Einstein an seinen Freund Conrad Habicht in dem hier bereits erwähnten Brief, dass seine Ideen zur Elektrodynamik bewegter Körper bislang nur grob skizziert seien. Doch im Verlauf von rund fünf Wochen entwickelten sich diese Ideen zu der bahnbrechenden Arbeit „Zur Elektrodynamik bewegter Körper", eingereicht am 30. Juni bei den *Annalen der Physik*.[1] Hier wurde erstmals die spezielle Relativitätstheorie formuliert.

Warum aber entwickelte Einstein die spezielle Relativitätstheorie? Deren Ausgangspunkt ist die Erweiterung des Galilei-Newton'schen Relativitätsprinzips, welches festlegte, dass die Gesetze der Mechanik in allen Inertialsystemen gleich sind, die sich mit konstanter Geschwindigkeit relativ zueinander bewegen. Dieses Prinzip dehnte Einstein auf alle Gesetze der Physik aus. Das klassische Relativitätsprinzip lässt sich anhand des gedanklichen Modells eines Zuges (mit verdunkelten Fenstern) beschreiben, der mit konstanter Geschwindigkeit fährt. Es gibt keine *mechanische* Messung, die ein Passagier des Zuges vornehmen könnte, um zu ermitteln, ob er sich relativ zum Bahnsteig bewegt oder nicht.

Abb. 21: „... es gibt keine Gleichzeitigkeit distanter Ereignisse."

https://doi.org/10.1515/9783110744811-015

Lässt sich dieses Relativitätsprinzip nun auf alle physikalischen Phänomene ausdehnen, einschließlich elektromagnetischer Phänomene wie die Lichtausbreitung? Gemäß der zu diesem Zeitpunkt vorherrschenden, auf Maxwells Gleichungen beruhenden Interpretation solcher Phänomene war dies kaum möglich. Licht wurde als Wellenphänomen aufgefasst, und solche Phänomene setzen die Existenz eines Mediums voraus, in dem sie sich ausbreiten. Als die Theorie des Elektromagnetismus aufkam, nannte man dieses Medium „Äther". Der Äther wurde als unbeweglich und als ein zu bevorzugendes Bezugssystem angenommen, gegenüber welchem die Lichtgeschwindigkeit als Konstante – so wie explizit in Maxwells Gleichungen ausgedrückt – betrachtet werden kann. Alle Versuche, die Existenz des Äthers experimentell nachzuweisen, blieben erfolglos. Einstein stellte dem die kühne und mit der klassischen Physik unvereinbare Annahme entgegen, dass diese Geschwindigkeit in allen Inertialsystemen gleich sei und dass man die Existenz des Äthers nicht vorauszusetzen brauche – womit er das Relativitätsprinzip auf alle physikalischen Phänomene ausdehnte. Wenn die Lichtgeschwindigkeit nicht konstant wäre, dann würden auch die Gesetze des Elektromagnetismus in unterschiedlichen Inertialsystemen verschieden sein.

Mehrere Autoren haben Einsteins Weg zur speziellen Relativitätstheorie aus dem Kontext seiner Arbeiten heraus nachgezeichnet, der in den 1905 veröffentlichten Schriften mündete.[2] Das ist keine einfache Aufgabe, denn Wissenschaftshistoriker, die diesen Prozess untersuchen, können sich nur auf wenige zeitgenössische Anmerkungen Einsteins sowie spätere Erinnerungen in Briefen und autobiografischen Texten stützen. Ganz anders sieht das bei der allgemeinen Relativitätstheorie aus, zu deren Genese uns acht Jahre an umfangreicher Korrespondenz, Entwürfe von Berechnungen und wegbereitende Veröffentlichungen vorliegen. Bei unserer Schilderung zu den Ursprüngen der speziellen Relativitätstheorie werden wir vor allem der Erzählung folgen, die in *Autobiographisches* präsentiert wird.

Hier erinnert sich Einstein, dass ihm kurz nach 1900 und unmittelbar nach der Veröffentlichung von Plancks Arbeit über die Schwarzkörperstrahlung klar geworden war, dass weder die Mechanik noch die Elektrodynamik den Anspruch vollkommener Gültigkeit erheben konnten – außer in Grenzfällen. Es waren also neue Grundsätze und physikalische Gesetze erforderlich. Das Aufkommen dieser neuen Gesetze schildert Einstein als das Ergebnis eines quälenden Prozesses: „Je länger und verzweifelter ich mich bemühte, desto mehr kam ich zu der Überzeugung, dass nur die Auffindung eines allgemeinen formalen Prinzipes uns zu gesicherten Ergebnissen führen könnte. Als Vorbild sah ich die Thermodynamik vor mir. Das allgemeine Prinzip war dort in dem Satze gegeben: die Naturgesetze sind so beschaffen, dass es unmöglich ist, ein perpetuum mobile (erster und zweiter Art) zu konstruieren. Wie aber ein solches allgemeines Prinzip finden? (*Autobiographisches*, S. 48 [S. 211–212]).

Das war eine sehr ehrgeizige Aufgabe für einen jungen, gerade 26-jährigen Mann, der nicht an einer Universität arbeitete, sondern in Vollzeit als Angestellter beim Schweizer Patentamt in Bern. Dementsprechend blieb ihm für seine wissenschaftlichen Unternehmungen im Wesentlichen nur seine „Freizeit". Das Jahr 1905 ging als Einsteins „wunderbares Jahr" in die Wissenschaftsgeschichte ein. Wunderbar erscheinen seine Errungenschaften vor allem auch dann, wenn man die Bedingungen berücksichtigt, unter denen Einstein das geleistet hat. Was führte ihn zu der Entdeckung eines solchen Prinzips, ausgerechnet zu einer Zeit, als die Größten der zeitgenössischen Physik, darunter Hendrik Antoon Lorentz und Henri Poincaré, nicht einmal erkannten, dass neue Prinzipien notwendig waren – obwohl sie doch genau das sahen, was auch Einstein sah, und obwohl sie sich mit denselben Problemen beschäftigten? Sie versuchten nach wie vor, die Probleme im Rahmen der klassischen Mechanik Galileis und Newtons sowie der klassischen Elektrodynamik von Maxwell und Lorentz zu bewältigen. Einstein gibt eine Teilantwort auf diese Frage und verfolgt den Ursprung seines erfolgreichen Ansatzes in die Zeit zurück, als er 16 Jahre alt war: „Ein solches Prinzip ergab sich nach zehn Jahren Nachdenkens aus einem Paradoxon, auf das ich schon mit sechzehn Jahren gestossen bin" (*Autobiographisches*, S. 48 [S. 212]). Damals hatte sich der junge Albert gefragt, wie eine Lichtwelle wohl für einen Beobachter aussehen würde, der sich mit Lichtgeschwindigkeit parallel zu dieser Welle bewegt. Er würde das Oszillieren des elektrischen und des magnetischen Feldes sehen, die zusammen die elektromagnetische Welle bilden, doch die Welle wäre räumlich stationär. Wie es schien, gab es ein solches Ding allerdings wohl nicht. Sein Gedankenexperiment warf zudem die Frage auf, welche Lichtgeschwindigkeit eigentlich ein Beobachter messen würde, der sich mit einer gegebenen Geschwindigkeit parallel zur beobachteten Lichtwelle bewegt, ihr also „nacheile" (*Autobiographisches*, S. 48 [S. 212]). Die Antwort hing vom zugrundeliegenden Modell des Äthers ab – jenes hypothetischen Mediums, welches die Lichtwellen tragen sollte. In einem ruhenden Äther, der nicht durch das bewegte System mitgeführt wird, müsste sich die Lichtgeschwindigkeit relativ zum Beobachter ohne Zweifel in Abhängigkeit von dessen Bewegungszustand ändern. Genau solche Änderungen hatte das Michelson-Morley-Experiment zu messen versucht, doch es wurden keine gefunden (siehe Kasten). Es ist nicht klar, ob Einstein von diesem Experiment wusste, als er 1905 an seiner Arbeit schrieb. In den *Notizen* klärt er dies nicht auf. Dort behauptet er, es sei ihm schon zu diesem frühen Zeitpunkt intuitiv klar gewesen, dass alles, einschließlich der Lichtgeschwindigkeit, für den sich bewegenden Beobachter genau so aussehen müsse, wie für einen relativ zur Erde ruhenden Beobachter.

In den *Notizen* erwähnt er das zwar nicht, doch wir wissen, dass noch ein weiteres Rätsel den jungen Einstein beschäftigte. Er fand es eigenartig, dass das Grundphänomen der Elektrodynamik – die Wechselwirkung elektrischer Ladungen in einem Leiter mit einem Magneten – durch zwei verschiedene Gesetze formuliert war. Das eine davon beschreibt den Fall eines sich bewegenden Leiters und eines ruhenden Magneten; das andere erfasst den Fall, dass sich der Magnet bewegt und der Leiter ruht. Das Ergebnis ist in beiden Fällen identisch. Die Unabhängigkeit der Wechselwirkung zwischen dem Magneten und dem Leiter vom Zustand des Beobachters wäre in der Mechanik eine direkte Konsequenz aus dem Relativitätsprinzip – vorausgesetzt, dieses Prinzip würde auch für die Elektrodynamik gelten. Doch diese Möglichkeit schien durch den hypothetischen Äther ausgeschlossen, auf dem die damalige Elektrodynamik beruhte und welcher das bevorzugte Bezugssystem bildete. Dieses elementare Argument erwähnt Einstein in den einleitenden Bemerkungen zu seiner Schrift „Zur Elektrodynamik bewegter Körper" als eine der Motivationen für die spezielle Relativitätstheorie.

Das Michelson-Morley-Experiment

Das Michelson-Morley-Experiment wurde 1887 von Albert A. Michelson und Edward W. Morley in Cleveland, Ohio, durchgeführt. Gemessen werden sollte die Differenz zwischen der Geschwindigkeit von Licht, das in Richtung der Erdrotation propagiert, und Licht, das sich senkrecht dazu fortpflanzt. Das Ergebnis fiel in dem Sinne negativ aus, dass keine Differenz nachgewiesen werden konnte. Dieses Ergebnis gilt allgemein als erster experimenteller Beleg dafür, dass der Äther als Medium der Ausbreitung des Lichts nicht existiert – und damit auch nicht als bevorzugtes Bezugssystem für die Messung der Lichtgeschwindigkeit. Einstein erwähnt das Michelson-Morley-Experiment in seiner ersten Schrift zur speziellen Relativitätstheorie nicht ausdrücklich, doch scheint er darauf anzuspielen, denn er schreibt in der Einleitung „… die mißlungenen Versuche, eine Bewegung der Erde relativ zum ‚Lichtmedium' zu konstatieren". Damit wäre dieses Experiment also einer der Gründe, die Einstein zu der „Vermutung" geführt haben, dass „… dem Begriffe der absoluten Ruhe nicht nur in der Mechanik, sondern auch in der Elektrodynamik keine Eigenschaften der Erscheinungen entsprechen." Aus einem Brief an Mileva Marić wissen wir, dass er um diese Zeit einen Übersichtsartikel von Wilhelm Wien zu zahlreichen Experimenten gelesen hatte, bei denen die Erdbewegung im Verhältnis zum Äther gemessen werden sollte.[3]

In den *Notizen* verrät uns Einstein nicht, welche Versuche er unternommen hatte, um die Rätsel zu lösen, die ihn schon so lange beschäftigt hatten.[4] 1905 erkannte er schließlich, dass die Zeit nicht einfach ein gegebenes Konzept ist. Vielmehr beruht dieses Konzept auf einem komplizierten Konstrukt, das von einer Messmethode mit synchronisierten Uhren abhängt. Dieser Schluss versetzte Einstein in die Lage, den absoluten Charakter der Zeit in Frage zu stellen, wie er der klassischen Physik zugrunde lag und auch seiner Lektüre der philosophischen Schriften von Ernst Mach und David Hume entsprach.

Einstein erkannte, dass ein neues Verständnis davon erforderlich war, was die Messung von Raum und Zeit eigentlich bedeutete. Insbesondere mussten Methoden zur Messung einer Entfernung im Raum und einer Zeitdauer zwischen zwei Ereignissen definiert werden, wobei zu beachten war, dass Messungen in Bezugssystemen, die sich relativ zueinander bewegen, miteinander in Zusammenhang gesetzt werden müssen. Dazu führte Einstein das Konzept der Maßstäbe und Uhren ein und stellte Fragen wie: Wie verhalten sich Maßstäbe und Uhren in Inertialsystemen, die sich relativ zueinander bewegen? Was bedeutet es, wenn man sagt, „dieses Ereignis findet gleichzeitig mit jenem statt", und wie überprüft man das?

Die Diskussion zur Bedeutung der Zeit in Einsteins Schrift „Zur Elektrodynamik bewegter Körper" beginnt mit einer detaillierten Analyse der Bedeutung der Aussage „der Zug kommt hier um 7 Uhr an". Eine naheliegende Interpretation dieser Aussage wäre es zu sagen, dass der kleine Zeiger der Uhr des Betrachters auf dem Bahnsteig genau im gleichen Moment auf die Ziffer 7 zeigt, in dem der Zug ankommt. Das definiert den Zeitpunkt eines Ereignisses durch die Zeit, die von einer am Ort des Ereignisses befindlichen Uhr gemessenen wird. Doch diese Definition ist nicht befriedigend, wenn es Zeitpunkte von Ereignissen zu vergleichen gilt, die an verschiedenen Orten stattfinden. Die Analyse eines solchen Vergleichs erfordert eine sorgfältige Untersuchung, was Zeit und Zeitmessung bedeuten. Dabei führt das Prinzip der Konstanz der Lichtgeschwindigkeit zu dem Schluss, dass der grundlegende Begriff der Gleichzeitigkeit relativ zum gewählten Bezugssystem sein muss. Wenn der Beobachter in einem Inertialsystem anhand einer klar definierten Methode entscheidet, dass zwei Ereignisse gleichzeitig stattfinden, dann sind diese beiden Ereignisse in einem anderen Bezugssystem, das sich relativ zum ersten mit einer konstanten Geschwindigkeit bewegt, nicht gleichzeitig. Eine neue Interpretation des Begriffs der Gleichzeitigkeit ist aufgrund der Endlichkeit der Lichtgeschwindigkeit erforderlich, durch die Beobachter die Informationen über Ereignissen erhalten, die sich an entfernten Orten ereignen.

Der relative Charakter der Zeit ist von grundlegender Bedeutung, um das Paradox aufzulösen, das sich aus dem Gedankenexperiment des 16-jährigen Einstein ergibt. In den *Notizen* wird dieses Paradox als Widerspruch zwischen zwei Grundannahmen formuliert: dem Prinzip der Konstanz der Lichtgeschwindigkeit und dem Prinzip der Relativität, demzufolge die Gesetze der Physik in allen Inertialsystemen gleichermaßen gelten. Jedes dieser Prinzipien gründet sich auf Erfahrung, doch in der newtonschen Physik schließen sie sich gegenseitig aus, da die Beziehung zwischen den räumlichen und den zeitlichen Koordinaten zur Beschreibung eines konkreten Ereignisses in zwei verschiedenen Inertialsystemen gegen das Prinzip der Konstanz der Lichtgeschwindigkeit verstößt.

Die grundlegende Einsicht, die Einstein zur speziellen Relativitätstheorie führte, war die Erkenntnis, dass diese beiden Annahmen doch kompatibel sind, wenn die Koordinaten zur Beschreibung eines bestimmten Ereignisses in unterschiedlichen Inertialsystemen anhand der sogenannten Lorentz-Transformation miteinander in Beziehung gesetzt werden. Ein Ereignis wird durch die drei Koordinaten x, y, z definiert, die seine räumliche Position bestimmen, und durch die Zeitkoordinate t. In einem anderen Inertialsystem lauten die Raum-Zeit-Koordinaten x', y', z' und t'. In der newtonschen Physik gilt $t = t'$. In der speziellen Relativitätstheorie ist t' eine Funktion von x, y, z und t. Die Lorentz-Transformation ist ein mathematischer Ausdruck für die Abhängigkeit der Koordinaten x', y', z', t' von den Koordinaten x, y, z, t. Lorentz hatte diese Transformation entwickelt um zu gewährleisten, dass die Maxwell-Gleichungen in allen Inertialsystemen übereinstimmen. Die elektrischen und magnetischen Felder sind in diesen Gleichungen Funktionen der räumlichen und zeitlichen Koordinaten. In verschiedenen Inertialsystemen nehmen sie unterschiedliche Werte an, doch sie sind über die Lorentz-Transformation so miteinander verbunden, dass die Invarianz der Gleichungen selbst gewährleistet wird.

In Lorentz' Theorie sorgte diese Transformation dafür, dass die Elektrodynamik bewegter Körper mit allen Messungen übereinstimmte, was zeigte, dass die Bewegung relativ zum Äther keine beobachtbaren Effekte hätte. Sie waren also ein reines Hilfsmittel. In Einsteins spezieller Relativitätstheorie hingegen hat die Lorentz-Transformation eine grundlegend andere Bedeutung. Sie wird zu einer Eigenschaft des vierdimensionalen Raum-Zeit-Kontinuums. Die Transformation definiert die zulässigen Naturgesetze als diejenigen, die unter dieser Transformation invariant bleiben. Nach diesem universalen Prinzip hatte Einstein zehn Jahre lang gesucht. Es ist vergleichbar zur prinzipiellen Nichtexistenz des *perpetuum mobile* in der Thermodynamik. Bei beiden handelt es sich um einschränkende Prinzipien für zulässige Gesetze und Prozesse der Natur.

Einstein widmet einen Absatz der Erörterung des Konzepts der vierdimensionalen Raumzeit, das der Mathematiker Hermann Minkowski eingeführt hatte. Minkowski war Professor für Mathematik an der Eidgenössischen Technischen Hochschule Zürich, als Einstein dort studierte, und Einstein besuchte mehrere seiner Kurse. 1908 zeigte Minkowski, dass Einsteins spezielle Relativitätstheorie geometrisch als Theorie einer vierdimensionalen Raumzeit aufgefasst werden konnte. In der klassischen Physik ist die Zeit absolut, und daher liegt kein Vorteil darin, „Ereignisse", die durch die vier Parameter x, y, z, t beschrieben sind, als Punkte in einer vierdimensionalen Raumzeit auszudrücken. Stattdessen haben wir in der klassischen Physik ein dreidimensionales Raumkontinuum und ein unabhängiges, eindimensionales Zeitkontinuum. Anders ist es in der speziellen Relativitätstheorie. Da die Zeit t' eines in einem anderen Inertialsystem beobachteten Ereignisses sowohl von seinen Zeit- als auch seinen Raumkoordinaten im ursprünglichen Bezugssystem abhängt, ist es zweckmäßig, dieses Zusammenspiel in einer einzigen, vierdimensionalen Raumzeit auszudrücken.

Minkowskis vierdimensionale Raumzeit ist mit einer „metrischen" Anweisung ausgestattet, die der Messung des Abstands zwischen zwei Ereignissen dient. Das Quadrat dieses Abstands ist einfach das Quadrat des zeitlichen Abstands zwischen zwei Ereignissen (multipliziert mit dem Quadrat der Lichtgeschwindigkeit) minus dem Quadrat ihres räumlichen Abstands. Das ist im Prinzip der Satz des Pythagoras für die Raumzeit. Dieser „Abstand" zwischen zwei Ereignissen ist unter der Lorentz-Transformation zwischen den Koordinaten verschiedener Inertialsysteme invariant.

Einstein brauchte einige Zeit, um Minkowskis geometrische Formulierung der speziellen Relativitätstheorie als interessanten und nützlichen Beitrag zu begreifen. Erst 1912 sollte er sich im Zuge seiner Suche nach einer relativistischen Gravitationstheorie von der grundlegenden Bedeutung dieses Ansatzes überzeugen lassen. Minkowskis Formulierung der Theorie sollte dann zum Rahmen ihrer Weiterentwicklung werden und führte Einstein schließlich zur allgemeinen Relativitätstheorie. Im ersten Absatz des bahnbrechenden Artikels „Die Grundlage der allgemeinen Relativitätstheorie" vom März 1916 schreibt Einstein: „Die Verallgemeinerung der Relativitätstheorie wurde sehr erleichtert durch die Gestalt, welche der speziellen Relativitätstheorie durch Minkowski gegeben wurde, welcher Mathematiker zuerst die formale Gleichwertigkeit der räumlichen Koordinaten und der Zeitkoordinate klar erkannte und für den Aufbau der Theorie nutzbar machte."[5]

Zum Abschluss seiner Erörterung der speziellen Relativitätstheorie geht Einstein in seinen *Notizen* noch auf die Erkenntnisse ein, die diese Theorie zur Physik beisteuerte. Er argumentiert, dass die Aussage „Es gibt keine Gleichzeitigkeit distanter Ereignisse" impliziere, dass die Fernwirkungen zwischen Punkten als kontinuierliche Raumfunktionen (Felder) aufzufassen seien, und schlussfolgert: „Der materielle Punkt dürfte deshalb als Grundbegriff der Theorie nicht mehr in Betracht kommen" (*Autobiographisches*, S. 56 [S. 214]). Das ist eine tiefgreifende und weitreichende Konsequenz, auf die wir im Zusammenhang mit Einsteins Arbeit an der Vereinheitlichung der Feldtheorie zurückkommen werden. In *Autobiographisches* erwähnt Einstein nur kurz und beiläufig das vielleicht bekannteste Ergebnis der speziellen Relativitätstheorie, die Äquivalenz von Masse und Energie, die durch die berühmte Gleichung $E = mc^2$ ausgedrückt wird. Dies überwindet die Auffassung von Masse als einem unabhängigen Konzept (*Autobiographisches*, S. 56 [S. 215]).

In den *Notizen* wird deutlich, dass die Entstehung der speziellen Relativitätstheorie ihren ganz speziellen Charakter hatte. Sie ging nicht – wie die anderen Themen aus Einsteins „wunderbarem Jahr" – daraus hervor, dass sich Einstein der Herausforderung eines ungelösten Problems der zeitgenössischen Physik widmete. Die Entstehung der speziellen Relativitätstheorie war anders. Sie reicht weit zurück, bis zu den frühesten wissenschaftlichen Ideen des jugendlichen Einsteins, die dessen Weg in die Physik seither als Leitmotiv begleiteten. Sein Ringen mit den Begriffen von Raum und Zeit war für Einstein ein Drama, das einer ureigenen zeitlichen Entwicklung folgte. Es begann im Alter von 16 Jahren und war noch lange nicht abgeschlossen, als er mit 36 Jahren schließlich die allgemeine Relativitätstheorie vollendete.

Anmerkungen

1 CPAE Bd. 2, Doc. 23. Nachgedruckt und erörtert in John Stachel, Hrsg., *Einstein's Miraculous Year*.

2 Siehe zum Beispiel Renn und Rynasiewicz, „Einstein's Copernican Revolution" und John Norton, „Einstein's Special Theory of Relativity and the Problems of Electrodynamics That Led Him to It", beide in Janssen und Lehner, Hrsg., *The Cambridge Companion to Einstein*, S. 38–71 und S. 72–102.

3 Einstein an Marić, 28. September 1899, in Renn und Schulmann, Hrsg., *Albert Einstein – Mileva Marić: The Love Letters*, S. 15.

4 Siehe zu diesem Punkt zum Beispiel Renn und Rynasiewicz, „Einstein's Copernican Revolution".

5 Albert Einstein, „Die Grundlage der allgemeinen Relativitätstheorie", *Annalen der Physik* 49 (1916): S. 769–822; Nachdruck in CPAE Bd. 6, Doc. 30.

11 Die allgemeine Relativitätstheorie
„Warum brauchte es weitere sieben Jahre?"

[D]ie Fall-Beschleunigung eines Systems in einem gegebenen Schwerefelde ist von der Natur des fallenden Systems ... unabhängig. Es zeigte sich nun, dass im Rahmen des skizzierten Programmes diesem elementaren Sachverhalte überhaupt nicht oder jedenfalls nicht in natürlicher Weise Genüge geleistet werden konnte. Dies gab mir die Überzeugung, dass im Rahmen der speziellen Relativitätstheorie kein Platz sei für eine befriedigende Theorie der Gravitation.
— Einstein, *Autobiographisches*, S. 60 [S. 216]

Abb. 22: „Warum brauchte es weitere sieben Jahre?"

Die erste Herausforderung nach der Vorlage der speziellen Relativitätstheorie bestand darin, nun auch die Gravitation, also die Anziehungskraft zwischen zwei Massen, in den Rahmen der neuen Theorie zu integrieren. Das erwies sich als schwierige Aufgabe, denn Newtons Gravitationsgesetz nimmt eine instantane Wirkung der Kraft unabhängig von der Entfernung an. Dieses Gesetz war in seiner klassischen Form nicht mit der speziellen Relativitätstheorie vereinbar, denn diese geht von dem Grundsatz aus, dass eine Wechselwirkung zwischen zwei Objekten nicht schneller als mit Lichtgeschwindigkeit propagieren kann. Das war aber nicht die einzige Schwierigkeit.

Das Gravitationsfeld hat eine besondere Eigenschaft. Anders als bei elektrischen oder magnetischen Feldern bewegen sich Körper jeder Größe und unabhängig von ihrer materiellen Beschaffenheit im Gravitationsfeld mit derselben Beschleunigung, egal ob sie aus dem Ruhezustand oder einer gleichförmigen Bewegung heraus beschleunigt werden. Dies ist einer der Grundsätze der klassischen Physik, aufgestellt von Galilei im Zuge seiner lebenslangen Untersuchungen zu fallenden Körpern und

https://doi.org/10.1515/9783110744811-016

der Legende nach experimentell bewiesen durch seinen Versuch, bei dem er Objekte vom schiefen Turm zu Pisa fallen ließ. Dieses Gesetz impliziert, dass die *träge Masse* eines Körpers immer genau gleich seiner *schweren Masse* ist, auch wenn die beiden Massen begrifflich zu unterscheiden sind. Die träge Masse bestimmt die Beschleunigung eines Körpers durch eine gegebene Kraft, während die schwere Masse die Kraft bestimmt, die ein gegebenes Gravitationsfeld auf einen Körper ausübt. Die Äquivalenz dieser beiden Eigenschaften eines massiven Körpers war in der Mechanik bekannt und ihre Gültigkeit war zu Einsteins Zeiten mit hoher Genauigkeit empirisch nachgewiesen worden. Doch die Bedeutung dieses Gesetzes hatte noch niemand untersucht. Einstein war der Einzige, der darin ein Grundprinzip erkannte und er machte daraus einen Grundstein seiner allgemeinen Relativitätstheorie.

Aus der Äquivalenz von träger Masse und schwerer Masse eines Körpers leitete Einstein sein berühmtes „Äquivalenzprinzip" ab. Ein in einem Kasten eingeschlossener Beobachter im Weltraum, fern von irgendwelchen Himmelskörpern, spürt kein Gravitationsfeld in seiner Umgebung. Angenommen, der Kasten bewegt sich mit konstanter Beschleunigung „aufwärts". Die Person in dem Kasten ist dann nicht in der Lage zu beurteilen, ob die von ihr beobachteten Wirkungen in dem Kasten von einer gleichmäßigen Beschleunigung des Kastens oder von einem Gravitationsfeld verursacht werden, dessen Anziehungskraft in entgegengesetzter Richtung wirkt. Ebenso ergeht es dem Reisenden in einem Zug, der einen Ruck nach hinten spürt, wenn der Zug plötzlich beschleunigt: Er kann genauso gut annehmen, der Zug stehe still und es habe plötzlich ein Gravitationsfeld auf den Zug eingewirkt. Später in seinem Leben nannte Einstein diese Einsicht den „glücklichsten Gedanken" seines Lebens.[1]

Es bot sich hier ein naheliegender Weg an, die klassische Gravitationstheorie mit den Prinzipien der speziellen Relativitätstheorie in Einklang zu bringen, und in diese Richtung gingen Einsteins Gedanken anfangs denn auch. Doch das Problem an dieser offensichtlichen Verallgemeinerung bestand darin, dass die daraus resultierende Gravitationstheorie gegen Galileis Prinzip verstieß, demzufolge die Fallbeschleunigung aller Körper dieselbe sei. Die Beziehung zwischen träger Masse und Energie in der speziellen Relativitätstheorie, ausgedrückt durch die Formel $E = mc^2$, muss implizieren, dass die schwere Masse eines physikalischen Systems in einer relativistischen Gravitationstheorie ebenfalls von der Energie abhängen sollte, und zwar in einer genau bekannten Art und Weise, um Galileis Prinzip aufrechtzuerhalten. Zeitgenössische Wissenschaftler wie etwa Max Abraham und Gustav Mie waren durchaus bereit, Galileis Prinzip aufzugeben, um eine relativistische Gravitationstheorie im Sinne der speziellen Relativitätstheorie zu entwickeln. Für Einstein hingegen war dieses ein Grundprinzip der Physik, und wenn eine Theorie damit nicht auf natürliche Art und Weise in Einklang zu bringen war, sollte man sie besser aufgeben.

Das offensichtliche Programm, eine neue Gravitationstheorie im Rahmen der speziellen Relativitätstheorie zu entwickeln, führte Einstein schließlich zu dem Schluss, den wir dem vorliegenden Kapitel als Epigraph vorangestellt haben. Demnach war eine neue Gravitationstheorie erforderlich, doch es war unklar, wie eine solche Theorie auszusehen hätte, welche heuristischen Annahmen man machen könnte und welche speziellen Kriterien sie erfüllen müsste.

Aufgrund des Scheiterns seiner Versuche, Newtons gut begründetes Gravitationsgesetz in den Rahmen der speziellen Relativitätstheorie zu integrieren, stellte Einstein deren Konzept von Raum und Zeit in Frage. Dies führte ihn zur Fortsetzung der Revolution durch die allgemeine Relativitätstheorie von 1915. Das *allgemeine* Prinzip der Relativität könnte man vereinfacht so formulieren: Alle Bezugssysteme sind für die Beschreibung der Naturgesetze äquivalent, unabhängig von ihrem Bewegungszustand. Eine solche Verallgemeinerung erschien Einstein als intellektuelle Notwendigkeit. In seinem beliebten Buch *Über die spezielle und die allgemeine Relativitätstheorie* schreibt er: „Nachdem sich die Einführung des speziellen Relativitätsprinzips bewährt hat, muß es jedem nach Verallgemeinerung strebenden Geiste verlockend erscheinen, den Schritt zum allgemeinen Relativitätsprinzip zu wagen."[2]

Nach dem Äquivalenzprinzip sind alle physikalischen Prozesse in einem homogenen Gravitationsfeld äquivalent zu den Prozessen in einem gleichmäßig beschleunigten Bezugssystem ohne Gravitationsfeld. Das impliziert, dass die Gesetze der Physik in beiden Systemen dieselben sein müssen. Daher ist die Lorentz-Transformation, welche die Invarianz der physikalischen Gesetze über alle Inertialsysteme hinweg gewährleistet, zu eng gefasst. Einstein schloss daraus, dass die Invarianz auch für allgemeinere Transformationen postuliert werden müsse. Die räumlichen und zeitlichen Koordinaten x', y', z', t' eines Ereignisses in einem Bezugssystem können nun nichtlineare Funktionen der Koordinaten x, y, z, t in einem anderen Bezugssystem sein.

Einstein erinnert sich daran, dass ihm dieser Zusammenhang eigentlich schon 1908 bewusst war, und stellt die Frage, warum dann bis zur Fertigstellung der allgemeinen Relativitätstheorie im November 1915 noch weitere sieben Jahre vergehen mussten. Tatsächlich hatte er die Schlussfolgerungen aus dem vorangegangenen Absatz bereits 1907 in einem Übersichtsartikel zur speziellen Relativitätstheorie vorgestellt. Dort entwarf Einstein erstmals die Idee einer relativistischen Theorie der Gravitation auf der Grundlage des Äquivalenzprinzips. In diesem Artikel zeigte er zudem, dass dieses Prinzip die Krümmung des Lichts durch die Gravitation impliziert, ebenso wie die Tatsache, dass Uhren in Abhängigkeit von dem an ihrer Position wirkenden Gravitationsfeld unterschiedlich schnell gehen. Vier Jahre später formulierte er diese Implikationen des Äquivalenzprinzips in seiner Zeit als Professor für theoretische Physik in Prag noch umfassender.

Hier sei nebenbei angemerkt, dass in den *Notizen* keinerlei geografische Angaben zu Städten wie Prag, Zürich, Berlin oder Princeton enthalten sind. Banesh Hoffmann, der mit Einstein in Princeton zusammengearbeitet hatte, und Einsteins hingebungsvolle Sekretärin, Helen Dukas, heben in ihrer Erörterung der *Notizen* hervor: „... seine Aufzeichnungen sind völlig ungeographisch, denn wo immer er war, begleiteten ihn seine Gedanken, und daher hatte der Ort keine Bedeutung. Deswegen hängt aber der Bericht nicht im leeren Raum, handelt er doch von dem einzigartigen, weltbewegenden Abenteuer, das sich in der Abgeschlossenheit seines Geistes abspielte."[3]

Autobiographisches mag nicht geografisch sein, der Übergang von der speziellen zur allgemeinen Relativitätstheorie hingegen war ein eng mit bestimmten Orten verbundener Prozess. In unserem Buch *The Road to Relativity*[4] erzählen wir die acht Jahre nach der erstmaligen Formulierung des Äquivalenzprinzips in Bern als eine Geschichte dreier Städte: Prag, Zürich und Berlin. Jede dieser Städte steuerte ihr ureigenes, gesellschaftliches und politisches Umfeld bei, und jede steht zudem für eine neue Phase in Einsteins Familienleben. Gerald Holton, ein Pionier der historisch-philosophischen Einsteinforschung, gab auf die selbstgestellte Frage, ob Einstein seine allgemeine Relativitätstheorie anderswo als in Berlin hätte entwickeln können, die kategorische Antwort: „Kein anderer Mensch als Einstein hätte die allgemeine Relativitätstheorie entwickeln können, und in keiner anderen Stadt als Berlin."[5]

Einstein erkannte bald, dass die Äquivalenz aller Bezugssysteme eine nichteuklidische, also eine gekrümmte Raumzeit erfordert. Wir können uns zwar eine gekrümmte Fläche visuell vorstellen, nicht jedoch eine gekrümmte, vierdimensionale Raumzeit. Tatsächlich war Einstein auf die nichteuklidische Geometrie bereits in seiner Studienzeit gestoßen, und zwar in Form der gaußschen Theorie gekrümmter Oberflächen, die Carl Friedrich Gauß 1828 formuliert hatte. Rund 25 Jahre später hatte der Mathematiker Bernhard Riemann diese Theorie auf beliebige Dimensionen erweitert. Wie sich herausstellen sollte, waren diese anspruchsvollen Methoden von entscheidender Bedeutung für die neue Gravitationstheorie, doch die meisten Physiker – Einstein eingeschlossen – waren damit nicht vertraut. Deshalb bat Einstein 1912 einen Freund aus der Studienzeit, den Mathematiker Marcel Grossmann, ihm bei der Mathematik zu helfen. Im gewohnten, euklidischen Raum ist der Abstand zwischen zwei Punkten durch deren Koordinaten bestimmt. In der speziellen Relativitätstheorie ist der Abstand zwischen zwei Ereignissen durch die räumlichen und zeitlichen Koordinaten der beiden Ereignisse bestimmt. Das ist für eine gekrümmte Raumzeit jedoch nicht mehr der Fall.

Der Abstand zwischen zwei Punkten hängt von der Struktur der Raumzeit in ihrer Nachbarschaft ab, nicht mehr nur von ihren Koordinaten. In der gekrümmten, vierdimensionalen Raumzeit braucht man zehn Zahlen, um den Abstand zwischen einem Punkt und einem benachbarten Punkt zu berechnen. Es ist praktisch, diese Zahlenwerte in einer 4×4-Matrix g_{ik} anzuordnen, wobei der erste Index ($i = 1, 2, 3, 4$) für die Zeile und der zweite ($k = 1, 2, 3, 4$) für die Spalte dieser Matrix steht. Diese Matrix ist der „Metriktensor", der die geometrischen Eigenschaften der Raumzeit in einem gewählten Koordinatensystem widerspiegelt (*Autobiographisches*, S. 66,

Gleichung 2 [S. 218]). Ihre Komponenten sind im Allgemeinen Funktionen der Position in der Raumzeit. Der Metriktensor hat 16 Komponenten, von denen jedoch wegen der Symmetrie zwischen den Nichtdiagonalelementen ($g_{12} = g_{21}$) nur zehn unabhängig sind. Einstein bemerkte bald, dass diese zehn Funktionen zugleich Komponenten des Gravitationspotentials sind. In der allgemeinen Relativitätstheorie werden also die Struktur der Raumzeit und das Gravitationsfeld durch dieselbe mathematische Entität ausgedrückt.

Da die Koordinaten in der allgemeinen Relativitätstheorie nicht den Abstand zwischen zwei Ereignissen bestimmen, verlieren sie ihre physikalische Bedeutung. In den *Notizen* erwähnt Einstein die Schwierigkeit, sich von dieser Auffassung der Koordinaten zu befreien, als den Hauptgrund dafür, dass der Weg zur allgemeinen Relativität so lange dauerte. Das ist jedoch keine genaue Darstellung dessen, was wirklich passiert ist. Die Äquivalenz zweier verschiedener Koordinatensysteme bedeutet, dass die Gesetze der Physik bei allen kontinuierlichen Koordinatentransformationen invariant sein müssen. Das ist das „Prinzip der allgemeinen Kovarianz" und Einstein war auf der Suche nach allgemein kovarianten Feldgleichungen. Tatsächlich hatte er gegen Ende 1912 bereits eine im Wesentlichen korrekte Formulierung der Theorie ausgearbeitet, die er schließlich im November 1915 veröffentlichte. Er interpretierte jedoch das Ergebnis falsch und gab den Ansatz auf. Stattdessen veröffentlichte er gemeinsam mit Grossmann eine Theorie, die diesen grundlegenden Anspruch nicht erfüllte. Sie war nicht „allgemein kovariant". Drei Jahre lang schlug Einstein ein Argument nach dem anderen vor, um sich selbst und die Wissenschaftlergemeinschaft davon zu überzeugen, dass dies der bestmögliche Weg sei.

In den *Notizen* wird dieser turbulente Prozess mit keinem Wort erwähnt. Es hat den Anschein, dass Einstein bei seiner Erörterung des Übergangs von der speziellen zur allgemeinen Relativitätstheorie vor allem das Ziel verfolgt, die Verständnisgrundlage für die Suche nach einer einheitlichen Feldtheorie zu schaffen (siehe Kapitel 13) und darauf hinzuweisen, dass er seine allgemeine Relativitätstheorie immer als unvollständig angesehen hat.

Einstein ging davon aus, dass die Verallgemeinerung der Natur des physikalischen Raums im feldfreien Fall der speziellen Relativitätstheorie zwei Schritte umfasst:

(a) reines Gravitationsfeld
(b) allgemeines Feld (in welchem auch Grössen auftreten, die irgendwie dem elektromagnetischen Felde entsprechen) (*Autobiographisches*, S. 68 [S. 218]).

Dieser Feststellung folgt eine überraschende Einschätzung: „Es erschien mir damals aussichtslos, den Versuch zu wagen, das Gesamtfeld (b) darzustellen und für dieses Feldgesetze zu ermitteln. Ich zog es deshalb vor, einen vorläufigen formalen Rahmen für eine Darstellung der ganzen physikalischen Realität hinzustellen; ..." (*Autobiographisches*, S. 68 [S. 219]).

Hatte er wirklich bereits 1915 den zweiten Schritt im Sinn? Erachtete er damals wirklich seine Errungenschaft als Vorbereitung für die spätere Berücksichtigung des elektromagnetischen Feldes? In der Korrespondenz mit seinen Kollegen, mit denen er im Anschluss an seine abschließende Formulierung der allgemeinen Relativitätstheorie seine Freude und Zufriedenheit teilte, gibt es darauf keinen Hinweis. Ein paar Jahre später jedoch bringt er dies deutlich zum Ausdruck, beispielsweise auch in seiner Nobelpreis-Rede (siehe Kapitel 13).

Die triumphale Errungenschaft von Einsteins Anstrengungen im Jahr 1915 war die Gravitationsfeldgleichung (sie wird in den *Notizen* auf Seite 70 vorgestellt). Auf der linken Seite dieser Gleichung steht das Gravitationsfeld, wie es durch die geometrische Struktur der Raumzeit vorgegeben ist, und auf der rechten Seite stehen Energie- und Impulsdichte als Quelle des Gravitationsfeldes. Einstein behauptet hierzu, der provisorische Charakter der rechten Seite der Gleichung sei ihm bewusst gewesen: „Natürlich war ich keinen Augenblick darüber im Zweifel, dass diese Fassung nur ein Notbehelf war, um dem allgemeinen Relativitätsprinzip einen vorläufigen geschlossenen Ausdruck zu geben. Es war ja nicht wesentlich *mehr* als eine Theorie des Gravitationsfeldes, das einigermassen künstlich von einem Gesamtfelde noch unbekannter Struktur isoliert wurde" (*Autobiographisches*, S. 70 [S. 219]).

Jahre später, im Jahr 1936, beschrieb Einstein diese Gleichung folgendermaßen: „Diese Theorie ... gleicht aber einem Gebäude, dessen einer Flügel aus vorzüglichem Marmor (linke Seite der Gleichung), dessen anderer Flügel aus minderwertigem Holze gebaut ist (rechte Seite der Gleichung). Die phänomenologische Darstellung der Materie ist nämlich nur ein roher Ersatz für eine Darstellung, welche allen bekannten Eigenschaften der Materie gerecht würde."[6]

In Einsteins bahnbrechender Schrift „Die Grundlage der allgemeinen Relativitätstheorie", in der diese Feldgleichung erstmals hergeleitet wird, gibt es keine solche explizite Bemerkung. Einsteins Schilderung seiner Reise zur allgemeinen Relativitätstheorie in *Autobiographisches* ist also klar von dem Interesse geprägt, das ihn in diesem Moment leitet. Wir können sogar behaupten, diese Bemerkungen über die Beschaffenheit der Theorie und ihrer Grundelemente sind zu diesem Zeitpunkt keine Erinnerungen: Sie sind Teil seiner tagtäglichen Bemühungen zur Entwicklung einer einheitlichen Feldtheorie.

Anmerkungen

1 „Der glücklichste Gedanke meines Lebens" CPAE Bd. 7, Doc. 31, S. 245–281, hier S. 265.
2 Albert Einstein, *Über die spezielle und die allgemeine Relativitätstheorie* (Berlin/Heidelberg: Springer, 2009), S. 40–41.
3 Banesh Hoffmann und Helen Dukas, *Albert Einstein: Schöpfer und Rebell* (Dietikon-Zürich: Belser Verlag, 1972), S. 22.

4 Gutfreund und Renn, *The Road to Relativity*.
5 Gerald Holton, „Who Was Einstein? Why Is He Still So Alive?", in *Einstein for the 21st Century: His Legacy in Science, Art, and Modern Culture*, Hrsg. Peter L. Galison, Gerald Holton und Silvan S. Schweber (Princeton, NJ: Princeton University Press, 2008), S. 4.
6 Einstein, „Physik und Realität", S. 335.

12 Quantenmechanik

„Diese Theorie bietet keinen brauchbaren Ausgangspunkt für die künftige Entwicklung"

> Bevor ich auf die Frage der Vollendung der allgemeinen Relativitätstheorie eingehe, muss ich Stellung nehmen zu der erfolgreichsten physikalischen Theorie unserer Zeit, der statistischen Quantentheorie, die vor etwa fünfundzwanzig Jahren eine konsistente logische Form angenommen hat... .
> — Einstein, *Autobiographisches*, S. 76 [S. 221]

Nachdem er seinen Weg zur allgemeinen Relativitätstheorie und ihre grundlegenden Eigenschaften erörtert hat, behandelt Einstein die Grundlagen für eine Erweiterung dieser Theorie zu einer Theorie des „Gesamtfeldes", also der einheitlichen Feldtheorie (*Autobiographisches*, S. 76 [S. 221]). Doch dann unterbricht er diese Darlegung und erklärt, er wolle nun seine Ansicht „zu der erfolgreichsten physikalischen Theorie unserer Zeit, der statistischen Quantentheorie" mitteilen (*Autobiographisches*, S. 76 [S. 221]). Er spricht von der Quantentheorie durchgehend als einer statistischen Theorie, um zu unterstreichen, dass es bei ihr um Wahrscheinlichkeiten geht. Von hier an ist der Text vollständig in der Gegenwartsform gehalten: Es geht nicht mehr um das, was der Autor früher einmal dachte, wie man das von einem umfassenden autobiografischen Text erwarten würde, sondern um das, was er jetzt denkt. Dementsprechend werden seine Debatten mit Niels Bohr in den 1920er Jahren nicht erwähnt. Die Gemeinschaft der theoretischen Physiker stand in der Zeit, als Einstein sein *Autobiographisches* schrieb, vor der großen Herausforderung, wie

Abb. 23: „... keinen brauchbaren Ausgangspunkt für die künftige Entwicklung."

https://doi.org/10.1515/9783110744811-017

man die Quantentheorie und die Relativitätstheorie in einer einzigen Theorie der physikalischen Realität zusammenführen könne. Alle Versuche, dieses Ziel zu erreichen, waren erfolglos geblieben und es blieb bei der Frage, wie das theoretische Fundament der Physik der Zukunft aussehen werde: „Ist es eine Feldtheorie; ist es eine im Wesentlichen statistische Theorie?" (*Autobiographisches*, S. 76 [S. 222]).

Für die meisten Physiker war die Quantentheorie eine endgültige Theorie – und daher ein Grundstein jeder zukünftigen, umfassenden Theorie der physikalischen Welt. Einstein vertrat einen diametral entgegengesetzten Standpunkt: „Meine Meinung ist die, dass die gegenwärtige Quantentheorie bei gewissen festgelegten Grundbegriffen, die im Wesentlichen der klassischen Mechanik entnommen sind, eine optimale Formulierung der Zusammenhänge darstellt. Ich glaube aber, dass diese Theorie keinen brauchbaren Ausgangspunkt für die künftige Entwicklung bietet" (*Autobiographisches*, S. 82 [S. 223]). Er glaubte, dass die zukünftige Theorie, basierend auf der Erweiterung der Feldtheorie der allgemeinen Relativität, den zweiten Schritt seiner Verallgemeinerung der speziellen Relativitätstheorie leisten und als solche die statistische Theorie der Quantenmechanik als abschließende Theorie der Materie ersetzen würde. Deshalb unterbricht er hier seine Erläuterung und erklärt in seinem Exkurs zur Quantenmechanik, warum er sie im Gegensatz zur allgemeinen Relativitätstheorie nicht als Zwischenschritt zur endgültigen Theorie erachtet, sondern vielmehr als Sackgasse. Wir kommen auf diesen Punkt im nächsten Kapitel zurück.

In seinem Essay „Physik und Realität" (1936) hebt Einstein den Erfolg der Quantenmechanik hervor und unterstreicht damit, wie groß die Herausforderung ist, sie durch eine andere Theorie zu ersetzen. „Es dürfte überhaupt wohl kaum jemals eine Theorie aufgestellt worden sein, welche einen Schlüssel zur Deutung und Berechnung so verschiedenartiger Erfahrungsthatsachen geliefert hat wie die Quantenmechanik. Trotzdem glaube ich, dass sie dazu angetan ist, uns beim Suchen nach einem einheitlichen Fundament der Physik in die Irre zu führen; sie ist nämlich nach meiner Ansicht eine unvollständige Darstellung der wirklichen Gebilde ... Der Unvollständigkeit der Darstellung entspricht aber notwendig der statistische Charakter (Unvollständigkeit) der Gesetzlichkeit."[1] In den *Notizen* erläutert Einstein detailliert seine Gründe für diese Ansicht.[2]

In Schrödingers Formulierung der Quantenmechanik ist der Zustand eines Systems (etwa eines Teilchens) durch eine „Wellenfunktion" Ψ charakterisiert, also einer Funktion von Parametern wie dem Ort (q) und dem Impuls (p) eines Teilchens und der Zeit. Nach einer von Max Born formulierten Regel kann die Funktion Ψ als Vorhersage der Wahrscheinlichkeit interpretiert werden, einen bestimmten Wert der Variable q (oder p) zu einer gegebenen Zeit zu finden. Diese Wahrscheinlichkeit lässt sich auch empirisch bestimmen, indem man denselben Zustand sehr oft erzeugt und den Mittelwert der Ergebnisse vieler Messungen des betreffenden Parameters bildet. Betrachten wir zwei mögliche Interpretationen für das Ergebnis einer einzelnen Messung, etwa von q. Eine Möglichkeit ist die, dass der gemessene Wert der Wert des Parameters vor der Messung ist. In diesem Fall liefert die Funktion Ψ keine vollständige Beschreibung des Systems, denn sie sagt uns nur das, was wir aus vielen Messungen wissen. Die andere Möglichkeit ist die, dass der gemessene Wert, den uns die Ψ-Funktion impliziert, durch die Messung selbst zustande kommt. In diesem Fall beschreibt die Funktion Ψ das System vollständig.

Der Unterschied zwischen diesen beiden Möglichkeiten stand im Mittelpunkt der großen Debatte zwischen Einstein und Niels Bohr in den 1920er Jahren, insbesondere auf der Solvay-Konferenz von 1927.[3] Die zweite Möglichkeit ist die Grundlage der Kopenhagener Deutung der Quantenmechanik.[4] Einstein akzeptierte die Idee nicht, dass es keine objektive Realität gibt, die von der Beobachtung unabhängig ist. Er wollte die kausale Natur der klassischen Mechanik und der Feldtheorien des Elektromagnetismus und Gravitation nicht aufgeben, und er wollte den Wahrscheinlichkeitscharakter der Quantentheorie nicht als der Weisheit letzten Schluss akzeptieren. Er brachte ein Argument nach dem anderen vor und entwarf immer neue Gedankenexperimente, um die Gültigkeit und Konsistenz der Theorie in Frage zu stellen. Bohr focht jedes seiner Argumente an, doch Einstein ließ sich nicht überzeugen. In einer späteren Phase behauptete er nicht mehr, die Theorie sei falsch, sondern argumentierte nun, sie sei unvollständig und werde in der Zukunft durch eine umfassende kausale Theorie ersetzt werden. Die Essenz dieses Arguments wird im – heute berühmten – Einstein-Podolsky-Rosen-Aufsatz von 1935 dargestellt.[5] Man spricht gerne auch vom „EPR-Paradoxon". Die Autoren argumentierten, dass die zweite Bedeutung der Ψ-Funktion (wie oben definiert) zu einem Paradoxon führt, und dass die Ψ-Funktion deshalb keine vollständige Beschreibung der physikalischen Realität leisten könne.

Die Argumentation in den *Notizen* basiert auf diesem „Paradox", ohne es ausdrücklich beim Namen zu nennen. Beschrieben wird ein System, das in zwei Teilsysteme separiert wurde, die so weit voneinander entfernt sind, dass sie einander nicht beeinflussen können. Eine solche Beeinflussung würde nämlich implizieren, dass sie schneller als die Lichtgeschwindigkeit erfolgen würde, und das wäre ein Verstoß gegen einen Grundsatz der Relativität. Das gesamte System wird durch eine Ψ-Funktion beschrieben und eine Messung in einem der Teilsysteme bestimmt eindeutig das Ergebnis des zweiten Teilsystems. Einstein schlussfolgert, dass die Parameter des zweiten Teilsystems in Wirklichkeit vor der Messung präzise definiert sind, denn es ist unmöglich, dass die Messung des ersten Teilsystems das andere Teilsystem beeinflussen könnte, es sei denn, man gehe von einer „spukhaften Fernwirkung" aus.[6] Einstein zieht daraus den Schluss, dass die Ψ-Funktion keine vollständige Beschreibung der physikalischen Realität sein kann, denn in Abhängigkeit vom Messergebnis in einem der Systeme würden verschiedene Ψ-Funktionen denselben Zustand der Realität des anderen System beschreiben.

Einstein beendet die Darstellung seiner Stellungnahme „zu der erfolgreichsten physikalischen Theorie unserer Zeit" mit dem Urteil: „Der statistische Charakter der gegenwärtigen Theorie wird dann eine notwendige Folge der Unvollständigkeit der

Beschreibung der Systeme in der Quantenmechanik sein, und es bestände kein Grund mehr für die Annahme, dass eine zukünftige Basis der Physik auf Statistik gegründet sein müsse" (*Autobiographisches*, S. 80 [S. 223]). In seinen „Bemerkungen zu den in diesem Bande vereinigten Arbeiten" äußert Einstein die Überzeugung, dass die zukünftige Physik am Ende diesen Weg nehmen werde: „Die statistische Quantentheorie würde – im Falle des Gelingens solcher Bemühungen – im Rahmen der zukünftigen Physik eine einigermaßen analoge Stellung einnehmen wie die statistische Mechanik im Rahmen der klassischen Mechanik. Ich hin ziemlich fest davon überzeugt, daß von solcher Art die Entwicklung der theoretischen Physik sein wird; aber der Weg wird langwierig und beschwerlich sein."[7] Auch wenn der Begriff nicht explizit vorkommt, wurde diese Aussage als klarer Beleg dafür angeführt, dass Einstein von der Idee der „verborgenen Variablen" überzeugt war.[8] Die Debatte um das Einstein-Podolsky-Rosen-Paradoxon führte zur Ausformulierung und einem umfassenderen Verständnis eines der grundlegenden Phänomene der Quantenmechanik – der Quantenverschränkung. Die weitere Untersuchung dieses scheinbaren Paradoxons trug schließlich sogar dazu bei, das neue Paradigma der Quanteninformatik hervorzubringen. Diese wiederum legt die Grundlagen für so vielversprechende Technologien wie den Quantencomputer, die Quantenkommunikation und die Quantenkryptographie.

Anmerkungen

1 Einstein, „Physik und Realität", S. 339.
2 Zu Einsteins Ansichten zur Quantenmechanik siehe auch Christoph Lehner, „Einstein's Realism and His Critique of Quantum Mechanics", in Janssen und Lehner, Hrsg., *The Cambridge Companion to Einstein*, S. 306–353.
3 Guido Bacciagaluppi und Antony Valentini, *Quantum Theory at the Crossroads: Reconsidering the 1927 Solvay Conference* (Cambridge: Cambridge University Press, 2009).
4 Siehe Mara Beller, *Quantum Dialogue: The Making of a Revolution* (Chicago: University of Chicago Press, 1999).
5 Albert Einstein, Boris Podolsky und Nathan Rosen, „Can Quantum-Mechanical Description of Physical Reality Be Considered Complete?", *Physical Review* 47 (10), (1935): 777–780.
6 Einstein an Max Born, 3. März 1947, in Einstein und Born, *Briefwechsel 1916–1955*, S. 210.
7 Einstein, „Bemerkungen zu den in Diesem Bande Vereinigten Arbeiten", S. 498.
8 John S. Bell, *Speakable and Unspeakable in Quantum Mechanics* (Cambridge: Cambridge University Press, 1987), S. 89.

13 Die einheitliche Feldtheorie

Die Suche nach der „Feldgleichung des Gesamtfeldes"

> Deshalb wäre es am schönsten, wenn es gelänge, die Gruppe abermals zu erweitern in Analogie zu dem Schritte, der von der speziellen Relativität zur allgemeinen Relativität geführt hat.
> — Einstein, *Autobiographisches*, S. 84 [S. 224]

Vor der Vollendung der allgemeinen Relativitätstheorie hatte sich bereits der Mathematiker David Hilbert an der Herausforderung versucht, Gravitationsfelder und elektromagnetische Felder in einem einheitlichen theoretischen Rahmen zusammenzuführen. Er versuchte, Einsteins Gravitationstheorie mit der von Gustav Mie vorgelegten, nichtlinearen Theorie des Elektromagnetismus (siehe untenstehenden Kasten) zu verbinden. Zu diesem Zeitpunkt hielt Einstein diesen Versuch für naiv. Andererseits hatte Einstein selbst schon in seiner ersten umfassenden, 1916 veröffentlichten Zusammenfassung der allgemeinen Relativitätstheorie auf die Herausforderung hingewiesen, Elektromagnetismus und Gravitation in einem gemeinsamen theoretischen Rahmen zusammenzuführen. Er ließ dabei offen, ob diese Zusammenführung eine neue Theorie der Materie hervorbringen würde, wie sie zeitgenössische Wissenschaftler wie Gustav Mie allein auf der Grundlage der Elektrodynamik zu entwickeln versucht hatten: „Insbesondere kann die Frage offen bleiben, ob die Theorie des elektromagnetischen Feldes und des Gravitationsfeldes zusammen eine hinreichende Basis für die Theorie der Materie liefern oder nicht. Das allgemeine Relativitätspostulat kann uns hierüber im Prinzip nichts lehren. Es muß sich bei dem Ausbau der Theorie zeigen, ob Elektromagnetik und Gravitationslehre zusammen leisten können, was ersterer allein nicht gelingen will."[1]

Abb. 24: Die losen Enden verknüpfen.

https://doi.org/10.1515/9783110744811-018

Gustav Mies Theorie der Materie

Der deutsche Physiker Gustav Mie (1869–1957) legte 1912 eine Theorie der Materie vor, die sich im Rahmen der speziellen Relativitätstheorie auf eine nichtlineare Erweiterung von Maxwells Elektrodynamik gründete. Er hoffte, die zu jener Zeit bekannten Elementarteilchen – Elektronen und Protonen – als Eigenschaft eines universellen elektromagnetischen Feldes zu erklären und dabei die konzeptuelle Dualität von Feld und Materie zu überwinden. Seine Idee bestand darin, nach einer nichtlinearen Formulierung der Maxwell-Gleichungen zu suchen, die Lösungen mit einer sehr hohen Feldstärke um einen bestimmten Punkt im Raum herum ergibt. Mit einer geeigneten Bewegungsgleichung könnte ein solcher Raumbereich als Teilchen interpretiert werden. Mie versuchte zudem, die Gravitation in seine elektrodynamische Theorie zu integrieren. Dahinter stand der Anspruch, eine vereinheitlichte Theorie der Physik zu entwickeln.

Kurz nach der Veröffentlichung von Einsteins allgemeiner Relativitätstheorie bestand in der Physikergemeinde allgemeines Interesse an der Vereinheitlichung von Gravitation und Elektromagnetismus. Die Pioniere dieses Bestrebens waren Hermann Weyl, Theodor Kaluza und Arthur Eddington. Zunächst beschränkte sich Einsteins Mitwirkung an diesen Bemühungen darauf, auf die Arbeit anderer zu reagieren, sei es über Korrespondenzen oder durch Kommentare, die er vor allem in den *Sitzungsberichten der Preußischen Akademie der Wissenschaften* veröffentlichte. Umfassende eigene Vorschläge zu diesem Thema unterbreitete er erst ab 1925, und er fuhr damit bis an sein Lebensende fort, als sich die meisten der früheren Mitstreiter längst anderen Themen zugewendet hatten, insbesondere der Quantenmechanik.

Einsteins Gravitationstheorie kam ihm selbst und anderen einseitig und unvollständig vor. Ihr schien die Ergänzung einer einheitlichen Theorie zu fehlen, die das elektromagnetische Feld auf dieselbe Grundlage stellt. In seiner Nobelpreisrede vor der Nordischen Naturforscher-Versammlung in Göteborg im Juli 1923 (Einstein war bei der Nobelpreisverleihung 1922 nicht anwesend) definierte Einstein dieses Ziel: „Der nach Einheitlichkeit der Theorie strebende Geist kann sich nicht damit zufrieden geben, dass zwei ihrem Wesen nach voneinander ganz unabhängige Felder existieren sollen. Man sucht nach einer mathematisch einheitlichen Feldtheorie, in welcher das Gravitationsfeld bzw. das elektromagnetische Feld nur als verschiedene Komponenten bzw. Erscheinungsformen des gleichen einheitlichen Feldes aufgefasst sind, wobei die Feldgleichungen womöglich nicht mehr aus logisch voneinander unabhängigen Summanden bestehen."[2]

Wir hatten bereits auf die dualistische Eigenschaft der Maxwell-Lorentz-Theorie des Elektromagnetismus hingewiesen, in der Felder und materielle Teilchen koexistieren. In diesem Sinne war auch die Gravitationstheorie eine dualistische Theorie. In beiden Theorien sind Ladungen und Teilchen mit Masse die Quellen des Feldes. Die Bewegung dieser Teilchen und Ladungen wurde in beiden Theorien – so schien es jedenfalls – durch Bewegungsgleichungen beschrieben, zusätzlich zu und unabhängig von den Feldgleichungen. Letzteres wurde dann jedoch einer tiefgreifenden Prüfung unterzogen, als klar wurde, dass ein grundlegender Unterschied darin besteht, ob eine Theorie auf linearen oder nichtlinearen Feldgleichungen beruht. Maxwells Feldgleichungen sind Beziehungen zwischen den räumlichen und zeitlichen Änderungen der Felder (den partiellen Ableitungen der Felder) und nicht zwischen deren Quadraten oder höheren Potenzen. In einer solchen linearen Feldtheorie wird die Bewegung materieller Teilchen durch Bewegungsgleichungen bestimmt, die nicht von den Feldgleichungen impliziert werden. In der nichtlinearen, allgemeinen Relativitätstheorie Einsteins dagegen lassen sich die Bewegungsgleichungen von Teilchen in einem Gravitationsfeld aus den Feldgleichungen selbst ableiten. Erstmals wurden solche Feldgleichungen 1927 von Einstein und Jakob Grommer abgeleitet, 1938 dann von Einstein, Leopold Infeld und Banesh Hoffmann (bekannt als EIH-Gleichungen).[3] In den *Notizen* werden diese Arbeiten zwar nicht ausdrücklich erwähnt, die Bedeutung dieser Schlussfolgerung wird jedoch hervorgehoben: „Es hat sich aber nachträglich herausgestellt, dass das Bewegungsgesetz nicht unabhängig angenommen werden muss (und darf), sondern dass es in dem Gesetz des Gravitationsfeldes implicite enthalten ist" (S. 74 [S. 223]). Diese Erkenntnis könnte ein Wendepunkt in Einsteins Denken in Bezug auf sein Vorhaben der Vereinheitlichung gewesen sein. Wir kommen darauf noch zurück.

Das Ziel der Vereinheitlichung ging also mit einer doppelten Herausforderung einher: mit der Zusammenführung von Gravitation und Elektromagnetismus in einem einzigen Feld – dargestellt durch die Geometrie der Raumzeit –, und in diesem Feld mussten die Materie und ihre Bewegung zudem aus den Feldgleichungen selbst ableitbar sein. Von einem solchen vereinheitlichten System wurde erwartet, dass es auch für die Grundeigenschaften der Materie gelten müsse, konkret für die Eigenschaften der beiden damals schon bekannten Teilchen – Elektron und Proton. Eine solche Theorie würde die mikroskopisch beobachteten Eigenschaften der Elementarteilchen erklären, aus denen sich das Atom zusammensetzt, und zugleich würde sie auch für die makroskopischen Phänomene gelten, die das Universum bilden. Diese Ziele also verfolgte Einstein und, vor allem in den früheren Jahren, auch eine Reihe seiner zeitgenössischen Kollegen.

1925 veröffentlichte Einstein seinen ersten originären Versuch, Gravitationsfelder und elektromagnetische Felder zusammenzuführen. Dabei ging er von einem asymmetrischen Metriktensor aus. Einstein scheiterte jedoch bei seinem Versuch, aus diesem Programm eine physikalisch fundierte Theorie zu entwickeln. Er gab den Ansatz auf und versuchte dann 20 Jahre lang, das Ziel der Vereinheitlichung auf anderen Wegen zu erreichen. Er glaubte, letztendlich habe ihn seine Strategie, nach möglichst einfachen mathematischen Formeln zu suchen, zur erfolgreichen Formulierung der allgemeinen Relativitätstheorie geführt. Ausgehend von dieser Sichtweise versuchte er sich fortwährend an neuen mathematischen Ansätzen und verwarf sie rasch wieder, wenn sie nicht die erwarteten Ergebnisse lieferten.[4]

Um 1945 kehrte Einstein zu jenem Ansatz zurück, den er 20 Jahre zuvor ausprobiert hatte. Erneut legte er einen antisymmetrischen Metriktensor zugrunde, in welchem alle 16 Elemente unabhängige Funktionen der Raumzeit-Koordinaten sind. Zehn davon, oder vielmehr zehn Kombinationen aus ihnen, würden so wie in der allgemeinen Relativitätstheorie das Gravitationsfeld repräsentieren. Von den anderen sechs erwartete er, dass sie den Elektromagnetismus repräsentieren, charakterisiert durch die sechs Komponenten der elektrischen und magnetischen Vektorfelder. Einstein verfolgte diesen Ansatz während der letzten zehn Jahre seines Lebens.

Seine ersten Versuche schickte Einstein mit den folgenden Zeilen an seinen langjährigen Kollegen Erwin Schrödinger: „Ich sende Ihnen die zwei Arbeiten. … Ich sende sie keinem anderen, weil Sie der einzige mir bekannte Mensch sind, der bezüglich der Fundamental-Fragen in unserer Wissenschaft keine Scheuklappen trägt. Der Versuch beruht auf einer Idee, die zunächst altertümlich und äusserlich erscheint: einen nicht symmetrischen Tensor g_{ik} als physikalisch allein relevante Feldgrössen einzuführen."[5]

Schrödinger antwortete mit zwei ausführlichen Briefen, in denen er Fragen aufwarf und kritische Anmerkungen zu Einsteins Theorie vorbrachte. Einstein war sehr dankbar für Schrödingers Interesse an seiner Arbeit und fühlte sich ermutigt: „Ich bin sehr begeistert, dass Du so eingehend auf mein neues Steckenpferd eingegangen bist und das in so erstaunlich kurzer Zeit. Es ist wirklich zu bewundern. Wenn ich nun ein wirklich anständiger Mensch wäre, würde ich Dir einfach danken und Dir im übrigen Deine Ruhe lassen. Ich bringe das aber nicht fertig, sondern *muss* irgendwie auf deine Bemerkungen antworten."[6] Aus diesen Bemerkungen und Antworten erwuchs zwischen den beiden Kollegen in den folgenden Monaten eine intensive Korrespondenz mit mehr als einem Dutzend Briefen.

Mit den Schwierigkeiten seines Unternehmens kämpfend und frustriert vom Ausbleiben greifbarer Fortschritte schrieb Einstein an Schrödinger: „Wie gut ich Deine zögernde Haltung verstehe! Ich muss Dir gleich beichten, dass ich innerlich nicht so sicher bin, wie ich es vorgegeben habe. … Wir haben mit dieser Sache viel Zeit vergeudet, und das Resultat sieht aus wie ein Geschenk des Teufels Grossmutter."[7] Wir zitieren diesen Briefwechsel, weil er genau in die Zeit von Einsteins Niederschrift der *Notizen* fällt.

Wir wollen nun noch zwei weitere Punkte erläutern, die Einsteins Denken in dieser Zeit geleitet haben und die er ebenfalls in *Autobiographisches* erwähnt. Sie betreffen die Invarianz der physikalischen Gesetze bei Transformationen von einem Bezugssystem in ein anderes und die Darstellung materieller Punkte in den Lösungen der Feldgleichungen.

Die Lorentz-Transformation zwischen zwei Inertialsystemen bestimmt im Wesentlichen die Struktur der Maxwell-Gleichungen. Alle Transformationen bilden eine mathematische Entität, die „Gruppe" genannt wird. (Die hauptsächliche – aber nicht einzige – Eigenschaft, die daraus eine Gruppe macht, ist die, dass eine Lorentz-Transformation, gefolgt von einer weiteren, wiederum eine Lorentz-Transformation ist.) Der Übergang zur allgemeinen Relativität erforderte eine erweiterte Gruppe von

Koordinatentransformationen. Einstein glaubte, dies, zusammen mit dem symmetrischen Metriktensor, würde die Gravitationsfeldgleichungen weitgehend definieren. Hieraus schloss Einstein, dass es schön wäre, wenn man die Gruppe der Transformationen nochmals erweitern könnte. Doch alle seine dahingehenden Versuche blieben erfolglos, und er kam zu dem Schluss, dass der zufriedenstellendste Ansatz darin bestehe, sich auf die kontinuierlichen Koordinatentransformationen zu beschränken, so wie in der allgemeinen Relativitätstheorie, und von einem nicht-symmetrischen Metriktensor auszugehen.

Der zweite in *Autobiographisches* erörterte Punkt ist das Problem der Singularitäten in den Lösungen der Feldgleichungen. Um sie dreht sich das oben erwähnte EIH-Argument. Ein einzelnes, ruhendes Teilchen wird diesem Argument zufolge von einem Gravitationsfeld repräsentiert, das überall endlich und regulär ist, ausgenommen an dem Ort des Teilchens. Einstein, Infeld und Hoffmann benutzten diese besondere Rolle der Singularitäten wie zuvor bereits Einstein und Grommer, um aus den Feldgleichungen die Bewegungsgleichungen abzuleiten, indem sie forderten, dass das Gravitationsfeld der Bewegung zweier materieller Teilchen ebenfalls nirgends singulär sein dürfe, außer an deren Positionen. Wie sich herausstellt, sind dies „gerade jene Bewegungen, die in erster Näherung durch die newtonschen Gesetze beschrieben werden" (*Autobiographisches*, S. 74 [S. 221]). Einstein sah diese Forderung, Singularitäten außerhalb der Positionen der Teilchen zu eliminieren, als Indiz dafür, dass eine befriedigendere Theorie Singularitäten generell vermeiden müsse. Er spekulierte, dass die Lösungen der Feldgleichungen des Gesamtfeldes Teilchen auf andere Art beschreiben sollten als durch singuläre Punkte und dass diese Lösungen gänzlich frei von Singularitäten sein sollten. Abschließend bemerkt er zu diesem Punkt: „Würde man die Feldgleichung des Gesamtfeldes haben, so müsste man verlangen, dass die Teilchen selbst als *überall* singularitätsfreie Lösungen der vollständigen Feldgleichungen sich darstellen lassen. Dann erst wäre die allgemeine Relativitätstheorie eine *vollständige* Theorie" (*Autobiographisches*, S. 76 [S. 221]). Die Tatsache, dass das Singularitätsargument – ursprünglich von Einstein und Grommer entwickelt und heute allgemein als EIH-Argument bekannt– zu dieser Schlussfolgerung führt, macht es zu jenem Wendepunkt, den wir weiter oben angesprochen hatten.

Um die Zeit der Niederschrift von *Autobiographisches* legte Einstein eine Zusammenfassung seines nicht-symmetrischen Feldansatzes zur Vereinheitlichung der Theorie vor. Sie ist in seiner Veröffentlichung „Generalized Theory of Gravitation" als Anhang 2 enthalten, den er 1950 bereits der dritten Ausgabe seiner Schrift *The Meaning of Relativity* bei Princeton University Press (PUP) hinzugefügt hatte. (Im Deutschen ist das Buch als *Grundzüge der Relativitätstheorie* oder in späteren Ausgaben schlicht als *Grundzüge* bekannt.) Später weitete er seine Darstellung deutlich aus und veröffentlichte sie, ebenfalls als Anhang 2 und unter demselben Titel, in der 1951 bei Methuen erschienenen Ausgabe des Buches. Eine veränderte Fassung dieses Anhangs wurde 1953 der vierten PUP-Ausgabe unter dem Titel „Generalization of Gravitation Theory" hinzugefügt. Auch für die fünfte PUP-Ausgabe, die nach seinem Tod 1956 veröffentlicht wurde, schrieb Einstein diesen Anhang nochmals in bedeutendem Umfang um. (Bis auf eine Ausgabe von 1956 fehlen diese Anhänge in den deutschen Ausgaben des Buchs, und auch dort findet sich nur die englische Fassung.) Über die veröffentlichten Fassungen hinaus blieb eine Reihe unveröffentlichter Seiten mit Änderungen an Teilen der veröffentlichten Fassungen erhalten. Die verschiedenen Fassungen dieses Anhangs geben Aufschluss darüber, mit welcher Beharrlichkeit er sich der Herausforderung stellte, eine einheitliche mathematische Formulierung für die gesamte physikalische Realität zu finden. Sie enthalten neben komplizierten mathematischen Herleitungen zahlreiche Absätze mit erkenntnistheoretischen Anmerkungen zum Zweck und zur Bedeutung seines Ansatzes. Das nicht-symmetrische Feld erschien ihm in dieser Phase seines Lebens als der natürlichste Ansatz zum Erreichen dieses Ziels.

Nachfolgend zitieren wir einen Absatz aus diesem Anhang, der deutlich zeigt, dass Einstein seine akribischen Bemühungen zur Formulierung einer umfassenden und einheitlichen Feldtheorie in der Hoffnung unternommen hatte, dass sie eine Alternative zur zeitgenössischen, probabilistischen Interpretation der Quantenmechanik sein könnte, die für ihn eine unakzeptable Beschreibung der physikalischen Realität darstellte:

> Ich muss jedoch erklären, warum es mir solche Mühe bereitete, zu diesem Ergebnis zu gelangen. Der zeitgenössische Physiker kann ohne solch eine Erklärung dieses Ergebnis kaum wertschätzen; denn er ist, resultierend aus dem Erfolg der probabilistischen Quantenmechanik, davon überzeugt, dass man in einer physikalischen Theorie jedes Streben nach einer vollständigen Beschreibung realer Situationen aufgeben müsse. Ich möchte hier nicht erläutern, warum ich diese Überzeugung nicht teile. ... Es gibt noch eine weitere Überzeugung, dass man die Konzepte der Felder und der Teilchen als Elemente der physikalischen Beschreibung Seite an Seite bestehen lassen könne. ... Das Feldkonzept jedoch scheint unausweichlich, denn es wäre unmöglich, die allgemeine Relativitätstheorie ohne dieses zu formulieren. ... Daher sehe ich in der aktuellen Situation keinen anderen Ausweg als eine reine Feldtheorie, die dann wohl aber vor der gigantischen Aufgabe steht, den atomischen Charakter der Energie herzuleiten.[8]

In den *Notizen* stellt Einstein die Grundideen eines nicht-symmetrischen Feldansatzes vor und verwendet dazu anspruchsvolle mathematische Begriffe und Konstrukte. Wir werden nicht versuchen, diese Seiten zu interpretieren, sondern beschränken uns darauf, die Beweggründe und Ziele dieses Ansatzes zu kommentieren.

Einsteins Warnung „Jede Erinnerung ist gefärbt durch das jetzige So-Sein, also durch einen trügerischen Blickpunkt" (*Autobiographisches*, S. 2 [S. 195]) trifft auf diesen Teil von *Autobiographisches* nicht zu. Es handelt sich nicht um autobiografische Erinnerungen, sondern vielmehr um eine Schilderung seiner zu dieser Zeit aktuellen Bemühungen. Während der Monate, in denen Einstein seine *Notizen* niederschrieb, war er bereits in seinen nicht-symmetrischen Ansatz zu den Feldgleichungen vertieft, wie wir anhand seiner Korrespondenz mit Schrödinger gezeigt haben. Auch mit seinem Assistenten Ernst Gabor Straus arbeitete er zu dieser Zeit an diesem und ähnlichen Themen. Ein Arbeitspapier mit Einsteins Handschrift, das uns Straus hat zukommen lassen (siehe Bild unten), zeigt oben auf der Seite genau dieselbe Gleichung, die er in seiner Darstellung des Themas in *Autobiographisches* verwendet hat (*Autobiographisches*, S. 86, Gleichung A [S. 225]).[9]

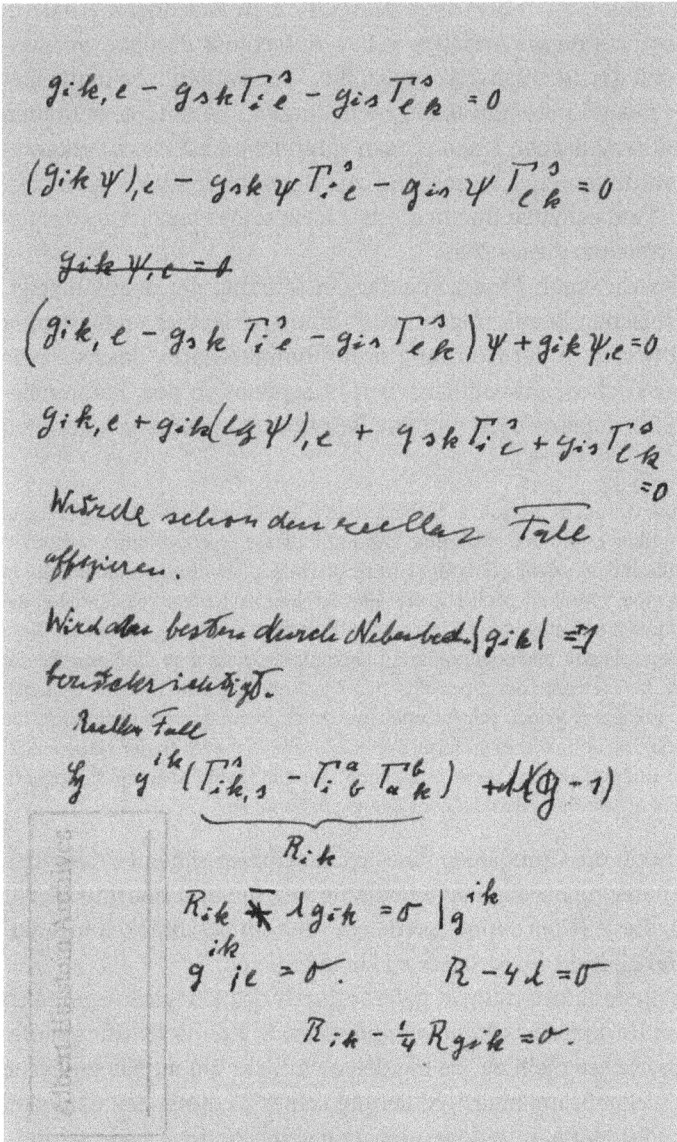

Abb. 25: Eines von Einsteins „Arbeitspapieren" aus dem Besitz von Straus. Die Gleichung der ersten Zeile ist identisch mit Gleichung (A) in *Autobiographisches*. © Hebrew University of Jerusalem.

Einstein schrieb ergänzende Bemerkungen zu der Diskussion um seinen Ansatz für nicht-symmetrische Feldgleichungen, die er in eine zweite Ausgabe von *Einstein als Philosoph und Naturforscher* aufzunehmen gedachte. Diese unveröffentlichten Kommentare bestehen aus zwei Teilen.[10] Der erste Teil ist dem mathematischen Formalismus gewidmet. Einstein weist darauf hin, dass die Feldgleichungen in diesem Ansatz nicht so ausschließlich durch grundlegende theoretische Anforderungen bestimmt sind, wie das beim symmetrischen Feld der Fall war, bei dem es allein um die Gravitation ging. Er ist nicht davon überzeugt, dass die in den *Notizen* vorgestellte Wahl die natürlichste sei. Nach einer kurzen Erörterung der mathematischen Konsequenzen dieser Wahl der Gleichungen und der damit einhergehenden Schwierigkeiten wendet sich Einstein abrupt erkenntnistheoretischen Bemerkungen zu den grundlegenden Konzepten zu, die einer umfassenden Beschreibung der Welt zugrunde liegen (siehe Kasten). Anlass für diese Kommentare, in denen es um die Freiheit begrifflicher Konstrukte geht, dürfte Einsteins Einsicht gewesen sein, dass sein Vorschlag für eine Erweiterung seiner Gravitationstheorie weniger durch seine Grundannahmen eingeschränkt war, als er ursprünglich angenommen hatte. Man könnte diese Bemerkungen auch als Ergänzung zu seiner Erörterung des Denkprozesses in den *Notizen* verstehen (*Autobiographisches*, S. 6–10 [S. 196–198]).

Unveröffentlichte Zusatzbemerkungen zu Autobiographisches

Alles Begriffliche ist konstruktiv und nicht auf logischem Wege aus dem unmittelbaren Erlebnis ableitbar. Also sind wir im Prinzip auch voellig frei in der Wahl derjenigen Grundbegriffe, auf die wir unsere Darstellung der Welt gruenden. Alles kommt nur darauf an, inwieweit unsere Konstruktion geeignet ist, Ordnung in das anscheinende Chaos der Erlebniswelt hineinzubringen.

Die Naturwissenschaft ist durch eine lange Entwicklung dazu gebracht worden zu versuchen, alles auf raum-zeitliche Grundbegriffe zu reduzieren, welche aus dem Begriff des koerperlichen Objekts hervorgegangen sind. In diesem Sinn ist sie „materialistisch" ihrem Wesen nach. Aus der psychologischen Sphaere stammende Begriffe, wie Wille, Person etc. schliesst sie als Grundbegriffe aus, nachdem sie [Anm.: die Naturwissenschaft] in langem Ringen sich davon ueberzeugt hat, dass die Kombination von Grundbegriffen bei der Begriffssphaere nicht fruchtbar ist.

Sie suchen im Gegensatz hierzu alles auf Grundbegriffe zu reduzieren, die der psychologischen Sphaere entstammen (Animismus). Mir scheint es, dass alle derartigen Begriffssysteme fuer die Erfassung der Zusammenhaenge der „aeusseren" Erlebnisse nichts leisten, und zwar nicht etwa nur vom vulgaer utilitaristischen Gesichtspunkt aus betrachtet.

So verschieden auch unsere Bestrebungen sein moegen, so haben sie doch <u>einen</u> Grundsatz gemein: die Setzung einer „realen Welt" welche sozusagen die „Welt" abloest vom denkenden und wahrnehmenden Subjekt. Die extremen Positivisten glauben, dass sie auch darauf verzichten koennen; dies scheint mir aber eine Illusion, wenn sie nicht gewillt sind, auf das Denken überhaupt zu verzichten.[11]

Einstein schließt die Exposition seines Programms einer nicht-symmetrischen Feldtheorie mit folgender Erwartung ab: „Ich glaube, dass diese Gleichungen die natürlichste

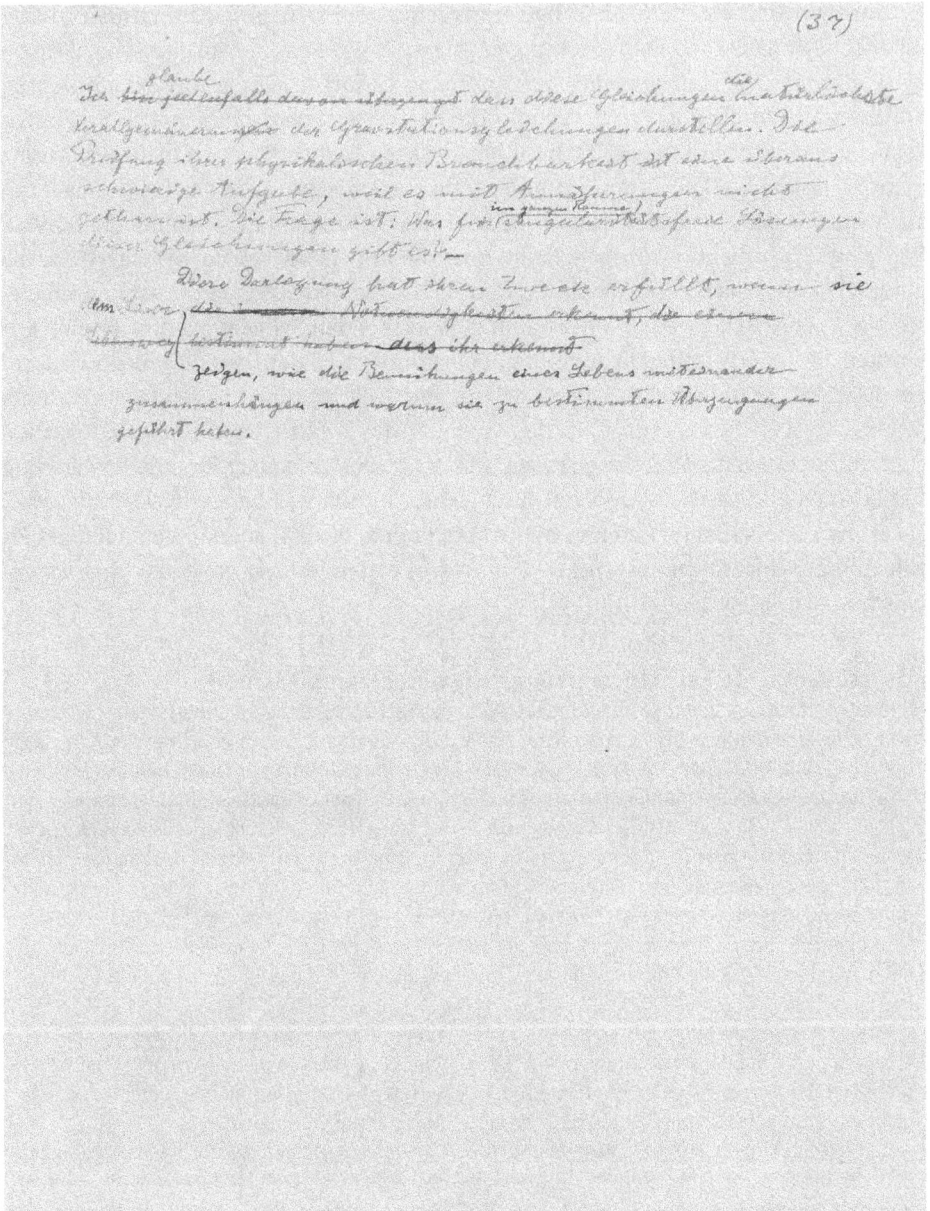

Abb. 26: Die letzte Seite der handgeschriebenen Fassung von Einsteins Schrift *Autobiographisches*. Abweichungen von der veröffentlichten Fassung sind im Text gekennzeichnet. The Morgan Library & Museum, New York.

Verallgemeinerung der Gravitationsgleichungen darstellen" (*Autobiographisches*, S. 88 [S. 126]). Im Manuskript hatte er sogar geschrieben: „Ich bin jedenfalls davon überzeugt, dass ... ", strich das aber durch und schrieb stattdessen „Ich glaube, dass ..." (Abb. 26). Die zu diesem Satz hinzugefügte Fußnote – sie ist nicht im Manuskript und muss beim Korrekturlesen hinzugefügt worden sein – kann diese Änderung des Ausdrucks erklären: „Die hier vorgeschlagene Theorie hat nach meiner Ansicht ziemliche Wahrscheinlichkeit der Bewährung, wenn sich der Weg einer erschöpfenden Darstellung der physischen Realität auf der Grundlage des Kontinuums überhaupt als gangbar erweisen wird" (*Autobiographisches*, S. 88 [S. 226]). Im Gegensatz zu den meisten zeitgenössischen Physikern gab Einstein bis zum Ende seines Lebens die Hoffnung nicht auf, dass dies tatsächlich möglich sei.

Der letzte Satz der *Notizen* ist eine eindrucksvolle Zusammenfassung der gesamten Bemühungen und ihres Ziels: „Diese Darlegung hat ihren Zweck erfüllt, wenn sie dem Leser zeigen [sic], wie die Bemühungen eines Lebens miteinander zusammenhängen und warum sie zu Erwartungen bestimmter Art geführt habe" (*Autobiographisches*, S. 88 [S. 226]). Er hat gerade seine Erwartung über die ultimative Natur einer vollständigen physikalischen Theorie skizziert, und nun macht er deutlich, dass die Bemühungen seines ganzen Lebens ihn zu dieser Erwartung geführt haben. Man kann dies als Echo seiner Formulierung über den Zweck seiner Bemühungen lesen, die er ganz an den Anfang gestellt hatte: „... ich glaube selber dass es gut ist, den Mitstrebenden zu zeigen, wie einem das eigene Streben und Suchen im Rückblick erscheint" (*Autobiographisches*, S. 2 [S. 195]).

Auf den 45 Seiten der *Notizen*, die nicht in Kapitel oder Abschnitte unterteilt sind, präsentiert Einstein sein geistiges Leben als Ablauf und Folge von Ideen und Anstrengungen, die sich gegenseitig stützen und auseinander hervorgehen. Alle sind sie in ein durchgehendes erkenntnistheoretisches Credo und ein kohärentes wissenschaftliches Weltbild eingebettet. Die einheitliche Feldtheorie würde den Schlussstein seines wissenschaftlichen Weltbildes bilden, den Inbegriff seiner lebenslangen Bemühungen schlechthin. Deshalb hing für Einstein die Kohärenz beider – seines Weltbildes und seiner lebenslangen Anstrengungen – vom Erfolg dieser Bemühungen ab. Das macht er in einem Brief an seinen lebenslangen Freund Maurice Solovine deutlich: „Sie stellen es sich so vor, dass ich mit stiller Befriedigung auf ein Lebenswerk zurueckschaue. Aber es ist ganz anders von der Naehe gesehen. Da ist kein einziger Begriff, von dem ich ueberzeugt waere, dass es standhalten wird, und ich fuehle mich unsicher, ob ich ueberhaupt auf dem rechten Wege bin. Die Zeitgenossen aber sehen in mir zugleich einen Ketzer und Reaktionaer, der sich selber sozusagen ueberlebt hat."[12]

Anmerkungen

1 Einstein, „Die Grundlage der allgemeinen Relativitätstheorie", CPAE Bd. 6, Doc. 30, S. 283–339, hier S. 325–326.

2 Einstein, „Grundgedanken und Probleme der Relativitätstheorie", CPAE Bd. 14, Doc. 75, S. 123.

3 Albert Einstein und Jakob Grommer, „Allgemeine Relativitätstheorie und Bewegungsgesetz", *Sitzungsber. phys-math. Kl.* 1 (1927): 235–245; Albert Einstein, Leopold Infeld und Banesh Hoffmann, „The Gravitational Equations and the Problem of Motion", *Annals of Mathematics* 39 (1938): 65–100. Zur historischen Debatte siehe Dennis Lehmkuhl, „General Relativity as a Hybrid Theory: The Genesis of Einstein's Work on the Problem of Motion", *Studies in History and Philosophy of Science Part B: Studies in History and Philosophy of Modern Physics*, 67 (2019): 176–190.

4 Eine detaillierte Untersuchung verschiedener Ansätze, die Einstein im Hinblick auf dieses Ziel ausprobiert hat, bietet Tilman Sauer, „Einstein's Unified Field Theory Program", in Janssen und Lehner, Hrsg., *The Cambridge Companion to Einstein*, S. 281–305. Siehe auch Jeroen van Dongen, *Einstein's Unification* (Cambridge: Cambridge University Press, 2010).

5 Einstein an Schrödinger, 22. Januar 1946, AEA 22–093.

6 Einstein an Schrödinger, 22. Februar 1946, AEA 22–098.

7 Einstein an Schrödinger, 20. Mai 1946, AEA 22–106.

8 Zitiert und erörtert in Gutfreund und Renn, *The Formative Years of Relativity*, S. 137.

9 Wir danken Tilman Sauer für seinen Hinweis auf diese Quelle.

10 Einstein, unveröffentlichte Zusatzbemerkungen zu *Autobiographisches*, AEA 2–024.

11 Der erkenntnistheoretische Teil der Zusatzbemerkungen zu *Autobiographisches* (unveröffentlicht), AEA 2–024, S. 90–92.

12 Einstein an Solovine, 28. März 1949, AEA 21–260.

Teil III: **Einstein und seine Kritiker**

1 Die Physiker und Philosophen, die am Buch beteiligt waren

In seinen einleitenden Bemerkungen zu *Einstein als Philosoph und Naturforscher* versichert Herausgeber Paul Arthur Schilpp, dass schon allein Einsteins autobiografische *Notizen* den Band rechtfertigen. Er war überzeugt, der Welt wäre die einmalige intellektuelle Biografie dieses glänzenden Wissenschaftlers entgangen, wenn nicht die besondere Art der *Library of Living Philosophers* Einstein dazu bewogen hätte, seinen „Nekrolog" beizusteuern, wie er seine Autobiografie selber bezeichnet. Im Einklang mit der Struktur der bereits erschienenen Bände der Reihe umfasst auch Einsteins Band beschreibende und kritische Essays von 25 verschiedenen Autoren.

Der erste dieser Essays stammt von Arnold Sommerfeld und wurde nicht eigens für diese Veröffentlichung verfasst. Er wurde an anderer Stelle als Hommage für Einstein zu dessen 70. Geburtstag veröffentlicht und im LLP-Band nachgedruckt. Schilpp wollte das Buch am 14. März 1949 herausgeben, Einsteins Geburtstag, doch zu seinem Bedauern kam es bei der Veröffentlichung zu einer leichten Verzögerung.

Jahre später erinnerte sich Schilpp in einer Beschreibung der Anfangsjahre der LLP, dass es Einstein mehr als alle anderen Philosophen der Reihe vehement ablehnte, in irgendeiner Weise in die Auswahl der Autoren einzugreifen, die für den Band Beiträge schreiben würden. Er bestand darauf, dass es gegen das Ziel der Reihe verstoßen würde, sollte der in dem betreffenden Band behandelte Philosoph an der Auswahl der Artikel beteiligt werden: nämlich, eine freie Debatte zwischen einem Philosophen und seinen Kritikern sowie Schülern anzustoßen.[1]

Unter den Essay-Beiträgen hebt Schilpp besonders die Bedeutung von Niels Bohrs Erinnerungen an seine Gespräche und Debatten mit Einstein hervor, die sich um die erkenntnistheoretischen Aspekte der Physik drehten. Dies war ebenfalls ein Beitrag, der nur dank der besonderen Konzeption der Reihe zustande kam. Schilpp bedauerte, ja er empfand es geradezu als tragisch, dass Max Planck bereits zu schwer erkrankt war, um einen Essay beisteuern zu können. Ebenso bedauerte er, dass Hermann Weyl – einer der aktivsten Mathematiker und Physiker in den Jahren, in denen die allgemeine Relativitätstheorie entstand – seine Zusage nicht einhalten konnte, einen Essay über allgemeine Relativitätstheorie und Bewegung zu schreiben. Schilpp erwähnt, ohne sie beim Namen zu nennen, drei weitere Wissenschaftler, die ihr Versprechen gegenüber dem Herausgeber nicht einhielten. Aus Schilpps Korrespondenz und früheren Listen mit möglichen Autoren wissen wir, dass dazu auch der deutsche Mathematiker Paul Sophus Epstein und der russische Physiker Yakov Frenkel gehörten.

Auf Schilpps ursprünglicher Liste voraussichtlicher Verfasser von Beiträgen für den Einstein-Band standen mehrere prominente Physiker und Philosophen, die aus verschiedenen Gründen die Einladung ablehnten.[2] Zu ihnen gehörten die Physiker

https://doi.org/10.1515/9783110744811-019

Hans Bethe, Paul Dirac, Richard Feynman, Julian Schwinger und Erwin Schrödinger, der indisch-amerikanische Astrophysiker Subrahmanyan Chandrasekhar, der Astronom schweizerisch-amerikanischer Herkunft Fritz Zwicky und Einsteins Assistentin in Princeton, Valentine Bargmann sowie die Philosophen Bertrand Russell und Sir Edmund Whittaker. Schilpp versuchte mehrfach, direkt und über Kollegen, den russischen Physiker Lev Landau zu kontaktieren, doch er erhielt keinerlei Antwort. Es ist unklar, ob die Einladungsschreiben Landau je erreicht haben.

In einigen Fällen korrespondierte Schilpp mit Autoren, die zugesagt hatten, über das Thema und die Art ihrer geplanten Beiträge, auch um sie an die Abgabefristen für ihre Artikel zu erinnern. Wolfgang Pauli sagte sofort zu, einen Beitrag für den Einstein-Band zu schreiben. Er stimmte dem ursprünglich vorgeschlagenen Titel „Towards a Merger of Quantum and Relativity Theory" nicht zu und bevorzugte den Titel „Einstein's Contributions to Quantum Theory". Das war jedoch der Titel des Beitrags, den schon Victor Lenzen zugesagt hatte. Pauli hielt Lenzen für weniger qualifiziert für dieses Thema, da dieser vornehmlich Philosoph und nicht Physiker war. Schilpp hatte mit einer möglichen Wiederholung des Titels kein Problem. Er argumentierte, Lenzen sei schließlich in der Abteilung für Physik der State University of California tätig, und er habe keinen Zweifel daran, dass die Beiträge der beiden trotz desselben Titels sicher sehr unterschiedlich ausfallen würden. Schließlich änderte Lenzen seinen Titel in „Einstein's Theory of Knowledge". Die Korrespondenz mit Pauli fiel in die Zeit, als dieser seine Reise nach Stockholm zur Entgegennahme des Nobelpreises plante. Anschließend hatte er vor, Niels Bohr in Kopenhagen zu besuchen. Pauli wusste sogar noch vor Schilpp, dass Bohr bereit war, für den Einstein-Band einen Beitrag zu verfassen, in dem es um seine Diskussionen mit Einstein gehen würde, und dass Bohr diesen Auftrag sehr ernst nahm. Pauli hatte vor, seinen eigenen Beitrag mit Bohr zu koordinieren.

Es liegt uns außerdem ein ausführlicher Briefwechsel Schilpps mit dem Mathematiker Kurt Friedrich Gödel vor. Schilpp erhoffte sich von Gödel einen umfassenden Artikel mit dem Titel „The Realistic Standpoint in Physics and Mathematics". Gödel wollte sich nicht zu einem langen Artikel verpflichten und stimmte zu, einen kurzen Essay von drei bis fünf Seiten Umfang beizusteuern, wenn das in Schilpps Konzept passe. Er schlug als Titel vor: „Some Remarks about the Relation between the Theory of Relativity and Kant". Schilpp wollte lieber einen kurzen Artikel als gar keinen Beitrag. Was ihm nicht gefiel, war der Ausdruck „Einige Bemerkungen ..." im Titel, und er hoffte, wenn Gödel erst einmal mit dem Schreiben begonnen hätte, würde der Text schon länger werden. Drei Titel wurden vorgeschlagen: „The Philosophical Significance of Relativity Theory", „The Relation between the Theory of Relativity and Kant" und einfach „The Theory of Relativity and Kant". Schilpp zog den letzten dieser drei Titel vor. Gödel beschäftigte sich zu dieser Zeit mit dem Thema. Wir wissen, dass er in dieser Zeit einen Artikel von Ilse Rosenthal-Schneider (Verfasserin eines Beitrags für den Einstein-Band) erhielt und las, der die Relativitätstheorie und Kant zum Inhalt hatte.[3] Gödel lieferte schließlich einen relativ kurzen Artikel mit dem

Titel „A Remark about the Relationship between Relativity Theory and Idealistic Philosophy".

Eine Liste der Autoren, deren Artikel schließlich in den Band aufgenommen wurden, mit dem jeweiligen Titel ihres Beitrags und einem kurzen biografischen Abriss folgt im Anschluss, wobei die Reihenfolge der im Band entspricht. Dieser Abriss zeigt auch auf, warum Schilpp gerade diese Physiker und Philosophen um Beiträge gebeten hat. Wir haben nicht die Absicht, die Anmerkungen vollständig vorzustellen und zu analysieren, sondern beschränken uns auf das, was aufgrund von Einsteins Antworten angezeigt ist.[4]

Arnold Sommerfeld (1868–1951): „Albert Einstein" (in „Einsteins Antwort" nicht erwähnt)

Deutscher theoretischer Physiker, seit 1906 als Professor an der Universität München. Er hatte Mathematik studiert und sich später der mathematischen Physik zugewandt. Sommerfeld wurde einer der bedeutendsten Pioniere der Atom- und Quantenphysik, über die er 1919 ein erstes grundlegendes Buch veröffentlichte. Er war ein hervorragender Hochschullehrer und begründete als solcher eine einflussreiche Schule theoretischer Physiker. Da er die mathematischen Instrumente meisterhaft beherrschte, konnte Sommerfeld Einsteins spezielle Relativitätstheorie auf verschiedene Probleme der Physik anwenden und damit zur Festigung der Theorie in den Jahren 1907 bis 1910 beitragen. In diesem Zeitraum trafen sich Sommerfeld und Einstein persönlich und erörterten Probleme der frühen Quantentheorie. Ihren wissenschaftlichen Austausch setzten sie in späteren Jahren durch eine intensive Korrespondenz fort.

Louis de Broglie (1892–1987): „Das wissenschaftliche Werk Albert Einsteins" (in „Einsteins Antwort" nicht erwähnt)

Der französische Physiker postulierte 1924 in seiner Dissertation, dass Elektronen und alle Teilchen Welleneigenschaften haben. Dies wurde 1927 durch die Art und Weise bestätigt, wie Elektronenströme von Kristallen abgelenkt werden. Für seine Entdeckung dieses Welle-Teilchen-Dualismus, der einen zentralen Bestandteil der Quantenmechanik bildet, wurde de Broglie 1929 mit dem Nobelpreis ausgezeichnet. In seiner weiteren Karriere entwickelte de Broglie eine kausale Erklärung der Wellenmechanik, die im Gegensatz zur allgemein akzeptierten probabilistischen Interpretation stand. Sein Ansatz wurde in den 1950er Jahren von David Bohm verbessert und ist seither als De-Broglie-Bohm-Theorie bekannt. Über seine naturwissenschaftliche Arbeit hinaus war de Broglie ein wissenschaftsphilosophischer Denker und Autor. Er wurde zum Mitglied der Französischen Akademie der Wissenschaften gewählt und diente als ständiger Sekretär.

Ilse Rosenthal-Schneider (1891–1990): „Voraussetzungen und Erwartungen in Einsteins Physik" (in „Einsteins Antwort" nicht erwähnt)

Deutsch-österreichische Physikerin und Philosophin. Sie erwarb ihren Doktortitel 1920 an der Berliner Universität, wo sie erstmals mit Einstein zusammentraf. Ihre Dissertation behandelte das Problem der Raumzeit bei Kant und Einstein. 1938 musste sie Deutschland verlassen und übersiedelte nach Australien, wo sie 1945 ihre Arbeit als Tutorin an der deutschen Abteilung der Universität Sydney aufnahm und Geschichte und Wissenschaftsphilosophie lehrte. In den 1940er und 1950er Jahren führte sie einen Briefwechsel mit Albert Einstein, in dem es um philosophische Aspekte der Physik ging, unter anderem um die Relativitätstheorie, um Fundamentalkonstanten und um die physikalische Realität. Sie blieb mit Einstein bis zu dessen Tod im Jahr 1955 brieflich in Kontakt. Im fortgeschrittenen Alter veröffentlichte sie das Buch *Reality and Scientific Truth: Discussions with Einstein, von Laue, and Planck* (1980).

Wolfgang E. Pauli (1900–1958): „Einsteins Beitrag zur Quantentheorie"

Nachdem er als Student von Sommerfeld 1921 an der Münchener Universität seinen Doktortitel erlangt hatte, war Pauli einige Zeit an den Universitäten von Göttingen, Kopenhagen und Hamburg tätig, bevor er als Professor für theoretische Physik an die Eidgenössische Technische Hochschule Zürich berufen wurde. Pauli leistete wegweisende Beiträge zur modernen Physik, vor allem in der Quantenmechanik. 1945 erhielt er den Nobelpreis für Physik für seine Entdeckung eines neuen Naturgesetzes: das Pauli'sche Ausschließungsgesetz oder kurz Pauli-Prinzip. Teil dieser Entdeckung war die Beziehung zwischen dem Spin des Elektrons und der Struktur des Atoms, was die Grundlage der Theorie der Materie bildet. Pauli erkannte als Erster die Existenz des Neutrinos an – eines Teilchens ohne Ladung und von sehr geringer Masse, welches beim radioaktiven Zerfall eines Atomkerns Energie abgibt. Er war einer der Pioniere der Quantenfeldtheorie und hat aktiv an den großen Fortschritten mitgewirkt, die auf diesem Gebiet in den Anfangsjahren erzielt wurden. 1921 veröffentlichte er noch als Student einen umfassenden Übersichtsartikel zur Relativitätstheorie, der zu den einflussreichen Texten in den Jahren der Herausbildung der allgemeinen Relativitätstheorie wurde. Im Gegensatz zu Einstein glaubte Pauli selbst in den frühen Phasen der Bemühungen um eine einheitliche Feldtheorie nicht, dass eine solche Theorie, die auch den Ursprung und die Beschaffenheit von Elementarteilchen abdecken würde, im Rahmen klassischer kontinuierlicher Felder möglich sei.

Max Born (1882–1970): „Einsteins statistische Theorien"

Max Born war einer der Begründer der modernen Quantenphysik. Er hatte an verschiedenen Universitäten Physik und Mathematik studiert. Einer seiner Lehrer in Göttingen war Hermann Minkowski, der ihn mit der Elektrodynamik und der speziellen Relativitätstheorie vertraut machte. Born widmete seine ersten Veröffentlichungen zwischen 1909 und 1914 der Elektronentheorie, der Relativitätstheorie, der Kristallphysik und Einsteins Quantentheorie der spezifischen Wärme. In den Jahren danach konzentrierte er sich auf die Atomphysik und die mathematische Formulierung der Quantenphysik. 1915 wurde Born als Professor für theoretische Physik an die Berliner Universität berufen, wo er mit Einstein eine enge Freundschaft schloss. Diese Freundschaft wird in der klassischen Sammlung ihrer Briefe mit dem Titel *Briefwechsel 1916–1955* wiedergegeben. Später lehrte Born auch in Frankfurt und ab 1921 in Göttingen, wo er eine Gruppe bildete, die 1925 die Grundlagen der Quantenmechanik formulieren sollte. 1933 wurde Born zur Emigration gezwungen und ging nach Großbritannien.

Walter Heitler (1904–1981): „Die Abkehr von der klassischen Denkweise in der modernen Physik"

Deutscher Physiker, der seinen Doktortitel in theoretischer Physik 1924 an der Universität München erwarb. Anschließend arbeitete er als Postdoktorand zusammen mit Niels Bohr an der Universität Kopenhagen und später mit Erwin Schrödinger an der Universität Zürich. In Zürich wandte Heitler 1927 die neue Quantenmechanik auf das Problem der Valenzbindung in der Chemie an. Seine Arbeit wurde zu einem Meilenstein bei der Integration der Chemie in die Quantenmechanik. 1933, im Jahr der Machtergreifung der Nationalsozialisten, begann Heitler an der Universität Göttingen seine Zusammenarbeit mit Max Born. Aufgrund seiner jüdischen Herkunft musste er Deutschland verlassen und wurde wissenschaftlicher Mitarbeiter bei Nevil Mott an der University of Bristol. Zwar blieb die Anwendung der Quantenmechanik auf die Chemie ein wichtiges Thema in Heitlers Karriere, doch in Bristol arbeitete er auf dem Gebiet der Quantenfeldtheorie, Quantenelektrodynamik und der Theorie der kosmischen Strahlung. 1936 veröffentlichte er sein grundlegendes Buch *The Quantum Theory of Radiation*. 1941 ging Heitler nach Dublin ans Institute for Advanced Studies, wo er 1946 die Nachfolge Erwin Schrödingers als Direktor der School for Theoretical Physics antrat. In den 1960er und 1970er Jahren war er erneut in Zürich tätig und wendete sich dem Studium der Beziehung zwischen Mensch, Naturwissenschaften und Religion zu.

Niels Bohr (1885–1962): „Diskussion mit Einstein über erkenntnistheoretische Probleme in der Atomphysik"

Dänischer Physiker, der grundlegende Beiträge zum Verständnis der Struktur der Atome und der Quantentheorie leistete, wofür er 1922 den Nobelpreis für Physik erhielt. Er gründete das Institut für theoretische Physik an der Kopenhagener Universität, das 1920 eröffnet wurde und heute den Namen Niels-Bohr-Institut trägt. Bohr war einer der Begründer und Vertreter der sogenannten Kopenhagener Deutung der Quantenmechanik. Nach dem Zweiten Weltkrieg war Bohr auf der internationalen Bühne aktiv und setzte sich für die Internationale Zusammenarbeit in der Kernenergie ein. Er war an der Gründung des CERN (Centre européenne pour la recherche nucléaire) sowie an der Schaffung der dänischen „Atomenergiekommissions-Forschungsanlage Risø" beteiligt und wurde erster Vorsitzender des Beirats des 1957 gegründeten Nordischen Instituts für Theoretische Atomphysik (NORDITA). Einer von dessen Direktoren wurde 1975 Niels Bohrs eigener Sohn, der Nobelpreisträger Aage Bohr. In den 1920er und 1930er Jahren brachten Bohr und Einstein in verschiedenen Debatten ihre unterschiedlichen Standpunkte zur Quantenmechanik zum Ausdruck. Diese Debatten stellen einen Höhepunkt der physikalischen Forschung der ersten Hälfte des 20. Jahrhunderts dar. Auch wegen ihrer Bedeutung für die Wissenschaftsphilosophie sind diese Debatten in Erinnerung geblieben. Bohrs Beitrag zum Einstein-Band der Bibliothek lebender Philosophen ist eine umfassende Darstellung dieser Debatten. Trotz ihrer Meinungsverschiedenheiten unterhielten Einstein und Bohr eine lebenslange Freundschaft, die auf gegenseitigem Respekt begründet war.

Henry Margenau (1901–1997): „Einsteins Auffassung von der Wirklichkeit"

Deutsch-amerikanischer Physiker und Wissenschaftsphilosoph. Er schrieb ausführlich über die Naturwissenschaften und zu seinen Hauptwerken gehören *Ethics and Science*, *The Nature of Physical Reality*, *Quantum Mechanics* und *Integrative Principles of Modern Thought*. 1929 erwarb Margenau seinen Doktortitel an der Yale University. Von 1950 bis zu seinem Rückzug aus dem formellen akademischen Leben im Jahr 1986 war er als Professor für Physik und Naturphilosophie an der Yale University tätig. Er war zudem Mitarbeiter am Institute for Advanced Study der Princeton University und am Strahlungslabor des Massachusetts Institute of Technology (MIT). Er übernahm das Konzept des Indeterminismus als einen ersten Schritt hin zu einem philosophischen Modell des freien Willens. Margenau war als Mitglied einer Kommission des Weltkirchenrats an der Entwicklung einer ökumenischen Haltung zu Kernwaffen und Atomkrieg beteiligt. Sein Buch *The Miracle of Existence* zeigt sein Interesse an fernöstlichen Religionen sowie an den Beziehungen zwischen verschiedenen Religionen und philosophischen Traditionen.

Philipp G. Frank (1884–1966): „Einstein, Mach und der logische Positivismus" (in „Einsteins Antwort" nicht erwähnt)

Österreichisch-amerikanischer Mathematiker und Philosoph der ersten Hälfte des 20. Jahrhunderts. Studierte Physik an der Wiener Universität, wo er 1907 mit einer Dissertation in theoretischer Physik bei Ludwig Boltzmann seinen Doktortitel erwarb. Albert Einstein empfahl ihn als Leiter der Deutschen Karl-Ferdinand-Universität in Prag, ein Amt, das er von 1912 bis 1938 bekleidete. Frank war als logischer Positivist von Mach beeinflusst und Mitglied des Wiener Kreises. Er veröffentlichte die Biografie *Einstein: His Life and Times*. 1938 wanderte er in die Vereinigten Staaten aus, wo er an der Harvard University Dozent für Physik und Mathematik wurde. 1947 gründete er das Institute for the Unity of Science als Teil der American Academy of Arts and Sciences. Die regelmäßigen Konferenzen des Instituts fanden stets das Interesse zahlreicher Teilnehmer und galten als der „Wiener Kreis im Exil".

Hans Reichenbach (1891–1953): „Die philosophische Bedeutung der Relativitätstheorie"

Reichenbach wurde in Hamburg geboren. Er studierte in Berlin, Göttingen und München Physik, Mathematik und Philosophie. Seinen Doktortitel erwarb er in Erlangen mit einer Dissertation über das Konzept der Wahrscheinlichkeit. Im Wintersemester 1917/18 setzte er sein Studium in Berlin fort, wo er ein Seminar Einsteins zur Relativitätstheorie besuchte. Gemeinsam mit Moritz Schlick wurde er bald einer der prominentesten Befürworter und Interpreten der Relativitätstheorie. Er kritisierte weit verbreitete Missverständnisse der Theorie und entwickelte seine eigenen Ansichten zur Wissenschaft im Kontext der philosophischen Diskussion zur Relativitätstheorie. Er gehörte zu den Gründern des logischen Positivismus. Auf Empfehlung Einsteins wurde Reichenbach 1926 Professor für Philosophie und Physik an der Berliner Universität. Im Jahr 1933, nach der Machtergreifung der Nationalsozialisten, wurde er entlassen und wanderte in die Türkei aus, wo er Professor an der Universität Istanbul wurde. 1938 emigrierte er in die Vereinigten Staaten. Dort lehrte er bis zu seinem Lebensende an der University of California in Los Angeles.

Howard P. Robertson (1903–1961): „Geometrie als Zweig der Physik"

Amerikanischer Mathematiker und Physiker. Lehrte als Professor für Mathematik und Physik am California Institute of Technology und an der Princeton University. Robertson gehörte zu den Pionieren bei der Entwicklung der relativistischen Kosmologie und des Paradigmas eines sich ausdehnenden Universums. Sein Name ist verknüpft mit dem Poynting-Robertson-Effekt. Dieser Effekt resultiert aus dem Strahlungsdruck der Sonne, der bewirkt, dass Staubteilchen, die um einen Stern kreisen, Drehimpuls verlieren und sich dadurch dem Stern annähern. Robertson beschrieb diesen Effekt im Rahmen der allgemeinen Relativitätstheorie. Seine bekannteste Errungenschaft ist die Anwendung der allgemeinen Relativitätstheorie auf die Kosmologie.

Percy Williams Bridgman (1882–1961): „Einsteins Theorien vom methodologischen Gesichtspunkt"

Amerikanischer Physiker, der 1946 für seine Arbeit auf dem Gebiet der Hochdruckphysik den Nobelpreis für Physik gewann. Er schrieb ausführlich über wissenschaftliche Methodik und andere Aspekte der Wissenschaftsphilosophie. Sein Buch *The Logic of Modern Physics* ist ein Plädoyer für den Operationalismus und prägte den Begriff der „operationalen Definition". 1938 gehörte er dem Internationalen Komitee an, das den International Congress for the Unity of Science organisierte. Außerdem war er einer der elf Unterzeichner des Russell-Einstein-Manifests.

Victor F. Lenzen (1890–1975): „Einsteins Erkenntnistheorie"

Amerikanischer Physiker und Wissenschaftsphilosoph. Lenzen begann sein Grundstudium der Physik an der University of California, wechselte dann zur Philosophie und erwarb seinen Doktortitel für Philosophie 1916 an der Harvard University, wo er bei Bertrand Russell und Josiah Royce studierte. Dessen Seminar zur wissenschaftlichen Methodologie prägte ihn tief. Scheinbar war er jedoch nicht mit Royces Idealismus einverstanden, da er sich mehr für physikalische Modelle und Begriffe interessierte. So kehrte er zur Physik zurück. Nach kurzen Aufenthalten in Cambridge und Harvard in England, begann er seine eigentliche Karriere in Berkeley, Kalifornien. 1931 veröffentlichte er sein Hauptwerk, *The Nature of Physical Theory*, das einer kritischen Analyse der Begriffe, Prinzipien und Systeme der physikalischen Theorie gewidmet ist. Er dehnte seinen Blickwinkel später auch auf metaphysische und methodologische Fragen aus, die von der physikalischen Theorie aufgeworfen wurden.

Filmer S. C. Northrop (1893–1992): „Einsteins Begriff der Wissenschaft"

Amerikanischer Philosoph. Sein einflussreichstes Werk, *The Meeting of East and West,* wurde 1946 direkt nach dem Zweiten Weltkrieg veröffentlicht. Die darin formulierte zentrale These lautete, dass Ost und West voneinander lernen müssten, um künftige Konflikte zu vermeiden und gemeinsam erfolgreich zu sein. Er schrieb zwölf Bücher und unzählige Artikel zu allen wichtigen Zweigen der Philosophie, unter anderem zur Erkenntnistheorie und zur Begriffstheorie.

Edward A. Milne (1896–1950): „Gravitation ohne allgemeine Relativitätstheorie"

Englischer theoretischer Astrophysiker. Anfangs arbeitete Milne als mathematischer Astrophysiker. In den 1920er Jahren forschte er vor allem zu Sternen, konkret zur Sternentwicklung. In den 1930ern beschäftigte er sich vor allem mit der Relativitätstheorie und der Kosmologie. Seine spätere Arbeit, die sich der inneren Struktur der Sterne widmet, wurde kontrovers aufgenommen. Milne war von 1943 bis 1945 Präsident der Royal Astronomical Society. In seiner Arbeit *Relativity, Gravitation, and World-Structure* schlug er eine Alternative zu Einsteins allgemeiner Relativitätstheorie vor, indem er ein kosmologisches Modell eines sich ausbreitenden Universums mit inhomogener Masseverteilung im Rahmen der speziellen Relativitätstheorie entwickelte.

Georges Lemaître (1894–1966): „Die kosmologische Konstante"

Neben seinem Theologiestudium betrieb der belgische katholische Priester Georges Lemaître Forschung in Astrophysik, Kosmologie und Mathematik. 1927 wurde er als Professor für Physik an die Universität Löwen berufen. Bereits 1925 hatte sich Lemaître mit der Anwendung von Einsteins allgemeiner Relativitätstheorie auf die Kosmologie beschäftigt und 1927 eine grundlegende Arbeit vorgelegt, in welcher er die Feldgleichungen der Gravitation ohne Einsteins kosmologische Konstante löste. Er entwickelte auf der Grundlage der allgemeinen Relativitätstheorie Lösungen für ein sich ausdehnendes Universum und knüpfte damit an die Arbeit Alexander Friedmanns an. Lemaître lieferte noch vor Hubble selbst eine Demonstration des hubbelschen Gesetzes der Rezessionsgeschwindigkeit, weswegen das entsprechende Gesetz auch als Hubble-Lemaître-Gesetz bekannt ist. Er legte als Erster eine frühe Version der Urknalltheorie vor, die vorschlug, dass das Universum aus einem Uratom entstanden sei.

Karl Menger (1902–1985): „Die Relativitätstheorie und die Geometrie"

Österreichisch-amerikanischer Mathematiker. Er erwarb seinen Doktortitel 1924 an der Universität Wien und beteiligte sich aktiv am Wiener Kreis, der in den 1920er Jahren auch über sozialwissenschaftliche und philosophische Themen debattierte.

In dieser Zeit fand Menger eine wichtige Lösung des Sankt-Petersburg-Paradoxons, die interessante Anwendungen für die Wirtschaftstheorie eröffnete. Später trug er mit Oskar Morgenstern zur Entwicklung der Spieltheorie bei. Er lehrte an den Universitäten von Amsterdam und Wien, der University of Notre Dame und in Harvard. Nirgendwo sonst war er jedoch so lange akademisch tätig wie am Illinois Institute of Technology. Mathematisch war er in der Algebra, algebraischer Geometrie, Kurven- und Dimensionstheorie und anderen Bereichen tätig. Wegen seiner Formalisierung der Definitionen der Begriffe „Winkel" und „Krümmung" als direkt messbare physikalische Größen gilt er als einer der Begründer der Abstandsgeometrie.

Leopold Infeld (1898–1968): „Über die Struktur des Weltalls"

Polnischer theoretischer Physiker. Seinen Doktortitel erwarb er 1921 an der Jagiellonen-Universität in Krakau. Von 1936 bis 1938 arbeitete er mit Einstein in Princeton am Problem der Bewegung in der allgemeinen Relativitätstheorie. 1938 schrieb er gemeinsam mit Einstein das populäre Buch *Physik als Abenteuer der Erkenntnis*, das auf großes öffentliches Interesse stieß und zu einem Bestseller wurde. Von 1939 bis 1950 war er als Professor an der University of Toronto tätig, wo er Pionierarbeit in der Forschung zum Magnetismus im Rahmen der allgemeinen Relativitätstheorie leistete. Nach dem ersten Einsatz von Kernwaffen im Jahr 1945 wurde Infeld wie Einstein Friedensaktivist. Aufgrund dieser Aktivitäten wurde er unberechtigterweise beschuldigt, Sympathien für den Kommunismus zu hegen. Im Jahr 1950 verließ er Kanada und kehrte ins kommunistische Polen zurück. Dort wurde er Professor an der Universität Warschau, eine Position, die er bis zu seinem Tod innehatte. Er fühlte sich dazu verpflichtet, nach den Verwüstungen des Zweiten Weltkriegs zum Wiederaufbau der Wissenschaft in Polen beizutragen. Er verlor die kanadische Staatsbürgerschaft und wurde weithin als Verräter denunziert. Nach seiner Rückkehr nach Polen bat Infeld um eine Freistellung von seiner Lehrtätigkeit an der Universität Toronto, trat aber zurück, als sein Antrag abgelehnt wurde. Im Jahr 1995 sprach ihm die University of Toronto posthum den Titel eines emeritierten Professors zu. Infeld war 1955 einer der elf Unterzeichner des Russell-Einstein-Manifests. Als einziger der Unterzeichner hat er nie den Nobelpreis erhalten.

Max von Laue (1879–1960): „Trägheit und Energie"

Der deutsche theoretische Physiker Max von Laue arbeitete ab 1905 als Assistent von Max Planck in Berlin und ab 1909 als Privatdozent an der LMU in München. Von 1914 bis 1919 war er Professor an der Universität Frankfurt, ab 1919 an der Universität Berlin. Besonders hat sich von Laue mit mathematischen Aspekten optischer Probleme befasst und 1907 lieferte er für ein Problem der Lichtausbreitung eine mathematische Erklärung im Rahmen von Einsteins spezieller Relativitätstheorie. Von Laues Arbeit trug zur Akzeptanz der Theorie bei. Er leistete auch Beiträge zu ihrer Weiterentwicklung, insbesondere mit seiner Arbeit zur relativistischen Kontinuumsmechanik. Neben vielen Artikeln veröffentlichte er 1911 ein erstes Buch zu diesem Thema und 1919 ein weiteres. Darüber hinaus beschäftigte sich von Laue mit der Theorie der Interferenz von Röntgenstrahlen mit Materie und mit der Theorie der Supraleitung. 1912 entdeckte er die Beugung von Röntgenstrahlen an Kristallen, wofür er 1914 den Nobelpreis für Physik erhielt. Nach ihrem ersten Treffen im Jahr 1906 wurden von Laue und Einstein lebenslang Freunde.

Herbert Dingle (1890–1978): „Wissenschaftliche und philosophische Folgerungen aus der speziellen Relativitätstheorie"

Englischer Physiker und Naturphilosoph. Er war von 1951 bis 1953 Präsident der Royal Astronomical Society. Er ist bestens bekannt für seine Ablehnung von Einsteins spezieller Relativitätstheorie und für die langwierige Kontroverse, die sich daraus ergab. Ursprünglich hatte er eine Kampagne gestartet, um die Verdienste Henri Bergsons und Einsteins zu untersuchen. Daraus wurde bald eine ausgedehnte Kontroverse um Sozialplanung und die Bedeutung der wissenschaftlichen Bildung im Vergleich zu einer Bildung auf der Grundlage von Kunst und Geisteswissenschaften. Dingle stand im Ruf, ein eigensinniger Exzentriker zu sein, der sich weigerte, die Errungenschaften Einsteins anzuerkennen.[5]

Kurt Friedrich Gödel (1906–1978): „Eine Bemerkung über die Beziehungen zwischen der Relativitätstheorie und der idealistischen Philosophie"

Österreichischer, später amerikanischer Logiker, Mathematiker und Philosoph. Hatte großen Einfluss auf das wissenschaftliche und philosophische Denken des 20. Jahrhunderts. Gödel erwarb 1930 an der Universität Wien seinen Doktortitel und veröffentlichte kurz darauf im Alter von 25 Jahren seinen Unvollständigkeitssatz, der ihn international berühmt machte. Nach der Machtergreifung der Nationalsozialisten in Deutschland und der Ermordung im Jahr 1936 eines seiner Mentoren, Moritz Schlick, entwickelte er paranoide Symptome und verbrachte mehrere Jahre in einem Sanatorium für Nervenkrankheiten. 1940 ging er ans Institute for Advanced Study in Princeton, wo er in den 1930er Jahren mehrere Vorlesungen hielt. Zu dieser Zeit lebte auch Einstein in Princeton und zwischen beiden entwickelte sich eine enge Freundschaft. Im Verlauf der vielen Jahre, die Gödel an dieser Universität verbrachte, verlagerte sich sein Interesse auf die Philosophie und die Physik. 1949 fand er eine neue, exakte Lösung für Einsteins Feldgleichungen der allgemeinen Relativitätstheorie. Diese Lösung hat einzigartige Eigenschaften: Sie modelliert ein rotierendes Universum und lässt die Existenz geschlossener zeitartiger Kurven zu, was Zeitreisen möglich machen würde. Offenbar machte er dieses Ergebnis Einstein zu dessen 70. Geburtstag zum Geschenk.

Gaston Bachelard (1884–1962): „Die philosophische Dialektik in der Begriffswelt der Relativität" (in „Einsteins Antwort" nicht erwähnt)

Französischer Philosoph, arbeitete auf den Gebieten der Poetik und Wissenschaftsphilosophie. In letztgenannter Disziplin führte er die Begriffe des „Erkenntnishindernisses" und des „epistemologischen Bruchs" ein. Für ihn demonstrierten wissenschaftliche Entwicklungen wie Einsteins Relativitätstheorie die diskontinuierliche Evolution der Wissenschaft. Dementsprechend hielt er Modelle, die die wissenschaftliche Entwicklung als kontinuierlich erscheinen ließen, für allzu simpel und falsch. Er argumentierte, neue Theorien würden ältere Theorien in neue Paradigmen integrieren, indem sie ihre Begriffe umdeuten (etwa den Begriff der Masse, den Newton und Einstein unterschiedlich verwenden). Er sieht die Aufgabe der Erkenntnistheorie darin, die Geschichte der Entwicklung wissenschaftlicher Konzepte zu erforschen.

Aloys Wenzl (1887–1967): „Die Einsteinsche Relativitätstheorie vom Standpunkt des kritischen Realismus und ihre weltanschauliche Bedeutung" (in „Einsteins Antwort" nicht erwähnt)

Deutscher Philosoph. Hatte 1912 an der Münchner Universität Physik und Mathematik studiert und lehrte dort später (1926–1938) Philosophie und Psychologie. Er interessierte sich auch für Parapsychologie. Vom nationalsozialistischen Regime wurde ihm aus ideologischen Gründen die Ausübung seiner Lehrtätigkeit verboten. Wenzl kehrte 1946 auf seine Stelle als Professor für Philosophie und Psychologie an der Universität München zurück und war 1947–48 Rektor der Universität. 1924 veröffentlicht er seine Arbeit *Das Verhältnis der Einsteinschen Relativitätslehre zur Philosophie der Gegenwart: mit besonderer Rücksicht auf die Philosophie des „Als-ob"*. Dieser Philosophie des „Als-Ob" waren Albert Einstein, Max von Laue und Moritz Schlick sehr zugeneigt. Sie war von Hans Vaihinger in seinem Hauptwerk begründet worden und setzt Empfindungen und Gefühle als real voraus, wohingegen der Rest des menschlichen Wissens von „Fiktionen" gebildet werde, die sich nur pragmatisch begründen ließen. Aus seiner Sicht sind sogar die Gesetze der Logik fiktiv, wenngleich es sich bei ihnen um Fiktionen handelt, die sich in der Erfahrung als unabkömmlich bewährt haben und deshalb für unbestreitbar wahr gehalten werden. Wenzls bekanntestes Buch ist *Philosophie der Freiheit* (1947).

Andrew Paul Ushenko (1900–1956): „Einsteins Einfluß auf die heutige Philosophie" (in „Einsteins Antwort" nicht erwähnt)

Ushenko wurde in Moskau geboren und nahm an der bolschewistischen Revolution teil. 1925 wanderte er in die Vereinigten Staaten aus. Dort wurde er in das Graduiertenprogramm für Mathematik der University of California in Berkeley aufgenommen. Er wechselte dann zur Philosophie und erwarb 1927 seinen Doktortitel. Ushenko lehrte Philosophie an der University of Michigan, an der Princeton University und an der Indiana University. Er arbeitete vorwiegend im Bereich der Wissenschaftsphilosophie, Erkenntnistheorie, Metaphysik und Philosophie der Logik. Besonderes Interesse zeigte er für das Wesen von Veränderung und Zeit, für die Relativitätstheorie, für die Bedeutungstheorie und für den Konflikt zwischen klassischer Logik und neuen Methoden der Logik.[6] Ushenko steuerte auch zum LLP-Band über Bertrand Russell einen Essay bei.

Virgil Hinshaw (1920–1995): „Einsteins Sozialphilosophie" (in „Einsteins Antwort" nicht erwähnt)

Amerikanischer Philosoph, promovierte in Princeton und verbrachte seine gesamte berufliche Karriere an der Ohio State University. An der Graduiertenschule war er von Bertrand Russell und Albert Einstein beeinflusst worden, über die er später philosophische Schriften veröffentlichte. Unter den amerikanischen Philosophen der Zeit nach dem Zweiten Weltkrieg war er sehr anerkannt, insbesondere für seine Arbeit zur Wissenstheorie sowie zur Geschichtsphilosophie, Soziologie und Naturwissenschaft.

Anmerkungen

1 Schilpp, „Glimpses of a Personal History", Special Collections Research Center, Southern Illinois University Carbondale, Box 21, Folder 2.
2 Schilpps Einladungsschreiben und seine Korrespondenz mit möglichen sowie bestätigten Beitragsautoren zum Einstein-Band der LLP finden sich in den Dokumenten Paul Arthur Schilpps, Special Collections Research Center, Southern Illinois University Carbondale, Box 15, Folder 6, 8, und 9.
3 Einstein an I. Rosenthal-Schneider, 3. Februar 1947, AEA 20–281.

4 Die folgenden Kurzbiographien beruhen zum Teil auf Texten und Informationen, die der englischen und deutschen Wikipedia entnommen wurden.

5 Jimena Canales, *The Physicist and the Philosopher: Einstein, Bergson, and the Debate That Changed Our Understanding of Time* (Princeton, NJ: Princeton University Press, 2015), S. 189–193.

6 John R. Shook und Irving H. Anellis, „USHENKO, Andrew Paul (1900–1956)", in *The Dictionary of Modern American Philosophers. Band 4, R–Z* Hrsg. John R. Shook (Bristol: Thoemmes; 2010), S. 2468–2470.

2 Einsteins „Antwort auf Kritik"

> Wie soll man nur die Sorgfalt, Genauigkeit, Unmittelbarkeit und Schönheit der „Antwort" Einsteins (er spricht von „Bemerkungen") auf seine Kommentatoren und Kritiker angemessen würdigen!   — Paul A. Schilpp, Einleitung zu *Albert Einstein: Philosopher-Scientist*, S. xiv

Die ersten beiden der 25 Essays von Einsteins Zeitgenossen, ebenfalls Wissenschaftler und Philosophen, sind anders als die übrigen Artikel. Arnold Sommerfelds Artikel zu Albert Einsteins 70. Geburtstag hatten wir bereits erwähnt. Auch Louis de Broglies Artikel „Das wissenschaftliche Werk Albert Einsteins" ist eine Würdigung der Arbeit Einsteins, eine Verneigung vor seinen wissenschaftlichen Errungenschaften. Auf beide Artikel ging Einstein in seinen „Bemerkungen zu den in diesem Bande vereinigten Arbeiten" nicht ein.

Die Beantwortung der weiteren 23 Essays war eine echte Herausforderung für Einstein. Als er zustimmte, in dem Band auf die kritischen Essays zu antworten, hatte er einen Vorbehalt geäußert: „Dabei ist es verstanden, dass ich nur auf solche Kritik der Mitarbeiter in meiner Antwort eingehen werde, als mir nötig und wichtig erscheint."[1] Ursprünglich hatte er vorgehabt, gesondert auf jeden der Beiträge einzugehen, die er beantworten wollte. Er merkte bald, dass seine Antworten angesichts der zahlreichen Essays und der Vielzahl an Themen und Argumenten eine inhomogene Sammlung zusammenhangsloser Texte bilden würden, die weder ein kohärentes Bild zeichnen noch Lesevergnügen bereiten würde. Deshalb verwarf er seine bereits verfassten Antworten. (Die unveröffentlichten Antworten sind im Albert-Einstein-Archiv (AEA) verfügbar; wir geben hier jeweils die entsprechende Archivsignatur an.) Stattdessen verfasste er eine einzige „Antwort", die um einzelne Gruppen von Essays und thematische Grundlinien herum aufgebaut ist. Das Ergebnis ist eine flüssige Darstellung von Einsteins Ansichten zur zeitgenössischen Physik, insbesondere zum allgemein anerkannten, nicht-deterministischen Charakter der Quantenmechanik und zu den Grundelementen seines philosophischen und erkenntnistheoretischen Denkens. Der Text ist eine wertvolle Ergänzung zu den *Notizen*.

In seiner „Antwort" konzentriert Einstein seine Bemerkungen auf eine Reihe von Themen und er geht dabei auf lediglich rund die Hälfte der Autoren näher ein, die Beiträge zu dem Band geliefert hatten. Einige weitere werden kurz erwähnt, die übrigen vollständig übergangen – entweder, weil ihre Beiträge zu spät eingegangen waren, oder, wie Einstein zur Begründung anführt, weil „die einigen von den Arbeiten zugrundeliegende Mentalität von der meinen so sehr verschieden ist, daß ich nicht fähig bin, darüber etwas Ersprießliches zu sagen."[2] Ursprünglich hatte Einstein Antworten auf einige dieser Artikel geschrieben, sich dann aber doch entschieden, sie in der Druckfassung wegzulassen. Ein Beispiel ist die Behandlung von Andrew P. Ushenkos Artikel „Einsteins Einfluss auf die heutige Philosophie". In seinen unveröffentlichten Anmerkungen schreibt Einstein, dass er zu diesem Artikel nichts sagen könne, da er sehr viele Begriffe verwende, die für einen Nicht-Philosophen nicht

https://doi.org/10.1515/9783110744811-020

scharf genug definiert seien. Er macht eine kritische Anmerkung zu Ushenkos Verwendung des Begriffes „Metaphysik".[3] Da er sich jedoch unsicher war, ob er den Artikel verstanden hatte, und sogar noch unsicherer, ob seine Anmerkungen dem Leser beim Verständnis des Artikels helfen würden, unterließ Einstein in seiner veröffentlichten Antwort jede Bezugnahme auf Ushenkos Essay.

Als Ushenko davon erfuhr, schrieb er an Einstein und brachte seine Sorge zum Ausdruck, Einstein habe seinen Artikel eventuell deshalb als nicht erwähnenswert erachtet, weil er in irgendeiner Form nicht mit ihm einverstanden gewesen sei. Er bat Einstein, sollte dies nicht der Fall sein, eine Zeile entsprechenden Inhalts in seine „Antwort" aufzunehmen.[4] Einstein antwortete Ushenko, solch eine Unterlassung dürfe nicht als „impliziter Ausdruck einer ablehnenden Meinung gedeutet werden, sondern eher als Ausdruck der Bescheidenheit und des Bewusstseins für die Beschränktheit meiner geistigen Fähigkeiten. Sie werden mir zustimmen, dass es besser ist, nichts zu sagen, als etwas Inkompetentes."[5] Einstein erfüllte Ushenkos Bitte tatsächlich nicht, seiner „Antwort" die besagte Zeile hinzuzufügen. Im September 1949 war es dafür schlicht zu spät. Schilpp selbst war Ushenkos Artikel gegenüber tatsächlich sehr kritisch und bedauerte, ihn um seine Mitwirkung an dem Band gebeten zu haben. Wenn er gekonnt hätte, hätte er den Beitrag abgelehnt.[6]

Ebenso wird auch der lange Artikel Aloys Wenzls mit dem Titel „Die Einsteinsche Relativitätstheorie vom Standpunkt des kritischen Realismus und ihre weltanschauliche Bedeutung" in der „Antwort" nicht erwähnt, obgleich eine kurze, unveröffentlichte Anmerkung zur allgemeinen Rolle der Philosophie erhalten blieb, die sich auf diesen Artikel bezieht: „Philosophie sucht die Klärung der Begriffe und des Denkens. Philosophie sucht auch verschiedenartig erscheinende Ideen und Erkenntnisse unter einheitlichen Gesichtspunkte zu bringen. Sie soll aber bei der Verfolgung des zweiten Zieles das erste nicht preisgeben."[7] Ganz anders bezieht sich Einstein auf Herbert Dingles Beitrag „Wissenschaftliche und philosophische Folgerungen aus der speziellen Relativitätstheorie". Die kurze Bemerkung zu diesem Artikel in seiner „Antwort" beginnt mit der Feststellung, dass es ihm trotz seiner Anstrengungen nicht gelungen sei, Essenz oder Ziel des Beitrags zu verstehen. In der unveröffentlichten Antwort auf diesen Artikel folgen auf diese Feststellung rund zwei Seiten mit kritischen Kommentaren.[8] In der veröffentlichten Fassung tauchen diese nicht auf. Sie wurden durch eine Reihe von Fragen ersetzt, die Einsteins kritische Haltung widerspiegeln.

Eine weitere, sehr kurze, doch diesmal sehr anerkennende Bemerkung hat Einstein in seiner „Antwort" dem Beitrag „Trägheit und Energie" seines Kollegen und Freundes Max von Laue gewidmet. Einstein beschreibt diesen Artikel als historische Untersuchung der Erhaltungssätze von bleibendem Wert, der es verdiene, gesondert veröffentlicht und Studenten zugänglich gemacht zu werden. In den unveröffentlichten Bemerkungen fügt Einstein dem einen Vorbehalt gegenüber von Laues Behandlung der Beziehung zwischen Masse und Energie hinzu, der jedoch in der veröffentlichten Fassung nicht erscheint.[9]

Wir möchten hier auf zwei weitere Essays eingehen, die Einstein in seiner „Antwort" nicht erwähnt. Einer von ihnen ist Virgil Hinshaws Beitrag „Einsteins Sozialphilosophie" – der einzige Beitrag, der nicht von der Wissenschaft oder Erkenntnistheorie Einsteins handelt. Als Einstein diesen Artikel erhielt, riet er Schilpp, diesen mit Vorsicht zu behandeln.[10] Der Autor kannte Einstein nicht und Einstein hatte den Eindruck, dem Beitrag fehle es an intellektueller Sorgfalt. Schilpp antwortete mit einem detaillierten Brief und bat Hinshaw, den Artikel zu verbessern.[11] Er war jedoch auch mit der neuen Fassung sehr unzufrieden und bat Einstein um Rat, wie er vorgehen solle. Einstein wollte nicht eingreifen, denn er hielt es für nicht angemessen, eine Entscheidung über einen ihn betreffenden Artikel zu beeinflussen. Er las den Beitrag nicht einmal, da er ohnehin nicht gerne über sich selber las.[12]

Der zweite Artikel ist der von Philipp Frank: „Einstein, Mach und der logische Positivismus". Es war eine sehr passende Entscheidung, Frank um seine Mitwirkung an dem Band zu bitten. Einstein und Frank kannten einander. Frank war aktives Mitglied des Wiener Kreises, er hatte eine Einstein-Biografie geschrieben, die 1947 auf Englisch erschienen war, und schließlich war er es gewesen, der Schilpp vorgeschlagen hatte, Einstein in die Bibliothek lebender Philosophen aufzunehmen. Es wäre interessant gewesen, Einsteins Antwort auf diesen Artikel zu lesen. In den abschließenden Bemerkungen seiner „Antwort" weist Einstein darauf hin, dass er nicht auf jene Beiträge geantwortet habe, die nach Ende Januar 1949 eingegangen waren. Franks Essay war um diese Zeit eingegangen. Da sich die Veröffentlichung des Bandes verzögert hatte, wäre Einstein genügend Zeit für eine Antwort geblieben, doch er fand, er habe schon genug geschrieben, und er wollte nichts mehr hinzufügen. An Schilpp jedoch schrieb er, dass er Franks Arbeit für hervorragend halte.[13] Zu diesem Zeitpunkt war er des ganzen Projekts bereits sehr müde. An eine Freundin schrieb er: „Ich schwitze die ganze Zeit an den Antworten auf die Aufsätze in dem von Dr. Schilpp herausgegebenen Bande. Wenn ich mir rechtzeitig vergegenwärtigt hätte, was dies bedeutet, hätt' ich meine Zustimmung nicht gegeben. Ich schreibe, und nachträglich gefällt es mir nicht, und ich beginne von Neuem. Hols [sic] der Teufel!"[14]

Wir werden nun Einsteins Antwort auf die Essays zusammenfassen, die seinem eigenen Denken näherstehen und auf die er detaillierter eingegangen ist. Wir heben die Hauptpunkte seiner Bemerkungen hervor, wobei es uns um ihren Platz und ihre Rolle im wissenschaftlichen, philosophischen und erkenntnistheoretischen Weltbild Einsteins geht. Wann immer es sinnvoll erscheint, beziehen wir uns auch auf die oben erwähnten, unveröffentlichten Anmerkungen und zitieren aus ihnen.

A. Antwort auf Max Born, Wolfgang Pauli, Walter Heitler, Niels Bohr und Henry Margenau

Einstein wendet sich an diese Wissenschaftler als hochverehrte Kollegen, die fest davon überzeugt seien, dass die Quantenmechanik die abschließende und befriedigende Theorie zur Erklärung des Welle-Teilchen-Dualismus sei und dass man zu Messungen in mikroskopischen physikalischen Systemen nur statistische Aussagen treffen könne. Nach diesem Einstieg erwähnt Einstein ausdrücklich die Artikel von Born und Pauli, wobei er ihre verdienstvolle historische Beschreibung seiner Beiträge zur statistischen Physik und Quantentheorie lobt. Beide bedauern in ihren Beiträgen die Tatsache, dass Einstein die Grundidee der zeitgenössischen Quantenmechanik ablehnt. In seiner Antwort auf sie und die Beiträge weiterer Kollegen nutzt Einstein die Gelegenheit, um einmal mehr – wie bereits in *Autobiographisches*, doch noch detaillierter – zu erklären, warum er ihnen nicht zustimmt. Er sei fest davon überzeugt, dass das statistische Wesen dieser Theorie ausschließlich der unvollständigen Beschreibung physikalischer Systeme geschuldet sei, und dass dieser Ansatz keine nützliche Grundlage für eine umfassende Theorie der Physik bilden könne.

Bevor wir Einsteins Argumente erläutern, kommentieren wir kurz zwei unveröffentlichte Antworten auf Born und Heitler.[15] Einstein nennt Born seinen liebgewordenen Freund, der daran glaube, dass Gott würfle. Anhand eines Zitats aus Einsteins Nachruf auf Ernst Mach[16] kommt Born zu dem Schluss: „Das ist das Wesen des jungen Einstein vor 30 Jahren. Ich bin gewiß, die Prinzipien der Wahrscheinlichkeit waren damals für ihn von der gleichen Art wie alle anderen Begriffe, die man für die Beschreibung der Natur verwendet ... Der heutige Einstein hat sich gewandelt."[17] Er zitiert dann aus einem Brief von Einstein (7. September 1944): „In unserer wissenschaftlichen Erwartung haben wir uns zu Antipoden entwickelt. Du glaubst an den würfelnden Gott und ich an volle Gesetzmäßigkeit in einer Welt von etwas objektiv Seiendem, das ich auf wild spekulative Weise zu erhaschen suche."[18]

In seinen unveröffentlichten Anmerkungen antwortet Einstein speziell auf Borns Anspielung, seine eigene Ansicht habe sich im Laufe der Jahre geändert: „In einem aber tut mir Born unrecht, nämlich indem er denkt, ich sei mir in dieser Beziehung untreu geworden, weil ich früher oft mich statistischer Methoden bedient habe. In Wahrheit nämlich habe ich nie daran geglaubt, dass die Grundlage der Physik aus Sätzen statistischen Inhaltes bestehen könne. Der Grund der Verschiedenheit unserer Erwartungen über die zukünftige Entwicklung der Grundlagen der Physik ist leicht zu sehen. Er glaubt, wie die meisten Physiker der Gegenwart im Gegensatz zu mir, dass die einzige gegenwärtig existierende erfolgreiche Deutung der Quanten-Erscheinungen im Prinzip endgültig sei."[19]

In diesem unveröffentlichten Text äußert sich Einstein auch zu Borns Bemerkung bezüglich Einsteins Bemühungen um „... eine allgemeine Feldtheorie, die die strenge Kausalität der klassischen Physik bewahrt und die Anwendung der

Wahrscheinlichkeit darauf beschränkt, unser Nichtwissen von den Anfangsbedingungen oder, wenn man lieber will, der Vorgeschichte aller Einzelheiten des betrachteten Systems zu verhüllen."[20] Er gesteht zu, dass dies tatsächlich sein Ziel gewesen sei. Was er nicht akzeptierte, war die Überzeugung, eine kontinuierliche Feldtheorie eigne sich nicht als Grundlage für eine umfassende Theorie der Physik. Diesen Punkt erörtert Einstein ausführlich in *Autobiographisches* (siehe Teil II, Kapitel 13).

Die unveröffentlichte Antwort auf Heitlers Artikel „Die Abkehr von der klassischen Denkweise in der modernen Physik" fasst kurz und präzise die beiden Seiten dieser Kontroverse zusammen.[21] Das philosophische Problem liege in der Beziehung zwischen der „Wellenfunktion" Ψ, welche ein physikalisches System in der Quantenmechanik beschreibt, und der Realität dieses Systems in Raum und Zeit. Die allgemeine Auffassung der Quantenmechanik laute, dass diese Funktion eine Beschreibung von größtmöglicher Vollständigkeit der physikalischen Situation leiste und dass eine plötzliche Veränderung in der Ψ-Funktion durch eine neue Beobachtung einer Veränderung der physikalischen Realität entspräche, veranlasst durch die eben diese Beobachtung. Eine alternative Interpretation würde dann so aussehen, dass eine Veränderung in Ψ keiner Veränderung der realen physikalischen Situation entspräche, sondern vielmehr einer Veränderung unseres Wissens über diese Situation. Einstein überzeugt Heitlers Argument zur Vollständigkeit der Beschreibung durch die Ψ-Funktion nicht, denn mit einem ähnlichen Argument könnte man behaupten, die phänomenologischen Theorien der Wärmeleitung seien vollständig, obgleich wir wissen, dass eine molekular-kinetische Beschreibung dieses Phänomens präziser ist.

In seiner veröffentlichten „Antwort" erkennt Einstein die wichtigen und beispiellosen Fortschritte an, welche die Physik der statistischen Quantentheorie verdankt. Seine Unzufriedenheit mit dieser Theorie hängt damit zusammen, dass sie das grundlegende Ziel aller Physik nicht erfüllt: „die vollständige Beschreibung der naturgesetzlich möglichen realen Sachverhalte."[22] Um seine Position zu verdeutlichen, verwendet Einstein nun ein Argument, das in *Autobiographisches* nicht vorkommt. Er erörtert den Fall eines einzelnen radioaktiven Atoms mit einer bestimmten Halbwertszeit, das sich an einem bestimmten Punkt im Raum befindet. Der radioaktive Prozess besteht in der Emission eines verhältnismäßig leichten Teilchens durch eine Potentialbarriere, die das Atom umgibt. Dieses Teilchen wird in der Quantenmechanik durch die Funktion Ψ beschrieben, welche die Wahrscheinlichkeit dafür angibt, dass sich das Teilchen zu einem bestimmten Zeitpunkt in einem bestimmten Raumbereich befindet. Bei $t = 0$ ist die Funktion auf das Innere des Atoms beschränkt, und danach breitet sie sich aus. Wir können für jeden Zeitpunkt die Wahrscheinlichkeit dafür ableiten, dass die Emission bereits erfolgt ist, doch wir erhalten keinerlei Information über die Zerfallszeit des Atoms. Einstein behauptet, dass die Ψ-Funktion daher keine vollständige Beschreibung des radioaktiven Prozesses eines einzelnen Atoms liefere.

Dann präsentiert Einstein die Antwort, die seine Opponenten, die Anhänger der statistischen Quantenmechanik, vermutlich auf diese Aussage geben würden. Sie würden argumentieren, dass die Zuordnung einer konkreten Zerfallszeit zu einem individuellen Atom willkürlich und bedeutungslos sei, da es keine Möglichkeit gebe, diese Zeit empirisch zu messen, ohne auf das Atom einzuwirken. Egal welches Ergebnis eine solche Bestimmung der Zerfallszeit liefern würde, die Information würde nicht für den Zustand des unbehelligten Atoms gelten. Einsteins Kritiker würden argumentieren, das Problem liege in dessen Anspruch, etwas könne „real" sein, auch wenn es sich nicht beobachten lässt. Diesem Argument widerspricht Einstein. Die physikalischen Aussagen dazu, was real ist, auf das zu beschränken, was man tatsächlich beobachten kann, erscheine ihm naiv und nicht haltbar. Es stehe vielmehr für einen übertriebenen Ausdruck der Grundhaltung des logischen Positivismus, der vorherrschenden Wissenschaftsphilosophie seiner Zeit also, der zufolge nur solche Aussagen Bedeutung hätten, die sich empirisch bestätigen lassen.[23]

Einsteins Erörterung zur Denkweise der Theoretiker der Quantenmechanik führt ihn zu dem Schluss, dass es für sie sogar bedeutungslos sein müsse zu fragen, ob ein definierter Zeitpunkt des Zerfalls eines Atoms überhaupt existiert. Wenn ein solcher Theoretiker der Funktion Ψ die Bedeutung zuweisen würde, dass sie sich auf ein Ensemble von Atomen bezieht, und wenn die abgeleitete Wahrscheinlichkeit, dass der radioaktive Zerfall bereits stattgefunden habe, den Mittelwert über die individuellen Atome dieses Ensembles repräsentiere, dann könne er einen bestimmten Zeitpunkt des Zerfalls annehmen. Wenn dieser Theoretiker hingegen darauf bestehe, dass die Funktion Ψ die vollständige Beschreibung eines individuellen Atoms liefere, müsse er den Begriff einer bestimmten Zerfallszeit aufgeben.

Einstein setzt seine Erörterung mit einer ausführlichen Beschreibung eines Systems fort, das aus einem Geigerzähler und einem gleichmäßig fortlaufenden Papierstreifen besteht. Jeder Zerfall, den der Geigerzähler misst, wird durch einen Punkt auf dem Papierstreifen markiert. Die Position des Punktes auf dem Papierstreifen markiert den Zeitpunkt des Zerfalls. Nun erfolgt die Interpretation dieses Zeitpunkts im Rahmen makroskopischer Konzepte, vollkommen losgelöst vom Begriff des Zeitpunkts des Zerfalls eines einzelnen Atoms. Weil dies ein makroskopisches System ist, steht zu erwarten, dass sich die Position des Punktes sicher bestimmen lässt.

Einstein bringt zum Abschluss dieses Teils seiner Anmerkungen seine Überzeugung zu diesem Problem klar zum Ausdruck. „Ich bin davon überzeugt, daß jeder, der sich nur die Mühe nimmt, solche Überlegungen gewissenhaft durchzuführen, sich schließlich zu dieser Interpretation der quantentheoretischen Beschreibung gedrängt sieht (die Ψ-Funktion ist als Beschreibung nicht eines Einzelsystems, sondern einer Systemgesamtheit aufzufassen)."[24] Er ist davon überzeugt, dass die Quantenmechanik im Rahmen der zukünftigen Physik eine ähnliche Position einnehmen wird, wie die statistische Mechanik im Rahmen der klassischen Mechanik, doch dass der Weg dorthin lang und schwierig sein werde.

Erneut führt Einstein eine mögliche Reaktion der Theoretiker der Quantenmechanik ins Feld. Angenommen, ein solcher Theoretiker würde der Schlussfolgerung zustimmen, die quantenmechanische Beschreibung sei eine unvollständige Beschreibung eines individuellen Systems. Er könnte dann behaupten, die Suche nach einer vollständigen Beschreibung sei sinnlos, da die Naturgesetze im Rahmen einer unvollständigen Beschreibung vollständig formulierbar sind. Das wäre eine theoretische Möglichkeit. Einstein erscheint jedoch „... die Erwartung natürlicher, daß die adäquate Formulierung der allgemeinen Gesetze an die Verwendung aller der begrifflichen Elemente gebunden ist, die für eine vollständige Beschreibung nötig sind."[25]

Über diesen virtuellen Dialog kommt Einstein zurück zu grundlegenden erkenntnistheoretischen Fragen. Die Stoßrichtung der nun folgenden Argumentation ist seine Ablehnung des Standpunktes, die Quantentheorie zwinge uns aufgrund der Rolle der Messungen in dieser Theorie eine bestimmte erkenntnistheoretische Haltung auf. Zum Abschluss eines längeren erkenntnistheoretischen Exkurses, in welchem er seine eigene Position rekapituliert, erhebt Einstein Einwände gegen Bohrs Komplementaritätsprinzip. Diesem hatte er selbst erfolglos eine klarere Form zu geben versucht. Im Kontext dieser Diskussion besagt dieses Prinzip, dass Systeme auf mikroskopischer Ebene bestimmte Paare komplementärer Eigenschaften hätten, die sich nicht gleichzeitig exakt messen lassen. Das typische Phänomen der Komplementarität ist der Welle-Teilchen-Dualismus materieller Teilchen. Die Art der Messung bestimmt, welche dieser Eigenschaften des Systems jeweils hervortritt. Einstein hatte den Eindruck, der erkenntnistheoretische Fehler dieses Prinzips bestehe darin, dass eine theoretische Beschreibung eingeführt wird, die direkt von empirischen Aussagen abhängt. Das lehnt Einstein ab. Für ihn stellt sich die Beziehung zwischen Sinneserfahrungen und Denken, die zu theoretischen Beschreibungen führt, viel indirekter dar, und sie erlaubt ein viel höheres Maß an Freiheit bei der Wahl geeigneter Begriffe, als dies die erkenntnistheoretische Argumentation der Quantentheorie nahelegt.

Um diesen grundlegenden Einwand gegen die Kopenhagener Deutung der Quantenmechanik zu rechtfertigen, hatte Einstein sein erkenntnistheoretisches Credo in den Abschnitten vor seiner Kritik an Bohrs Position zusammengefasst. Diese Zusammenfassung richtet sich zugleich gegen das positivistische Metaphysikverbot und die Verbannung aller Begriffe, die keine direkte Verbindung zur empirischen Evidenz haben. Einsteins Standpunkt beinhaltet das Aufstellen einer Reihe von konzeptuellen Behauptungen, die notwendig sind, um physikalisch zu denken und Wissen über die Realität zu erlangen. Diese Konzepte gehen der Erfahrung voraus und können daher in einem kantschen Sinn als a priori gegeben gelten, allerdings mit dem Unterschied, dass Einstein solche Kategorien nicht als unveränderlich, sondern als freie Konventionen betrachtet. Er behauptet jedoch, sie seien a priori in einem allgemeineren Sinn, „nur insofern, als Denken ohne die Setzung von Kategorien und überhaupt von Begriffen so unmöglich wäre wie Atmen in einem Vakuum."[26]

Das genügt Einstein, um sein Eingeständnis zu rechtfertigen, er sei „der metaphysischen Erbsünde verfallen", nämlich Konzepte eingeführt zu haben, denen der direkte Kontakt zur empirischen Evidenz fehlt. In der philosophischen Tradition geht die Metaphysik grundlegenden Fragen zur Welt und ihren Inhalten nach, ohne dabei an die wissenschaftlichen Zwänge im modernen Sinn gebunden zu sein. Ganz in diesem Sinn spricht Einstein in seinem Kommentar zu Russells Theorie des Wissens von „eine[r] verhängnisvolle[n] 'Angst vor der Metaphysik'", die er als „eine Krankheit des gegenwärtigen empiristischen Philosophierens" bezeichnet. Er findet auch in Russells Werk einige Hinweise, die seine Annahme stützen: „... daß man ohne 'Metaphysik' nicht auskommen könne. Das einzige, was ich daran zu beanstanden habe, ist das schlechte intellektuelle Gewissen, das zwischen den Zeilen hindurchschimmert."[27] Russell hatte ein schlechtes Gewissen, Einstein nicht. Leider war Bertrand Russell, obwohl er um die Mitwirkung an Einsteins LLP-Band gebeten worden war, nicht bereit, zu diesem einen Beitrag zu liefern, während Einstein dies umgekehrt zu seinem Band in der Bibliothek der lebenden Philosophen getan hatte.

Am Ende dieses Exkurses kommt Einstein auf das grundlegende Problem seines Streits über die statistische Quantentheorie zurück, auf das Konzept des Realen in der Physik, das durch die Kopenhagener Deutung der Quantenphysik herausgefordert worden war. Wie wir sahen, leitet Einstein seine eigene erkenntnistheoretische Position ausdrücklich nicht aus einer physikalischen Theorie ab, sondern aus grundlegenderen Erwägungen, die durch neokantianische Überlegungen zur Möglichkeit der Erfahrung geformt wurden. Wie in seinen entsprechenden Bemerkungen in den *Notizen* folgt Einstein auch dem Postulat Kants, das Reale als „eine Art Programm" aufzufassen. Er hebt hervor, dass niemand dieses Programm im makroskopischen Bereich einfach so aufgeben würde, und dass es seiner Ansicht nach auch im mikroskopischen Bereich kaum Anlass dazu gebe, besonders wegen der Beziehungen, die zwischen makroskopischem und mikroskopischem Bereich bestehen. Die Pointe seiner Argumentation ist, dass er den Quantentheoretikern vorwirft, selbst eine A-priori-Position einzunehmen – nämlich indem sie sich an die These klammerten, „die Beschreibung der Natur durch die statistische Quantenmechanik sei als eine vollständige aufzufassen."[28]

Zum Abschluss der Antwort auf seine Physikerkollegen kommt Einstein noch einmal auf die Essays von Born und Pauli zurück (im Text steht „Bohr", doch aus dem Kontext und aus dem Manuskript wird deutlich, dass er hier Born meint). Beide hatten ihm mit freundlichen Worten ein „starres Festhalten an der klassischen Theorie" vorgeworfen. Im Rückblick auf den Übergang von der newtonschen Physik zur maxwellschen Theorie, in der aus der Distanz wirkende Kräfte durch ein kontinuierliches Feld ersetzt wurden, gefolgt von der Feldtheorie der Gravitation, die als Theorie ebenfalls noch nicht die Existenz von Massen erklärte, bleibt jedoch unklar, was eigentlich die „klassische Theorie" ist, an die sich Einstein angeblich klammerte. Die kontinuierliche Feldtheorie für den vierdimensionalen Raum bestehe jedoch als Programm, und Einstein räumt ein, dass er an diesem Programm tatsächlich starr festhalte. Nachfolgend erläutert er die Gründe für diese Festlegung, so wie er es in *Autobiographisches* getan hatte, als er seine Bemühungen um eine einheitliche Feldtheorie erörterte (siehe Teil II, Kapitel 13). Er war jedoch auch offen für andere Alternativen, wie etwa eine rein algebraische Theorie, wie wir in seiner Antwort auf Margenau sehen werden.

B. Antwort auf Hans Reichenbach

Einstein beginnt die Erörterung der Beziehung zwischen Relativitätstheorie und Philosophie mit einem Kommentar zu Hans Reichenbachs Arbeit „Die philosophische Bedeutung der Relativitätstheorie", die sich laut Einstein „durch die Präzision ihrer Deduktionen und die Schärfe ihrer Behauptungen" auszeichnet. In diesem Zusammenhang erwähnt er auch Robertsons Artikel „Geometrie als Zweig der Physik", der von einer „lichtvolle[n] Überlegung " geprägt und vom Standpunkt der allgemeinen Erkenntnistheorie her interessant sei, auch wenn er sich auf das eng eingegrenzte Thema der Beziehung zwischen Relativitätstheorie und Geometrie beschränke.[29]

In einer unveröffentlichten Antwort auf Reichenbachs Essay benutzt Einstein sogar noch lobendere Worte: „Was Reichenbach von so vielen seiner Kollegen auszeichnet, ist der Umstand, dass er Allgemeinheit der Erkenntnis niemals erkauft durch Opferung der Klarheit. Er sieht in der logischen Kritik der Lehren und Methoden der Einzel-Wissenschaften die Hauptaufgabe der Philosophie."[30] Dann greift Einstein zwei seiner Punkte auf. Erstens widmet er sich Reichenbachs Behauptung: „Als logische Basis der Relativitätstheorie dient die Entdeckung, daß viele Aussagen, deren Wahrheit oder Falschheit als erweisbar angesehen wurde, bloße Definitionen sind."[31] So wie sie hier formuliert ist, will Einstein dieser Behauptung nicht zustimmen. Er geht davon aus, Reichenbach habe gemeint, die theoretische Klärung, die schließlich zur speziellen und allgemeinen Relativitätstheorie führte, habe eine Untersuchung der Grundkonzepte der Geometrie erfordert, um zu erkennen, was in ihnen lediglich auf Konvention beruhte. Daraus seien dann besser geeignete Konzepte hervorgegangen. Die Analyse der Begriffe und Konzepte sei in beiden Fällen ein notwendiges Werkzeug gewesen, nicht jedoch der Ausgangspunkt (im Sinne einer logischen Grundlage).

Als zweiten Punkt greift Einstein Reichenbachs Definition von Kongruenz heraus: „Daß eine gewisse Entfernung einer anderen kongruent ist, die an einem anderen Orte gelegen ist, kann niemals als wahr bewiesen ... werden. ... [M]an kann es nur als wahr bezeichnen, nachdem man eine Definition der Kongruenz gegeben hat. Es hängt also von einem vorhergehenden Vergleich der Entfernungen ab, und der ist eine Sache der Definition."[32] Einstein erläutert, dieser schwierige Punkt sei zurückzuführen auf die Tatsache, dass ein Vergleich von Abständen vom Transport eines starren Körpers abhänge, der als Messinstrument diene, zugleich jedoch ein etwas problematischer Begriff sei. Nachfolgend erläutert er die Mehrdeutigkeit des Begriffs: „Das Heikle an dieser psychologisch geradezu unvermeidlichen Auffassung liegt darin, dass der starre Messkoerper eine Fiktion bedeuted [sic], deren Berechtigung nicht unbezweifelbar ist. Sucht man diese Fiktion zu umgehen, so faellt eine direkte physikalische Definition der geometrischen Kongruenz weg. Dann erscheint ueberhaupt die These problematisch „the meaning of a statement is reducible to its verifiability"; es erscheint naemlich zweifelhaft, ob man an dieser Auffassung von „meaning" für das einzelne statement festhalten kann."[33]

Einstein erörtert hier die Alternative zwischen einem naiven Realismus einerseits, demzufolge sich geometrische Abstände mithilfe eines starren Messinstruments bestimmen lassen –, er nennt diese Vorstellung „psychologisch geradezu unvermeidlich" – und andererseits der Behauptung, der Vergleich von Abständen sei eine reine Definitionsfrage. Im letzteren Fall wird besonders deutlich, wie problematisch die Behauptung ist, man könne einer einzelnen Aussage eine Bedeutung zuweisen, indem man sie auf ihre Verifizierbarkeit reduziert.

In der veröffentlichten Antwort argumentiert Einstein anders. Er erörtert die Frage der Verifizierbarkeit eines geometrischen Zustands und die Frage der Bedeutung in Form eines fiktiven Dialogs zwischen Reichenbach, der die Meinung des Physikers Hermann von Helmholtz (1821–1894) vertritt, und Henri Poincaré (1854–1912) (im weiteren Verlauf des Dialogs wird Poincaré durch einen nicht-positivistischen Physiker ersetzt). Dieser Dialog steht im Zusammenhang mit Reichenbachs Darstellung der historischen Entwicklung der Philosophie der Geometrie: „Aber derjenige, dem wir die philosophische Klärung des Geometrieproblems verdanken, ist Helmholtz. Er sah, daß die physikalische Geometrie von der Definition der Kongruenz mit Hilfe starrer Körper abhängt und gelangte so zu einer klaren Auffassung vom Wesen der physikalischen Geometrie. Diese war an logischer Einsicht dem Konventionalismus Poincarés überlegen, der einige Jahrzehnte später entwickelt wurde."[34] Im Gegensatz zu Kants Verständnis des Raumes als einem a priori gegebenen Begriff und zu Helmholtz' Ansicht, die Geometrie des Raumes lasse sich empirisch bestimmen, vertrat Poincaré den Standpunkt, es gebe Aspekte einer wissenschaftlichen Theorie, die sich durch Konvention festlegen lassen, was die Wahl einer Geometrie zu einer freien Entscheidung mache.

Zu Beginn des Dialogs behauptet „Poincaré", es gebe keine starren Körper, die verwendet werden könnten, um geometrische Intervalle zu messen, und deshalb seien geometrische Theoreme nicht verifizierbar. „Reichenbach" gesteht zu, dass es keine starren Körper gibt, doch ließe sich ihre Flexibilität durch die Bestimmung physikalischer Effekte wie der Abhängigkeit des Volumens von der Temperatur, Elastizität und Elektrostriktion berücksichtigen. Darauf antwortet „Poincaré", dieser Vorschlag zur Erlangung einer echten Definition von Abstand beruhe auf physikalischen Gesetzen, die wiederum auf den Annahmen der euklidischen Geometrie beruhten. Also sei Geometrie nach wie vor nicht verifizierbar. Daher fragt er nun, warum er nicht frei darin sein sollte, diejenige Geometrie zu wählen, die sich für seine Zwecke am besten eigne, um auf dieser frei gewählten Grundlage dann die physikalischen Gesetze zu begründen.

„Reichenbach" findet dieses Argument attraktiv, doch andererseits wendet er ein, wir sollten auch weiterhin, wie bei der vorrelativistischen Physik, zumindest versuchsweise am Verständnis der Messbarkeit von Längen festhalten, so als ob wir tatsächlich über starre Maßstäbe verfügten. Er betont, dass Einstein schließlich nur deshalb die allgemeine Relativitätstheorie habe formulieren können, weil er an der objektiven Bedeutung des Begriffs Länge festgehalten habe. Poincaré hätte die konventionelle euklidische Geometrie der Einfachheit halber gewählt. Doch letztendlich komme es auf die Einfachheit der gesamten Physik an und nicht allein die der Geometrie, weshalb man nicht an der euklidischen Geometrie festhalten solle. An diesem Punkt des Dialogs ersetzt Einstein seinen „Poincaré" aus Respekt vor dem wirklichen durch einen anonymen Nicht-Positivisten. Der „Nicht-Positivist" stellt den Begriff des Abstands als legitimen Begriff in Frage. Er beruft sich auf das (in Reichenbachs Essay dargelegte) Prinzip, demzufolge ein Begriff dann eine „Bedeutung" erlangt, wenn er verifizierbar ist, und er überträgt das auf die geometrischen Begriffe. Er fragt nun, wie diese Begriffe denn eine Bedeutung haben können, wenn sie Bedeutung nur im Rahmen einer vollständig entwickelten Theorie erlangen, sie jedoch bereits existieren, bevor die Theorie diesen Zustand erreicht.

In diesem Dialog stattet Einstein beide Seiten mit gewichtigen Argumenten aus. Er stimmt Reichenbach zu, dass die Einführung geometrischer Begriffe aus diesen selbst heraus zu begründen sei, stellt sich aber auf die Seite des Nicht-Positivisten, der auf der holistischen Konzeption einer physikalischen Theorie wie der allgemeinen Relativitätstheorie besteht. Wie lassen sich nun diese beiden offenbar widersprüchlichen Standpunkte miteinander vereinbaren? Im Schlussteil des Dialogs kritisiert der Nicht-Positivist Reichenbach dafür, dass dieser den philosophischen Errungenschaften Kants nicht gerecht werde. Einstein stellt einmal mehr klar, was er an Kants Erbe für wertvoll hält: nicht etwa die Annahme, bestimmte Kategorien wie etwa die euklidische Geometrie hätten einen A-priori-Status, sondern die Erkenntnis, dass – ganz allgemein – manche Begriffe und Kategorien vorausgesetzt werden müssen, um eine physikalische Theorie aufzustellen, selbst wenn sie später eventuell wieder geändert werden müssen. Er besteht also auf einer im Vergleich zu beiden Kontrahenten des Dialogs viel historischer ansetzenden Perspektive zur Entwicklung von Begriffen. Tiefer ins Detail geht er dazu jedoch nicht.

In seiner unveröffentlichten Erwiderung äußerte sich Einstein zustimmend zu Reichenbachs Darstellung der historischen Entwicklung, deren Höhepunkt die Relativitätstheorie in gewissem Sinne darstellt, und ihm gefiel die Darstellung der Kant und Helmholtz widersprechenden Ansichten zur Erkenntnis des Raums.[35] Im veröffentlichten Text schließt Einstein seine Bemerkungen zu Reichenbachs Essay mit einem Hinweis auf das offene Wesen des erörterten Problems ab und bringt dabei seine Wertschätzung zum Ausdruck: „Ich kann mir als Diskussionsgrundlage für ein erkenntnistheoretisches Seminar kaum etwas Anregenderes denken als diesen kurzen Aufsatz von Reichenbach (am besten zusammen mit Robertsons Arbeit)."[36]

C. Antwort auf Percy Bridgman

Reichenbachs Artikel und Einsteins darauffolgende Erörterung stehen in Bezug zu Percy Bridgmans Essay „Einsteins Theorien vom methodologischen Gesichtspunkt". Daher beschränkt sich Einstein auf kurze Anmerkungen. Die unveröffentlichte Stellungnahme jedoch, die wir hier zusammenfassen, ist detaillierter. Sie beginnt mit einer Bewertung des „operational point of view".[37] Der von Bridgman vertretene Operationalismus basiert auf der Auffassung, dass ein Begriff nur dann Bedeutung hat, wenn dazu ein Messverfahren festgelegt ist. Für Bridgman ist ein Begriff nichts anderes als eine Menge von Operationen. Diesen Standpunkt findet Einstein fruchtbar und unannehmbar zugleich. Fruchtbar insofern, als er uns zu einer kritischen Haltung gegenüber grundlegenden Begriffen und Definitionen zwingt, die in der Theorie verwendet werden, und unannehmbar deshalb, weil der Ansatz den fiktiven Charakter jeglicher Konzeptualisierung verkennt.

Bridgman beginnt seinen Essay mit der Behauptung, Einstein habe in seiner allgemeinen Relativitätstheorie die Lehren und Einsichten nicht berücksichtigt, die aus seiner speziellen Relativitätstheorie gezogen werden können. Er meint damit, dass die Grundbegriffe der speziellen Relativitätstheorie in operationeller Hinsicht gut definiert sind, die der allgemeinen Relativitätstheorie hingegen nicht. Einstein weist darauf hin, dass Bridgmans Zustimmung zum Begriff der Gleichzeitigkeit auf einer vereinfachten Definition beruhe, die er selber später als allzu simpel erkannt habe.

Um diesen Mangel zu korrigieren erklärt Einstein, dass der Begriff der Gleichzeitigkeit entfernter Ereignisse von den Begriffen „starrer Körper", „Inertialsystem" und „zeitlich scharfes Lichtsignal" abhänge. Diese Begriffe seien jedoch fiktiv, denn es scheine unmöglich zu sein, für die letzten beiden Begriffe eine umfassende „operationale" Grundlage zu schaffen. Dennoch sei die Definition des Begriffs Gleichzeitigkeit überzeugend, wenn man davon ausgehe, dass die beiden letztgenannten Begriffe weniger problematisch seien, als derjenige der Gleichzeitigkeit entfernter Ereignisse. „Insofern, aber *nur* insofern, erscheint das Ergebnis jener Überlegung operational begründet." Einstein kommt zu dem Schluss, es sei falsch zu behaupten, ein konkreter theoretischer Begriff oder eine Aussage sei nur dann legitim, wenn sich seine Richtigkeit experimentell messen lasse.

Was Einstein hingegen für gerechtfertigt hält, ist die Forderung des Operationalismus, die Theorie müsse *als Ganzes* kontrollierte und klare Aussagen zu experimentellen Fakten enthalten. Doch diese Forderung dürfe man nicht an alle Begriffe und Aussagen stellen, die in einer Theorie enthalten sind. Die Anwendung des Prinzips des Operationalismus auf eine Theorie sei insofern fruchtbar, als dadurch eine exakte Erkundung der Beziehungen zwischen dem theoretischen Konstrukt und der Erfahrung angestrebt wird. Seiner Ansicht nach gibt es in der Tat keine einzige physikalische Theorie, die in strenger Hinsicht die Forderungen des Prinzips des Operationalismus erfüllen würde. Die allgemeine Relativitätstheorie sei da keine Ausnahme.

Diese Erörterung wird in der veröffentlichten „Antwort" kurz zusammengefasst. Um ein logisches Konstrukt als physikalische Theorie ansehen zu können, ist es nicht notwendig zu fordern, dass sich jede einzelne ihrer Feststellungen operationell prüfen lässt. Keine Theorie habe dies jemals erfüllt. Erforderlich sei, dass eine physikalische Theorie allgemeine Aussagen generiere, die sich empirisch überprüfen lassen.

D. Antwort auf Henry Margenau

Einstein rechnete Margenau zu jener Gruppe seiner Physikerkollegen, an die er seine Bemerkungen hinsichtlich seiner Überzeugung richtete, die Wellenfunktion der Quantenmechanik sei keine vollständige Beschreibung eines physikalischen Systems. Dennoch schrieb er zusätzlich eine spezifische und relativ lange Antwort auf Margenaus kritischen Essay – zunächst eine Sammlung unveröffentlichter Bemerkungen und dann einen etwas anderen Text, welchen er in die veröffentlichte Fassung seiner „Bemerkungen zu den in diesem Bande vereinigten Arbeiten" aufnahm. Der Begriff der „Wirklichkeit" oder des „Realen" ist ein zentrales Thema der Wissenschaftsphilosophie und wurde bereits im Kontext der Quantenmechanik und in Einsteins Antwort auf Reichenbach erwähnt. In Margenaus Essay steht dieser Begriff sogar im Titel: „Einsteins Auffassung von der Wirklichkeit". Einsteins erste Bemerkung in seiner unveröffentlichten Stellungnahme bezieht sich auf Margenaus Behauptung, „… daß der beste Teil der modernen Physik diese Begriffe vermeidet und ganz innerhalb des Bereiches der Wissenschaftslehre (Epistemologie) bzw. der Methodologie operiert. Dabei überläßt sie es dem Zuschauer, den Sinn der Wirklichkeit in einer beliebigen Weise zu konstruieren."[38] Dazu merkte Einstein an, Physiker würden nie über die Realität sprechen, und es sei ohnehin unerheblich, ob man darüber spricht oder nicht – genau wie Menschen, die atmen, nicht über die Luft sprechen, die sie atmen. Physiker operieren mit Konzepten, die ihnen dabei helfen, ihren Weg durch die Vielfalt der Sinneswahrnehmungen zu finden. Im Fall bestimmter Arten von Konzepten könne man von einer „physikalische[n] Darstellung der Realität" sprechen. Daher sei es wenig sinnvoll, sich zu fragen, ob Physiker nun die Realität darstellen oder nicht. Es stelle sich einzig und allein die Frage, welcher Art diese Darstellung oder Repräsentation sein solle.[39]

Die veröffentlichte Antwort beginnt mit einem Kommentar zu Margenaus Behauptung, „Einsteins Position kann man nicht mit irgend einem der geläufigen Namen für philosophische Haltungen etikettieren. Sie enthält Züge rationalen Erkennens und ebenso solche eines extremen Empirismus …."[40] Einstein stimmt dem zu und erläutert, warum die Schwankung zwischen diesen beiden Extremen in der Arbeit eines Physikers unvermeidlich sei. Der Physiker versucht, seine Konzepte so eng wie möglich mit der Erfahrungswelt zu verknüpfen. In diesem Bestreben nehme er eine empirische Haltung ein. Zum Rationalisten werde er hingegen stets dann, wenn er bemerke, dass es keinen logischen Weg aus der empirischen in die begriffliche Welt gebe. In seiner Antwort auf Lenzen und Northrop (siehe unten) entwickelt Einstein sogar noch ein breiteres Spektrum philosophischer Grundhaltungen in der Arbeit von Wissenschaftlern.

Als nächstes bezieht sich Einstein auf Margenaus Erörterung des Begriffs der Objektivität, die mit der Behauptung beginnt: „Die Relativitätstheorie ist für die Philosophie besonders wichtig geworden durch ihre tiefgründige Antwort auf das Problem der Objektivität.“[41] Laut Margenau bezieht sich Einsteins Konzept der Objektivität auf die grundlegende Form theoretischer Aussagen und nicht auf die der Wahrnehmung. Objektivität wird dann gleichbedeutend mit der Invarianz physikalischer Gesetze und bezieht sich nicht auf physikalische Phänomene oder Beobachtungen.

Einstein jedoch ist nicht überzeugt von Margenaus Behandlung dieses Themas und kritisiert die grundlegenden Thesen seiner Darlegung. Er argumentiert in seiner unveröffentlichten Antwort ähnlich wie in der veröffentlichten. „Objektivität“ ist für Einstein eine charakteristische Eigenschaft jeder physikalischen Theorie, sei es die newtonsche Mechanik, die Relativitätstheorie oder die Quantentheorie. Jede These einer solchen Theorie beanspruche objektive Bedeutung, es sei denn, man ginge davon aus, ein und dieselbe physikalische Situation erlaube mehrere Beschreibungsformen, die gleichermaßen gerechtfertigt sind (wie etwa die Koordinate eines Teilchens). In letzterem Fall müssen die allgemeinen Gesetze der Theorie für jede gerechtfertigte Beschreibung gültig sein, und dann könne man ihnen „Objektivität“ zuschreiben.

Einstein widerspricht der Behauptung, „Objektivität“ setze bestimmte Gruppeneigenschaften einer Theorie voraus (also von mathematischen Eigenschaften der Gleichungen einer Theorie, die mit der Invarianz dieser Gleichungen bezüglich der Transformation zwischen verschiedenen Koordinatensystemen zusammenhängen). Für ihn liegt die Bedeutung der Gruppeneigenschaften (oder der Symmetrie), auf denen eine physikalischen Theorie beruht, in der Tatsache, dass sie den Bereich der zulässigen Gesetze einschränken. Wir haben das bereits in Teil II, Kapitel 13 behandelt.

Einstein widerspricht auch der Hauptthese des Abschnitts zur „Objektivität“ in Margenaus Essay: „Die Gesetze der Physik, die invariant bleiben müssen, sind immer Differentialgleichungen.“[42] Laut Einstein ist dieser Satz selbst dann in Frage zu stellen, wenn man zustimmt, dass Raum und Zeit ein Kontinuum bilden und dass alle physikalischen Größen durch kontinuierliche Funktionen der Koordinaten darzustellen sind. Es gibt für Einstein keine Garantie dafür, dass es keine invarianten, hinreichend eingeschränkten Aussagen über ein Kontinuum gibt, die nicht die Form von Differentialgleichungen haben. Einstein führt diesen Punkt in seiner unveröffentlichten Antwort näher aus. Er selber habe versucht, in dieser Richtung weiterzukommen, doch sein Scheitern sei kein Beweis dafür, dass diese Bemühungen objektiv wertlos seien. Es sei nicht einmal klar, dass es zum Raumzeit-Kontinuum keine Alternative gebe, obgleich Einstein „keinen anderen Weg gefunden habe (als durch Differential-Gleichungen), um das auszudrücken, was an der allgemeinen Relativität wohl zweifellos richtig ist."[43]

Tatsächlich zog Einstein sehr ernsthaft in Erwägung, dass eine zukünftige Theorie möglicherweise nicht auf dem Kontinuumsbegriff basieren könnte, wie John Stachel bemerkt hat.[44] In einem Brief an H. S. Joachim schreibt Einstein: „Jedenfalls scheint mir, dass die Alternative Kontinuum-Diskontinuum eine echte Alternative ist; d. h. es gibt hier keinen Kompromiss. Unter Diskontinuum-Theorie verstehe ich eine solche, in der es keine Differentialquotienten gibt. In einer solchen Theorie kann es nicht Raum und Zeit geben sondern nur Zahlen und Zahlkörper und Regeln für die Bildung von solchen auf Grund algebraischer Regeln unter Ausschluss des Grenzprozesses. Welcher Weg sich bewähren wird, kann nur der Erfolg lehren."[45] Aus einem von Abraham Fraenkel überlieferten Gespräch mit Einstein im Jahr 1951[46] wissen wir, dass Einstein um die Zeit des Verfassens seiner „Bemerkungen zu den in diesem Bande vereinigten Arbeiten" noch sehr optimistisch war, dass eine solche algebraische Alternative gefunden werden könnte. Er hegte diese Hoffnung bis zu seinem Lebensende. Fraenkel erinnert sich, dass er Einstein die Haltung der (Neo-)Intuitionisten beschrieben hatte: „.... [D]iese Haltung würde eine Art atomistische Funktionstheorie annehmen, vergleichbar mit der atomistischen Struktur von Materie und Energie. Einstein zeigte ein reges Interesse an diesem Thema und merkte an, dass einem Physiker eine solche Theorie bei weitem attraktiver erscheinen müsse als die klassische Kontinuumstheorie." Die Schwierigkeiten eines solchen Ansatzes, die Fraenkel hervorhob, hätten Einstein nicht beirrt, sondern er „drängte die Mathematiker, geeignete neue Methoden zu entwickeln, die nicht auf Kontinuität basierten."

Die Diskussion mit Einstein motivierte Fraenkel, die Essenz des Intuitionismus in der Mathematik zu beschreiben. Zum Abschluss seines Artikels zu diesem Thema kommt er auf Einsteins Haltung und auf den Nachdruck zu sprechen, mit dem dieser auf einer tiefen Analogie zwischen intuitionistischen Trends und gewissen Ideen der modernen Physik bestand: „Insbesondere müssen Theorien des Kontinuums, die auf eine mathematische Kontinuität im eigentlichen Sinn verzichten, entweder zugunsten einer ,atomistischen' Haltung oder zugunsten einer Konzeption des Kontinuums als Medium einer ,freien Entwicklung' statt eines statischen ,Seins', unter Physikern ein starkes Verlangen nach einer neuartigen mathematischen Analyse wecken, die sich für den Umgang mit solchen Pseudo-Kontinuen eignet."[47]

Kurz vor seinem Tod schrieb Einstein im Anhang der fünften Auflage seines Buches *Grundzüge der Relativitätstheorie* (1956 posthum veröffentlicht): „Man kann gute Argumente dafür anführen, daß die Realität überhaupt nicht durch ein kontinuierliches Feld dargestellt werden könne. Aus den Quantenphänomenen scheint nämlich mit Sicherheit hervorzugehen, daß ein endliches System von endlicher Energie durch eine endliche Zahl von Zahlen (Quanten-Zahlen) vollständig beschrieben werden kann. Dies scheint zu einer Kontinuums-Theorie nicht zu passen und muß zu einem Versuch führen, die Realität durch eine rein algebraische Theorie zu beschreiben. Niemand sieht aber, wie die Basis einer solchen Theorie gewonnen werden könnte."[48]

Wir schweifen an dieser Stelle kurz von Einsteins Antwort auf Margenaus Artikel ab, um uns seiner Antwort auf Karl Mengers Artikel über verschiedene Modelle der modernen Geometrie zuzuwenden, insbesondere der folgenden Vorhersage Mengers: „Es mag wohl der Tag kommen, da die Physiker sich die Vorteile der weitgehenden Allgemeinheit und der enormen Reichhaltigkeit zu eigen machen, die ihnen die Begriffe der modernen Geometrie liefern." Menger wird sogar noch konkreter: „Die Relativitätstheorie der Zukunft wird versuchen, wesentliche Beziehungen zwischen den Linien der allgemeinen metrischen Räume ohne Rücksicht auf ein willkürlich gewähltes Bezugssystem zu formulieren."[49] Diese Aussage kommt bei Einstein gut an. Er antwortet: „Festhalten am Kontinuum stammt bei mir nicht aus einem Vorurteil, sondern aus dem Umstand, daß ich daneben nichts Organisches ausdenken konnte. Wie soll man die Vierdimensionalität im wesentlichen konservieren, das Kontinuum aber aufgeben?"[50]

Kommen wir nun zurück zu Margenau. Einstein ist nicht mit der Behauptung einverstanden, anhand von Differentialgleichungen ausgedrückte Gesetze der Physik seien „am wenigsten spezifisch." Würde sich diese Aussage beweisen lassen, „so würde allerdings der Versuch, die Physik auf Differentialgleichungen zu gründen, hoffnungslos sein."[51] In seiner unveröffentlichten Antwort beendet er diese Diskussion mit folgenden Worten: „Wenn Du dies wirklich zeigen kannst, so müssten die theoretischen Versuche von der von mir gegenwärtig bearbeiteten Art als prinzipiell inadequat aufgegeben werden."[52]

In seiner veröffentlichten Antwort reagiert Einstein auf den Versuch Margenaus, den einsteinschen Realitätsbegriff als typisch für jemanden zu beschreiben, der aus der kantschen Tradition hervorgegangen sei. Einsteins Antwort haben wir hier bereits zitiert (Teil II, Kapitel 3).[53] Der Vollständigkeit halber sei hier nochmals darauf verwiesen: Einstein betont, dass er nicht aus einer kantschen Tradition stamme und dass er erst sehr spät verstanden habe, was an Kants Doktrin so wertvoll sei. Ausgedrückt ist dies in dem Satz: „Das Wirkliche ist uns nicht gegeben, sondern aufgegeben (nach Art eines Rätsels)". Einstein deutet diese Aussage so, dass „[d]iese begriffliche Konstruktion ... sich eben auf das ‚Wirkliche' (per Definition) [bezieht], und jede weitere Frage über die ‚Natur des Wirklichen' scheint leer."[54] Diese Aussage hätte Einstein in seiner „Antwort" immer dann verwenden können, wenn die Frage der Realität zur Sprache kommt.

Einstein widmet sich im Folgenden Margenaus Erörterung des Einstein-Podolsky-Rosen-Paradoxons und der darin geäußerten Ansicht, die quantenmechanische Beschreibung sei unvollständig und ihr statistischer Charakter basiere auf eben dieser Unvollständigkeit.[55] Für Einstein geht Margenaus Verteidigung der allgemein anerkannten Interpretation der Bedeutung der Ψ-Funktion am entscheidenden Punkt vorbei. Um dies zu korrigieren, präsentiert Einstein seine Version von Niels Bohrs Formulierung der Kopenhagener Deutung und stellt dann seine Auflösung des Paradoxons vor. Ihm zufolge muss man eine der folgenden beiden Aussagen aufgeben: entweder die Behauptung, dass die Ψ-Funktion eine vollständige Beschreibung bietet, oder die Aussage, dass zwei weit voneinander entfernte Objekte voneinander unabhängig sind. Da Einstein auf diese Angelegenheit detaillierter in *Autobiographisches* eingeht (siehe Teil II, Kapitel 12), brauchen wir diese Debatte hier nicht zu wiederholen.

Margenaus Essay erörtert in einem kurzen Abschnitt die Beziehung zwischen der klassischen und der quantenmechanischen Beschreibung, um den grundlegenden Unterschied zwischen beiden zu beleuchten. Laut Margenau besteht dieser Unterschied in dem anderen Konzept des Zustands, das durch die Quantenmechanik eingeführt wird. Was er in diesem Abschnitt jedoch nicht erörtert, ist der klassische Grenzfall der Quantenmechanik: Woran liegt es, dass sich die physikalische Realität unter bestimmten Umständen mehr oder weniger genau durch die klassische Physik beschreiben lässt? Dazu sagt Margenau an dieser Stelle lediglich Folgendes: „Fast alles, was in der modernen Atomtheorie brauchbar ist, gehört hierzu [i. e. Quantenmechanik]; es entspricht der gewöhnlichen Dynamik der klassischen Theorie." Genau an diesem Punkt setzt Einstein mit seinen Erwägungen an: „Außerdem noch eine Bemerkung zu 7 (in Margenaus Abhandlung). Bei der Charakterisierung der Quantenmechanik findet sich das kurze Sätzchen: es entspricht der gewöhnlichen Dynamik der klassischen Theorie. Dies ist ganz richtig – cum grano salis. Und gerade dies granum salis ist für die Interpretationsfrage bedeutungsvoll."[56]

Dann geht Einstein auf das Problem des klassischen Grenzfalls der Quantenmechanik ein. 1927 hatte sich Paul Ehrenfest mit der näherungsweisen Gültigkeit der klassischen Mechanik im Rahmen der Quantenmechanik beschäftigt. Er hatte im Wesentlichen gezeigt, dass das zweite newtonsche Gesetz für die über ein Wellenpaket genommenen Mittelwerte gilt. Einstein argumentiert nun, dass sich makroskopische Körper eine Weile lang tatsächlich so verhalten, wie man es von der klassischen Mechanik her erwarten würde. Doch nach hinreichend langer Zeit beginnen die Quanteneigenschaften zu überwiegen, sodass man ihrem Massezentrum nicht länger eine spezifische Position zuordnen könne, da sich die Wellenfunktion eines solchen makroskopischen Körpers schließlich ausbreite. Doch wie lässt sich diese Tatsache mit unserer Erfahrung vereinbaren, dass wir dem betreffenden Körper makroskopisch nach wie vor eine klare Position zuordnen können, beispielsweise indem wir ihn vor dem Hintergrund eines Koordinatengitters beleuchten? Einstein argumentiert, dass man, von einem orthodoxen quantenmechanischen Standpunkt aus betrachtet, diese Ausbreitung der Wellenfunktion des makroskopischen Körpers als *real* erachten müsse, wohingegen die Bestimmung seiner eindeutigen Position nur als Eigenschaft eines kombinierten Systems von Körper und Licht verstanden werden könne. Er sieht darin ein weiteres Paradoxon, sozusagen an der Grenzlinie zwischen Quantentheorie und klassischer Physik. Genau wie das Paradoxon mit den Punktmarkierungen auf dem Papierstreifen in dem Beispiel weiter oben[57] tritt es zutage, wenn Systeme der klassischen Physik und der

Quantentheorie in ein und demselben Bild zusammengeführt werden – so wie dies erstmals durch Schrödingers berühmtes Gedankenexperiment mit der Katze versucht wurde.

Einstein beendet diese Überlegungen, indem er einräumt, dass sie wie Haarspalterei erscheinen mögen, doch er besteht darauf, dass die Zukunft der Physik von ihnen abhängen könnte. Um dies klarzustellen, kommt Einstein einmal mehr auf das Einstein-Podolsky-Rosen-Paradoxon zurück. Er zitiert dazu einen nicht genannten, „bedeutenden theoretischen Physiker", der zum Glauben an Telepathie neige, offensichtlich ein Glaube, den Einstein nicht teilt. Einsteins Diskussion mit Kollegen zu Grenzproblemen zwischen klassischer Physik und Quantenphysik setzte sich nach der Veröffentlichung der *Notizen* fort, insbesondere mit Born und Pauli. Einstein steuerte in der Festschrift für Max Born ein weiteres solches Beispiel bei. Er erörtert dort sowohl vom klassischen als auch vom quantenmechanischen Standpunkt aus einen makroskopischen Ball, der zwischen zwei parallelen Wänden hin- und herspringt. Bis zum Ende seines Lebens wollte Einstein seinen empirischen Realismus nicht aufgeben, den er Abraham Pais gegenüber einmal so beschrieben hatte: „Der Mond ist auch dann noch da, wenn niemand hinsieht."[58]

E. Antwort auf Victor Lenzen und Filmer Northrop

Einstein würdigt Lenzens und Northrops erfolgreiche Anstrengungen, seine eigenen „gelegentlichen Äußerungen" erkenntnistheoretischen Inhalts systematisch zu erfassen. Lenzen entwickelt aus ihnen ein umfassendes synoptisches System und Northrop lässt daraus ein Meisterwerk komparativer Kritik bedeutender empirischer Systeme entstehen. Zunächst hatte Einstein eine kurze Anmerkung zu Lenzens Artikel verfasst und Schilpp zugesandt. Der schrieb zurück, dass er Einstein zwar nicht beeinflussen wolle, ihn jedoch bitte, seine Antwort zu überdenken.[59] Einstein war erstaunt, denn er hielt seine kurze Antwort für recht positiv. Dennoch änderte er seine kurze Stellungnahme und erweiterte sie um eine allgemeinere Erörterung. In den veröffentlichten „Bemerkungen" richtete er dann seine erweiterte Stellungnahme an Lenzen und Northrop gemeinsam. Dies ist die Passage, in der er seine Ansicht zum Verhältnis von Wissenschaft und Erkenntnistheorie zum Ausdruck bringt, die wir als einleitendes Motto zu Kapitel 3 von Teil II zitiert hatten: „Erkenntnistheorie ohne Kontakt mit Science wird zum leeren Schema. Science ohne Erkenntnistheorie ist – soweit überhaupt denkbar – primitiv und verworren." Einstein unterscheidet dabei jedoch zwischen dem Erkenntnistheoretiker und dem Wissenschaftler. Letzterer dürfe ihm zufolge bei seinen erkenntnistheoretischen Bemühungen nicht zu weit gehen, „... aber die äußeren Bedingungen, die ihm durch die Erlebnistatsachen gesetzt sind, erlauben es ihm nicht, sich bei der Konstruktion seiner Begriffswelt allzusehr durch Festhalten an einem erkenntnistheoretischen System beschränken zu lassen."[60] Einstein meint sich wohl selbst, wenn er nun die verschiedenen erkenntnistheoretischen Kategorien aufzählt, die der Wissenschaftler repräsentieren könne: Er ist *Realist*, wenn er versucht, eine Welt unabhängig von der Tätigkeit des Verstandes zu beschreiben; er ist *Idealist*, wenn er die Begriffe und Theorien als freie Erfindungen des menschlichen Gehirns betrachtet; *Positivist* ist er dann, wenn er seine Begriffe und Theorien für wahr befindet, weil sie eine logische Darstellung der Beziehungen zwischen sinnlichen Wahrnehmungen leisten. Er sieht sich sogar in der Rolle eines *Platonikers* oder *Pythagoräers,* wenn er sich bei seinen Forschungen vom Grundsatz logischer Einfachheit leiten lässt.

F. Antwort auf Artikel zur allgemeinen Relativitätstheorie und Kosmologie (Edward Milne, Leopold Infeld und Georges Lemaître)

Edward Milnes Artikel „Gravitation ohne allgemeine Relativitätstheorie" stellt eine Theorie vor, die nicht alle Beobachter (sprich: Bezugssysteme) als gleichwertig ansieht. Einsteins unveröffentlichter Kommentar beginnt mit Anmerkungen zum ersten Satz dieses Artikels: „Die allgemeine Relativitätstheorie entstand, weil man es für unmöglich hielt, die Gravitation mit den Lorentz-Formeln der sog. „Speziellen Relativitätstheorie" zu erklären."[61] Einstein widerspricht dieser Aussage. In seiner unveröffentlichten Antwort führt er das Aufkommen der allgemeinen Relativitätstheorie auf drei Argumente zurück:

1. Die Gleichheit der schweren und traegen Masse legt eine Theorie nahe, die bereits in ihrem Fundament dieser elementaren Tatsache gerecht wird. Dies laesst sich im Rahmen der speziellen Relativitaetstheorie nicht in befriedigender Weise erreichen.
2. Wenn man die Gravitation konsequent als Feld auffasst, so gibt es keine Moeglichkeit, ein Inertialsystem empirisch als solches zu erkennen.
3. die Bevorzugung der Inertialsysteme gegenueber anderen, rein kinematisch betrachtet gleichwertigen Systemen ist an sich unbefriedigend, wie schon Newton und Mach deutlich erkannten.[62]

Schließlich merkt er noch an, dass es unnatürlich sei, die zulässigen Koordinatentransformationen auf die Lorentz-Transformationen (also die der speziellen Relativitätstheorie) zu beschränken, wenn man den Standpunkt aufgebe, dass Raumzeit-Koordinaten direkt durch Maßstäbe und Uhren messbar seien.

Abschließend merkt Einstein an, man könne nicht zu einer zuverlässigen Theorie der Struktur des physikalischen Kontinuums gelangen, ohne den tieferen Grund für die Gleichheit von träger und schwerer Masse zu begreifen. In seiner veröffentlichten Antwort äußert er sich ähnlich, „Nach meiner Ansicht kann man auf theoretischem Wege nicht zu einigermaßen zuverlässigen Ergebnissen gelangen, wenn man von dem allgemeinen Relativitätsprinzip keinen Gebrauch macht."[63]

Zu Leopold Infelds Essay „Über die Struktur des Weltalls" merkt Einstein kurz an, es sei eine „selbständig verständliche, ausgezeichnete Einführung in das sogenannte 'kosmologische Problem' der Relativitätstheorie, die zu allen wesentlichen

Punkten kritisch Stellung nimmt."[64] In seiner unveröffentlichten Antwort fügt er noch einige Bemerkungen hinzu.[65] Er stimmt zu, dass die einfache Lösung ohne Krümmung als hypothetische Beschreibung des Universums unbefriedigend sei. Infelds Artikel zeige klar auf, dass ein kosmologisches Modell ohne Krümmung (ohne kosmologische Konstante) zur Beschreibung eines Universums mit endlicher Materiedichte ausreiche, nicht aber eines ohne Ausdehnung und mit einer Krümmung ungleich null. Es sei jedoch eine sorgfältige Erörterung der empirischen Bestimmung der Expansionskonstante (Hubble-Konstante) wünschenswert, denn es bestehe eine Diskrepanz zwischen dem Wert, den man aus dem kosmologischen Modell erhält, welches die allgemeine Relativitätstheorie impliziert, und dem Wert aus anderen empirischen Daten. Einstein kommt auf diesen Punkt in seiner Antwort auf Lemaître noch zurück.

Georges Lemaître tritt in seinem Artikel zur kosmologischen Konstante für „.... die logische Zweckmäßigkeit oder sogar ... die theoretische Notwendigkeit der Einführung" ein.[66] Einstein selbst hatte die kosmologische Konstante 1917 in seiner ersten Arbeit zu den kosmologischen Konsequenzen der allgemeinen Relativitätstheorie in die Gravitationsfeldgleichung aufgenommen. Das war notwendig gewesen, um sein Modell eines statischen Universums mit einer im Mittel homogenen Materiedichte zu formulieren. Einstein mochte diese Änderung der Gravitationsfeldgleichung nie, denn sie bedeutete einen „erheblichen Verzicht auf logische Einfachheit der Theorie".[67] Nach Hubbles Entdeckung der Ausbreitung des Universums ließ Einstein die kosmologische Konstante fallen und übernahm das Modell Alexander Friedmanns, der 1922 gezeigt hatte, dass Modelle eines sich ausbreitenden Universums ohne kosmologische Konstante bei endlicher Materiedichte möglich waren. Einstein beschrieb diese Entwicklung 1945 im Anhang zur zweiten Ausgabe seines Buches *The Meaning of Relativity*.[68]

Ungelöst blieb jedoch ein Problem mit dem geschätzten Alter des Universums, das aus der Hubble-Konstante abgeleitet wurde. Eine zuverlässige Schätzung des Alters der Erdkruste überstieg den Wert des auf Grundlage der Expansionsrate geschätzten Alters des Universums um etwa 10^9 Jahre. Das Ergebnis war zudem unvereinbar mit den zeitgenössischen astrophysikalischen Theorien zur Entwicklung von Sternen, die größere Zeiträume voraussetzten.

Dennoch antwortet Einstein Lemaître, dass die Einführung der kosmologischen Konstante nach derzeitigem Wissensstand nicht gerechtfertigt sei. Zudem merkte er mit Blick auf das geschätzte Alter des Universums an, dass die Konstante „keinen irgendwie natürlichen Ausweg aus dieser Schwierigkeit" bieten würde.[69] Einstein war eher bereit, das Problem mit dem Alter des Universums darauf zurückzuführen, dass die allgemeine Relativitätstheorie unvollständig (also noch keine einheitliche Feldtheorie) sei, als auf das Fehlen der kosmologischen Konstante in seiner ursprünglichen Feldgleichung.

In seiner Antwort auf Lemaîtres Artikel geht er die Grundsätze der allgemeinen Relativitätstheorie durch:

1. Physikalische Begriffe werden als kontinuierliche Funktionen von vier Koordinaten beschrieben; sie sind frei wählbar, sofern ihre Kontinuität gewahrt wird.
2. Die Feldvariablen sind Komponenten von Tensoren; es gibt einen symmetrischen Tensor für die Beschreibung des Gravitationsfeldes.
3. Es gibt physikalische Objekte zur Messung des invarianten Abstands ds zwischen zwei benachbarten Punkten in der Raumzeit.

Anschließend hebt Einstein hervor, dass die Verwendung physikalischer Objekte zur Messung des invarianten Abstands zwischen zwei Punkten eine „psychologisch" wichtige Hilfskonstruktion sei, welche aus einer abschließenden Theorie entfernt werden müsse. Die Objekte müssten Teil der Theorie selber sein. Vage deutet Einstein nun die Möglichkeit an, eine solche modifizierte Theorie könne Messungen ermöglichen, welche die Diskrepanz des geschätzten Alters des Universums ausräumen würden.

Erstmals erörtert wurde die Natur von Maßstäben und Uhren von Hermann Weyl in der von ihm vorgeschlagenen Theorie zur Vereinheitlichung des Gravitationsfeldes mit dem elektromagnetischen Feld. Wir haben diese Theorie und ihre Implikationen für Messungen von Raum und Zeit in unserem Buch *The Formative Years of Relativity* erörtert.[70] Weyls Theorie implizierte, dass die Messvorrichtungen (Maßstäbe und Uhren) ihre Invarianz verlieren und dass sie von der Geschichte ihrer Bewegung in der Raumzeit abhängen. Wäre dies der Fall, dann würden zwei benachbarte, identische Atome bei leicht unterschiedlichen Frequenzen Licht emittieren und wir würden keine scharf getrennten Spektrallinien beobachten. Atome würden dann nicht mehr als Standarduhren dienen können, und die Frequenz des von Atomen in entfernten Galaxien emittierten Lichts würde sich nicht zur Messung von Zeitintervallen eignen. Weyl argumentierte, es sei eine problematische Annahme, dass man Intervalle in der Raumzeit direkt mit Maßstäben und Uhren messen könne. Man müsse auf diese Messinstrumente verzichten. Damals lehnte Einstein Weyls Theorie wegen dieser möglichen Konsequenzen ab, doch nun klammert er sich an diesen rettenden Strohhalm, um seine Ablehnung der kosmologischen Konstante zu rechtfertigen.

Einsteins Antwort auf Lemaître ist erstaunlich. Er zieht ganz offensichtlich diese ziemlich spekulative Möglichkeit der unkomplizierten Lösung vor, die ihm die Einführung einer kosmologischen Konstante geboten hätte. In Wirklichkeit ging es wohl gar nicht um die Einführung oder das Verwerfen der kosmologischen Konstante. Sie ist ein Term in der Gravitationsfeldgleichung, und die Frage war eigentlich nur, welchen Wert man ihr zuweisen sollte. 1931 hatte der Physiker und Kosmologe Richard Tolman Einstein darauf hingewiesen, dass es überzeugende Argumente dagegen gebe, der kosmologischen Konstante den Wert null zuzuweisen.[71] Über 15 Jahre später wehrte sich Einstein weiterhin starrsinnig gegen das Argument.

Das Problem des Alters des Universums hing mit Messungen der Hubble-Konstante zusammen. Ihr Wert wurde nur wenige Jahre nach der Veröffentlichung des Schilpp-Bandes im Zusammenhang mit Arbeiten zu Sternpopulationen korrigiert.

G. Antwort auf Kurt Gödel

In den späten 1940er Jahren hatte der Mathematiker Kurt Gödel eine ungewöhnliche Lösung der Feldgleichungen der allgemeinen Relativitätstheorie gefunden, die ein rotierendes Universum beschrieb. Gödel zeigte, dass es zwei Arten solcher Lösungen gibt: zum einen Lösungen, die ein statisches Universum beschreiben, und zum anderen Lösungen für ein expandierendes Universum. Letztgenannter Typ ist für unser Universum relevanter. Eine besondere Eigenschaft dieser Lösungen besteht darin, dass sie geschlossene Weltlinien enthalten, die sich über ausgedehnte Bereiche der Raumzeit erstrecken. Auf einer solchen Weltlinie ist es nicht möglich, zwei entfernten Punkten eine eindeutige Vergangenheit-Zukunft-Beziehung zuzuordnen. In einem kurzen Essay (dem kürzesten des Bandes) mit dem Titel „Eine Bemerkung über die Beziehungen zwischen der Relativitätstheorie und der idealistischen Philosophie" bezieht sich Gödel auf dieses Ergebnis, um die scheinbar paradoxe Möglichkeit von Zeitreisen in die Vergangenheit zu erörtern. Dabei geht es ihm vor allem um die philosophischen Implikationen im Sinne einer idealistischen, konkret der kantianischen Philosophie, in welcher die Zeit nicht als physikalische Entität, sondern als a priori gegebener Begriff unseres Denkprozesses aufgefasst wird. Gödel war bereits im Zusammenhang mit der speziellen Relativitätstheorie zu diesem Schluss gekommen, und zwar auf der Grundlage der Relativität der Gleichzeitigkeit sowie der Tatsache, dass verschiedene Beobachter unterschiedliche Abfolgen von Jetztzuständen zwischen zwei Punkten in der Raumzeit wahrnehmen. Das bedeutet für Gödel, dass es keinen objektiven Zeitverlauf gibt, und dadurch sieht er die idealistische Auffassung bestärkt, dass Zeit keine reale physikalische Bedeutung habe.

In seiner Antwort auf andere Beiträge des Bandes zögert Einstein nicht, Argumente zu kritisieren, die seines Erachtens auf Missverständnissen beruhen. Möglicherweise aus Respekt vor Gödel, mit dem er in Princeton viele Stunden gemeinsamer Spaziergänge und Gespräche verbracht hatte, sah Einstein taktvoll über die gekünstelten philosophischen Argumente in Gödels Essay hinweg, die entweder auf einem Missverständnis der speziellen Relativitätstheorie oder auf einem metaphysischen Zusatz beruhen.

Einstein bezieht sich ausschließlich auf die mathematischen Ergebnisse Gödels, die er als wichtigen Beitrag zur Analyse des Zeitbegriffs in der allgemeinen Relativitätstheorie erachtet. Er möchte dem Leser mit einfachen Worten die Bedeutung von Gödels speziellen Lösungen der Gravitationsfeldgleichungen vermitteln. Einstein beginnt mit einer Erörterung der Zeitrichtung in der Nachbarschaft eines Punktes P („Ereignis") in der Raumzeit. Zu jedem Punkt gehört ein Raumzeit-Bereich, der von einem Kegel (dem „Lichtkegel") so eingegrenzt ist, dass jeder Punkt dieses Bereichs mit dem Punkt P durch die Möglichkeit des Austauschs von Lichtsignalen verbunden ist. Betrachtet man nun zu beiden Seiten von P zwei Punkte, A und B, die durch eine „zeitartige" Linie miteinander verbunden sind (eine Linie, entlang derer sich ein Signal senden lässt), dann ist die Flussrichtung der Zeit nicht frei wählbar. Das Senden eines Lichtsignals ist ein irreversibler Prozess. Die Punkte sind durch die Kausalität des Lichtsignals miteinander verbunden, und deshalb hat die Aussage „Punkt B geht Punkt A voraus" einen physikalisch unzweideutigen Sinn.

Die Situation wird komplizierter, wenn die beiden Punkte einen großen oder sogar kosmologischen Abstand voneinander haben, jedoch nach wie vor durch eine zeitartige Linie miteinander verbunden sind. Diese Linie besteht aus einer Folge infinitesimaler Zeitspannen mit festgelegter Richtung des Zeitpfeils. Was aber geschieht, wenn diese Folge von Zeitspannen in sich selber geschlossen ist? Wenn die beiden Punkte nahe beieinander liegen, ist die Aussage „B geht A voraus" nach wie vor physikalisch sinnvoll. Wenn sie jedoch kosmologisch weit voneinander entfernt sind, ist es bedeutungslos zu sagen, einer der Punkte ginge dem anderen voraus, woraus sich all jene Paradoxe ergeben, die mit dem Verlust des Kausalzusammenhangs zwischen zwei Ereignissen einhergehen.

Abb. 27: Einstein und Gödel: das Verschwinden der Pfeil-Eigenschaft der Zeit.

Am Ende der handschriftlichen Fassung seiner „Bemerkungen" widmet Einstein einen später gestrichenen Absatz der Erörterung der „Pfeil-Eigenschaft der Zeit"; diese Bezeichnung benutzt Einstein für Gödels Begriff des „flow of time".[72] Besagte „Pfeil-Eigenschaft der Zeit" steht im Zusammenhang mit dem zweiten Hauptsatz der Thermodynamik. Sie ließe sich eigentlich auf beliebig große Raumzeit-Bereiche anwenden, doch die Tatsache, dass die Gravitationsfeldgleichungen geschlossene zeitartige Weltlinien zulassen, schließt diese Möglichkeit aus. Einstein war von der Pfeil-Eigenschaft der Zeit solange ausgegangen, bis Gödel zeigte, dass diese Annahme falsch war. In dem gestrichenen Absatz schreibt Einstein, er sehe keine Rechtfertigung dafür, solche Lösungen a priori auszuschließen, auch nicht wegen der paradoxen Implikationen, die mit dem Verlust der „Pfeil-Eigenschaft der Zeit" einhergingen. In der veröffentlichten Fassung seiner Antwort schreibt Einstein, Gödels Lösungen seien wichtig für die allgemeine Relativitätstheorie, und zum Abschluss bemerkt er: „Es wird interessant sein zu erwägen, ob diese nicht aus physikalischen Gründen auszuschließen sind."[73] Er äußert sich nicht dazu, welche physikalischen Grundlagen er hier meint.

Anmerkungen

1 Einstein an Schilpp, 29. Mai 1946, AEA 42–513.
2 Einstein „Bemerkungen zu den in diesem Bande vereinigten Arbeiten", S. 493.
3 Einstein, unveröffentlichte Antwort, AEA 2–060.
4 Ushenko an Einstein, 5. September 1949, AEA 2–061.
5 Einstein an Ushenko, 6. September 1949, AEA 2–062.
6 Schilpp an Einstein, 28. März 1949, AEA 80–524.
7 Einstein, unveröffentlichte Antwort, AEA 2–064.
8 Einstein, unveröffentlichte Antwort, AEA 2–035.
9 Einstein, unveröffentlichte Antwort, AEA 2–049.
10 Einstein an Schilpp, 20. Juni 1949, AEA 80–490.
11 Schilpp an Einstein, 26. Juni 1949, AEA 80–529.
12 Einstein an Schilpp, 28. Juni 1949, AEA 80–491.
13 Einstein an Schilpp, 25. März 1949, AEA 80–485.
14 Einstein an Johanna Fantova, 19. Februar 1949, AEA 87–318.
15 Einstein, unveröffentlichte Antworten an Born, AEA 2–028, und Heitler, AEA 2–037.
16 Albert Einstein, „Ernst Mach", *Physikalische Zeitschrift*, 17 (1916), S. 101–104, hier S. 101. Nachgedruckt in CPAE Bd. 6, Doc. 29.
17 Born, „Einsteins statistische Theorien", S. 96.
18 Einstein und Born, *Briefwechsel 1916–1955*, S. 199.
19 Einstein, unveröffentlichte Antwort, AEA 2–028.
20 Born, „Einsteins statistische Theorien", S. 96.
21 Einstein, unveröffentlichte Antwort, AEA 2–037.
22 Einstein, „Bemerkungen zu den in diesem Bande vereinigten Arbeiten", S. 494.
23 Zu Einsteins Ansichten zur Quantenmechanik siehe auch Lehner, „Einstein's Realism and Einstein's Critique of Quantum Mechanics".

24 Einstein, „Bemerkungen zu den in diesem Bande vereinigten Arbeiten", S. 498.

25 Ebd., S. 499.

26 Ebd., S. 499–500.

27 Einstein, „Remarks on Bertrand Russell's Theory of Knowledge", S. 288, 290.

28 Einstein, „Bemerkungen zu den in diesem Bande vereinigten Arbeiten", S. 500.

29 Ebd., S. 502.

30 Einstein, unveröffentlichte Antwort, AEA 2–058.

31 Hans Reichenbach, „Die philosophische Bedeutung der Relativitätstheorie", in Schilpp, *Albert Einstein als Philosoph und Naturforscher*, S. 188–207, hier S. 192.

32 Reichenbach, „Die philosophische Bedeutung der Relativitätstheorie", S. 192.

33 Einstein, unveröffentlichte Antwort, AEA 2–058.

34 Reichenbach, „Die philosophische Bedeutung der Relativitätstheorie", S. 198.

35 Einsteins Haltung zu Reichenbachs Philosophie einschließlich diesem Dialog erörtert Don Howard in „Einstein and the Development of Twentieth-Century Philosophy of Science", in Janssen und Lehner, Hrsg., *The Cambridge Companion to Einstein*, S. 354–376.

36 Einstein, „Bemerkungen zu den in diesem Bande vereinigten Arbeiten", S. 504.

37 Einstein, unveröffentlichte Antwort, AEA 2–030.

38 Henry Margenau, „Einsteins Auffassung von der Wirklichkeit", in Schilpp, Hrsg., *Albert Einstein als Philosoph und Naturforscher*, S. 151–172, hier S. 154.

39 Einstein, unveröffentlichte Antwort, AEA 2–042.

40 Margenau, „Einsteins Auffassung von der Wirklichkeit", S. 153.

41 Ebd., S. 157.

42 Ebd., S. 159.

43 Einstein, unveröffentlichte Antwort, AEA 2–042.

44 John Stachel, „The Other Einstein: Einstein contra Field Theory", *Science in Context* 6(1), (1993): 275–290.

45 Einstein an H. S. Joachim, 14. August 1954, AEA 13–454.

46 John Stachel, „The Other Einstein", S. 287–288.

47 Abraham H. Fraenkel, „The Intuitionistic Revolution in Mathematics and Logic", *Bulletin of the Research Council of Israel* 3 (1954): 283–289.

48 Albert Einstein, „Grundzüge der Relativitätstheorie", 1. Auflage/3. Auflage, Anhänge auf Basis der 5. Auflage der englischen Fassung (Braunschweig: Vieweg, 1956), S. 110.

49 Karl Menger, „Die Relativitätstheorie und die Geometrie", in Schilpp, *Albert Einstein als Philosoph und Naturforscher*, S. 328–342, hier S. 339.

50 Einstein, „Bemerkungen zu den in diesem Bande vereinigten Arbeiten", S. 510.

51 Einstein „Bemerkungen zu den in diesem Bande vereinigten Arbeiten", S. 505–506.

52 Einstein, unveröffentlichte Antwort, AEA 2–042.

53 Siehe auch Thomas Ryckman, „'A Believing Rationalist': Einstein and 'the Truly Valuable' in Kant", in Janssen und Lehner, Hrsg., *The Cambridge Companion to Einstein*, S. 377–397.

54 Einstein, „Bemerkungen zu den in diesem Bande vereinigten Arbeiten", S. 505.

55 Einstein, Podolsky und Rosen, „Can Quantum-Mechanical Description of Physical Reality Be Considered Complete?".

56 Einstein, „Bemerkungen zu den in diesem Bande vereinigten Arbeiten", S. 506.

57 Ebd., S. 497.

58 Abraham Pais, „Einstein and Quantum Theory", *Reviews of Modern Physics* 51 (1979): 863–914, hier S. 907.

59 Schilpp an Einstein, 29. April 1947, AEA 42–518.

60 Einstein „Bemerkungen zu den in diesem Bande vereinigten Arbeiten", S. 508.

61 E.A. Milne, „Gravitation ohne allgemeine Relativitätstheorie" in Schilpp, Hrsg., *Albert Einstein als Philosoph und Naturforscher*, S. 289–311, hier S. 289.

62 Einstein, unveröffentlichte Antwort, AEA 2–046.

63 Einstein „Bemerkungen zu den in diesem Bande vereinigten Arbeiten", S. 508.

64 Ebd.

65 Einstein, unveröffentlichte Antwort, AEA 2–040.

66 Georges Edward Lemaître, „Die kosmologische Konstante" in Schilpp, *Albert Einstein als Philosoph und Naturforscher*, S. 312–327, hier S. 316.

67 Einstein, „Bemerkungen zu den in diesem Bande vereinigten Arbeiten", S. 508.

68 Albert Einstein, *The Meaning of Relativity*, 2. Ed. (Princeton, NJ: Princeton University Press, 1945), 116). Siehe Gutfreund und Renn, *The Formative Years of Relativity: The History and Meaning of Einstein's Princeton Lectures* (Princeton, NJ: Princeton University Press, 2017), Teil II, Kap. 5, S. 86, 276.

69 Einstein, „Bemerkungen zu den in diesem Bande vereinigten Arbeiten", S. 509.

70 Ebd., Kap. 8.

71 Tolman an Einstein, 14. September 1931, AEA 23–031.

72 Einstein, handschriftliche Fassung von „Einsteins Antwort", AEA 2–025.

73 Einstein, „Bemerkungen zu den in diesem Bande vereinigten Arbeiten", S. 511.

Teil IV: **Einsteins „Autobiographische Skizze" (1955)**

1 Einleitende Bemerkungen

Im August 1954 wurde an Einstein die Bitte herangetragen, einige Seiten mit Erinnerungen zur Festschrift der *Schweizerischen Hochschulzeitung* zum 100-jährigen Jubiläum der Eidgenössischen Technischen Hochschule (ETH) in Zürich im Oktober 1955 beizusteuern. Einstein antwortete erst Ende Februar 1955, nachdem man ihn an die ursprüngliche Anfrage erinnerte. Er gab zur Begründung seines Schweigens an, es habe ihn einige Zeit gekostet zu überlegen, wie er dieser freundlichen Bitte am besten nachkommen könne. Er fragte, ob ein Rückblick auf seine Zusammenarbeit mit Marcel Grossmann passend wäre, mit dem er seit ihrer Studienzeit eine enge Freundschaft pflegte und der später Professor an der ETH wurde. Das fertige Manuskript sandte Einstein am 29. März ein, also rund zwei Wochen vor seinem Tod. Als letzter Essay aus Einsteins Feder ist der Text von besonderem Interesse. Er wurde im Jubiläumsbuch der ETH veröffentlicht und Carl Seelig nahm ihn zudem unter dem Titel „Autobiographische Skizze" in einen Gedenkband auf.[1]

Seine Bereitschaft, den Beitrag zu verfassen, begründete Einstein so: „Den Mut, diese etwas bunte autobiographische Skizze zu schreiben, gab mir das Bedürfnis, wenigstens einmal im Leben meiner Dankbarkeit für Marcel Großmann Ausdruck zu verleihen".[2] Einstein und Grossman hatten als Studenten an der ETH eine lebenslange Freundschaft geschlossen (Abb. 28). Grossmann studierte dort Mathematik und wurde 1907 Professor für darstellende Geometrie. In den nachfolgenden Jahren half er Einstein nicht nur bei dessen akademischer Karriere, sondern auch bei seiner wissenschaftlichen Arbeit. Einstein sah in Grossmann einen wahren Freund. Seine Dissertation „Eine neue Bestimmung der Moleküldimensionen" von 1905 widmete er „Meinem Freund Dr. Marcel Grossmann".

1911 wurde Marcel Grossmann als Dekan an die Fakultät für Mathematik/Physik der ETH berufen. Eine seiner ersten Initiativen bestand darin, Einstein anzuschreiben und zu fragen, ob er an einer Rückkehr nach Zürich und an die ETH interessiert sei. Einstein stimmte zu, obgleich er ein vergleichbares Angebot aus Holland erwarten konnte, wo die Möglichkeit bestand, die Nachfolge von Lorentz anzutreten. Was auch immer die Gründe Einsteins waren, Zürich vorzuziehen – es war zu diesem Zeitpunkt die richtige Entscheidung. Einstein hatte zu dieser Zeit eine Professur für theoretische Physik am deutschen Zweig der Prager Karlsuniversität inne. Er arbeitete an der allgemeinen Relativitätstheorie und erkannte bald, dass er raffiniertere mathematische Methoden brauchen würde als jene, mit denen er zu dieser Zeit vertraut war, wenn er Fortschritte erzielen wollte. Das veranlasste ihn dazu, sich an seinen Mathematikerfreund zu wenden: „Großmann, Du mußt mir helfen, sonst werd' ich verrückt!"[3]

Kurz nach seiner Ankunft in Zürich im August 1912 begann Einstein eine intensive und fruchtbare Zusammenarbeit mit Grossmann, die zu einem Meilenstein in der

https://doi.org/10.1515/9783110744811-021

Abb. 28: Studienkollegen (*von links*): Marcel Grossmann, Albert Einstein, Gustav Geissler und Eugen Grossmann im Garten des Hauses der Familie Grossmann bei Zürich/Thalwil, Mai 1899. © Hebrew University of Jerusalem, Albert Einstein Archives, mit freundlicher Genehmigung des AIP Emilio Segre Visual Archives.

Entwicklung der allgemeinen Relativitätstheorie wurde. Grossmann führte Einstein in die jüngsten Entwicklungen des absoluten Differentialkalküls durch Riemann, Ricci-Curbastro und Levi-Civita ein. Ihre Zusammenarbeit ist im „Züricher Notizbuch" bestens dokumentiert und sollte schließlich in die Veröffentlichung der *Entwurftheorie* münden (siehe Kasten). Das Kernproblem der Forschung, die Einstein in diesem Notizbuch dokumentierte, bestand darin, eine Feldgleichung für das Gravitationsfeld aufzustellen, oder anders ausgedrückt, eine Beziehung zu finden, die angibt, wie dieses Feld durch seine Quelle, also aus Energie und Materie, bestimmt wird. Das Notizbuch enthält einen wichtigen Eintrag bezüglich Marcel Grossmanns Unterstützung. Dieser hatte Einstein auf ein grundlegendes mathematisches Konzept, den sogenannten Riemann-Tensor, aufmerksam gemacht und ihm damit aus heutiger Sicht den Königsweg zur allgemeinen Relativitätstheorie gewiesen. Das „Züricher Notizbuch" enthält die im Wesentlichen korrekte Feldgleichung in einer Näherung für ein schwaches Feld, doch aufgrund ungelöster konzeptioneller Schwierigkeiten gab Einstein den Ansatz auf. Erst im November 1915 kam er darauf zurück, als er die endgültige Fassung der allgemeinen Relativitätstheorie abschloss.

Die Entwurftheorie

Im Frühjahr 1913 leitete Einstein mit Grossmanns Hilfe eine Gravitationsfeldgleichung ab, die als Kernstück der *Entwurftheorie* bekannt wurde. Sie erfüllte in erster Linie Anforderungen, die ihren Ursprung in der klassischen Physik haben, insbesondere die Erhaltungssätze für Energie und Impuls sowie die Erwartung, dass sie sich im Grenzfall schwacher statischer Gravitationsfelder auf die newtonsche Theorie reduzieren sollte. Um diese Anforderungen in der Form zu erfüllen, wie Einstein sie damals verstand, musste er bestimmte Beschränkungen hinsichtlich der zulässigen Koordinaten einführen. Das führte dazu, dass die Klasse der Koordinatensysteme, in der die *Entfwurfgleichung* dieselbe Form annimmt, das verallgemeinerte Prinzip der Relativität nicht in der Art erfüllte, wie Einstein es sich vorgestellt hatte. Deshalb gab er die Umsetzung der allgemeinen Kovarianz schweren Herzens auf. Aus heutiger Sicht ist diese Theorie nicht korrekt, doch zu diesem Zeitpunkt nahm Einstein an, dass mehr nicht geleistet werden könne. Er überzeugte sich sogar selbst davon, dass eine Gravitationsfeldtheorie keine allgemeine Kovarianz zulasse. Ende 1915 erkannte Einstein seinen Trugschluss. Diese Einsicht führte ihn in nur kurzer Zeit zur abschließenden Formulierung der allgemeinen Relativitätstheorie.

Auch wenn die *Entwurftheorie* nicht korrekt ist, wird sie von Wissenschaftshistorikern als Gerüst bewertet, auf dem Einstein schließlich die allgemeine Relativitätstheorie aufbauen konnte.[4]

Im Rückblick auf seine jahrelange Freundschaft und wissenschaftliche Zusammenarbeit mit Grossmann dachte Einstein gegen Ende seines Lebens, dass er ihm nicht angemessen für seine Hilfe gedankt habe. Dieses Versäumnis wollte er bei dieser Gelegenheit nachholen. Einstein war im Allgemeinen nicht sonderlich großzügig, wenn es darum ging, die Arbeit anderer zu erwähnen und ihre Beiträge zu würdigen. Doch dass er Grossmanns Beitrag in mehreren maßgeblichen Veröffentlichungen übergangen hatte, muss in dieser Phase seines Lebens ein Gefühl des Bedauerns bei ihm ausgelöst haben.

Einstein erwähnte Grossmann nicht in seinen Schriften, die er im November 1915 der Königlich Preußischen Akademie der Wissenschaften vorgelegt hatte und die seine abschließende Formulierung der Theorie enthielten. Zwar würdigte er Grossmanns Beitrag in seinem Übersichtsartikel von 1916 mit dem Titel „Die Grundlage der allgemeinen Relativitätstheorie", doch offensichtlich nicht gleich auf Anhieb. Im Manuskript sehen wir, dass er zunächst die Überschriften des ersten Kapitels und des ersten Abschnitts niederschrieb. Dann verschob er diese in den unteren Bereich der Seite, um eine Reihe einleitender Bemerkungen aufzunehmen, darunter die Folgende (Abb. 29): „Endlich sei an dieser Stelle dankbar meines Freundes, des Mathematikers Grossmann, gedacht, der mir durch seine Hilfe nicht nur das Studium der einschlägigen mathematischen Literatur ersparte, sondern mich auch beim Suchen nach den Feldgleichungen der Gravitation unterstützte."

Einstein erwähnte Grossmann nicht in seinem Buch *Über die spezielle und die allgemeine Relativitätstheorie (Gemeinverständlich)*. Dieses Buch wurde in den 1920er Jahren in zehn Sprachen übersetzt. Zu einigen der Ausgaben in anderen Sprachen fügte Einstein kurze Einleitungen hinzu. So schrieb er zum Beispiel eine Einleitung zur tschechischen Ausgabe. Mit Vergnügen erinnerte er sich an die in Prag verbrachte

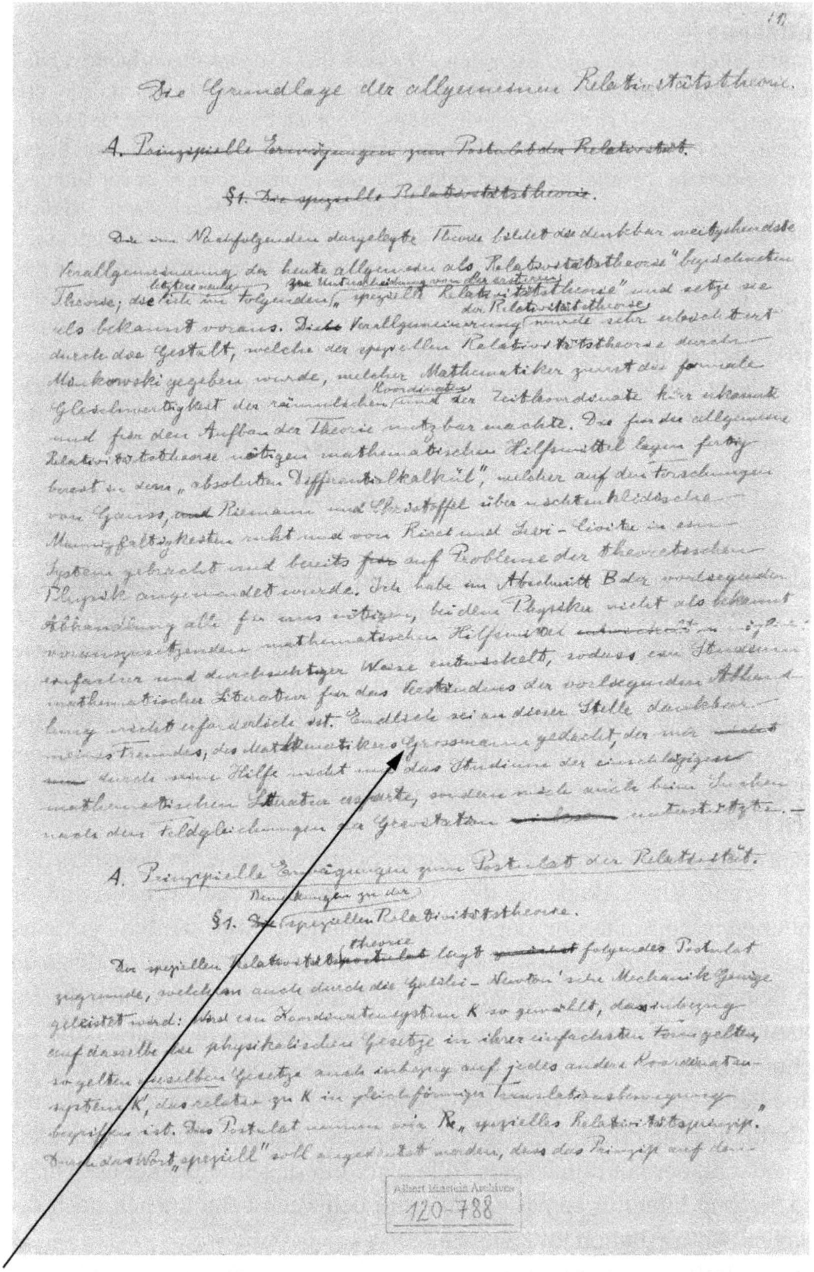

Abb. 29: Erste Seite des Manuskripts von „Die Grundlage der allgemeinen Relativitätstheorie" mit einer Danksagung an Marcel Grossmann. © Hebrew University of Jerusalem.

Zeit. In der Einleitung erinnert er sich: „... Den entscheidenden Gedanken von der Analogie des mit der Theorie verbundenen mathematischen Problems mit der Gaußschen Flächentheorie hatte ich allerdings erst 1912 nach meiner Rückkehr nach Zürich, ohne zunächst Riemanns und Riccis, sowie Levi-Civitàs Forschungen zu kennen. Auf diese wurde ich erst durch meinen Freund Großmann ... aufmerksam. ... ."[5] Einstein erwähnte Grossmann weder in seinem bedeutenden Buch *Die Bedeutung der Relativität* noch in *Autobiographisches*. In seiner „Autobiografischen Skizze" versuchte er, diese Unterlassungen durch Gunstbezeugungen zu kompensieren. Wir wissen nicht, ob Grossmann ablehnende Gefühle gegenüber seinem Freund entwickelte. Die anerkennenden Bemerkungen Einsteins kamen jedenfalls zu spät, als dass er sie noch hätte genießen können. Nach ihrer Zusammenarbeit an der allgemeinen Relativitätstheorie zwischen 1912 und 1914 kam es in den frühen 1930ern erneut zu einem wissenschaftlichen Austausch. Diesmal ging es um Einsteins Ansatz für die einheitliche Feldtheorie auf der Grundlage des Fernparallelismus. 1931 veröffentlichte Grossmann sogar einen kritischen Artikel über Einstein. Darin schrieb er: „Schon einmal hat Einstein – es war im Jahre 1913 – nach dieser Methode „Feldgleichungen" veröffentlicht, die nach wenigen Jahren abgeändert werden mussten; damals war ich mitverantwortlich."[6] Diesmal fühlte er das Bedürfnis, vor der aktuellen Entwicklung zu warnen. Dieser Austausch wissenschaftlicher Ansichten beeinträchtigte ihre Freundschaft jedoch nicht. Als Grossmann 1936 nach jahrelangem Leiden an Multipler Sklerose starb, schrieb Einstein an seine Witwe: „Aber eines ist doch schön. Wir waren und bleiben Freunde durchs Leben hindurch."[7]

In den bereits erwähnten Texten, in denen Einstein seinen Weg zur allgemeinen Relativitätstheorie zusammenfasst, nimmt er nirgends Bezug auf jenen vorbereitenden Schritt aus dem Jahr 1913, der als *Entwurftheorie* bekannt wurde (siehe Kasten). Es hätte sich eigentlich angeboten, dies in seiner „Autobiographischen Skizze" zu tun, wo er seine Arbeit mit Grossmann detaillierter als jemals zuvor schilderte. Doch selbst hier erwähnte er diese Veröffentlichung nicht. Er bemerkt lediglich, dass fehlerhafte Überlegungen im Jahr 1912 die Vollendung der Theorie bis 1916 verzögerten (es müsste 1915 heißen).

Im letzten Absatz dieses Essays geht Einstein darauf ein, wie er zu diesem Zeitpunkt über seine 40-jährigen Bemühungen um eine Feldtheorie denkt, die – basierend auf einer Verallgemeinerung seiner Gravitationstheorie – eine Grundlage für die gesamte physikalische Welt bilden könnte. Zum Abschluss dieser Erwägungen bringt er denselben Zweifel zum Ausdruck wie neun Jahre zuvor am Ende von *Autobiographisches* – und zwar mit fast identischen Worten: „Außerdem erscheint es überhaupt zweifelhaft, ob eine Feldtheorie von der atomistischen Struktur der Materie und der Strahlung sowie von den Quanten-Phänomenen Rechenschaft geben kann."[8] Wenn „Feld" hier als ein klassisches Kontinuum zu verstehen ist, würden die meisten Physiker diese Frage mit einem überzeugten „Nein" beantworten, denn sie glauben, Quantenphänomenen sei mit anderen Methoden Rechnung zu tragen. Immer wieder hielt Einstein dem seine Überzeugung entgegen, dass dies sehr wohl möglich sei und irgendwann auch erreicht werden würde. Zu diesem

Abb. 30: Letztes bekanntes Foto von Albert Einstein, aufgenommen an seinem Geburtstag am 14. März 1955. Foto von Ardon Bar Hama. Mit freundlicher Genehmigung des Albert Einstein Archives.

Zeitpunkt aber beschränkt er sich auf „Lessings tröstendes Wort, das Streben nach der Wahrheit sei köstlicher als deren gesicherter Besitz."[9]

Anmerkungen

1 Albert Einstein, „Erinnerungen-Souvenirs", *Schweizerische Hochschulzeitung* 28 (Sonderheft) (1955): S. 145–148, 151–153. Nachgedruckt als „Autobiographische Skizze", in *Helle Zeit – Dunkle Zeit: In Memoriam Albert Einstein*, Hrsg. Carl Seelig (Zürich: Europa, 1956), S. 9–17.
2 Einstein, „Autobiographische Skizze", S. 16.
3 Zitiert in Louis Kollross, „Erinnerungen eines Kommilitonen", in *Helle Zeiten – Dunkle Zeiten: In Memoriam Albert Einstein*, Hrsg. Carl Seelig (Zürich: Europa Verlag, 1955), S. 17–31, hier S. 27.
4 Siehe Albert Einstein und Marcel Grossmann, „Entwurf einer verallgemeinerten Relativitätstheorie und einer Theorie der Gravitation" (1913), in CPAE, Bd. 4, Doc. 13, S. 151–188; Michel Janssen und Jürgen Renn, „Arch and Scaffold: How Einstein Found His Field Equations", *Physics Today* 68 (November 2015): 30–36.

5 Einstein, „Vorwort des Autors zur tschechischen Ausgabe", in *Einstein a Praha. K Stému Výročí Narození Alberta Einsteina*, Hrsg. Jiří Bičák (Praha, 1979), S. 42.
6 Marcel Grossmann, „Fernparallelismus? Richtigstellung der gewählten Grundlagen für eine einheitliche Feldtheorie", *Naturforschende Gesellschaft Zürich. Vierteljahrsschrift*, 76: 42–60, 1931, hier, S. 54.
7 Zitiert in Claudia E. Graf-Grossmann, *Marcel Grossmann: Aus Liebe zur Mathematik* (Zürich: Römerhof Verlag, 2015), S. 222.
8 Einstein, „Autobiographische Skizze", S. 17.
9 Ebd.

2 „Autobiographische Skizze" – Nachdruck

ALBERT EINSTEIN

Geboren am 14. März 1879 in Ulm
Gestorben am 18. April 1955 in Princeton.

Hauptsächliches Lebenswerk: Aufstellung der Relativitätstheorie, verbunden mit einer neuen Auffassung von Zeit, Raum und Gravitation, Aequivalenz von Masse und Energie. Allgemeine Feldtheorie (unvollendet). Beiträge zur Entwicklung der Quantentheorie.

Autobiographische Skizze

1895 kam ich als Sechzehnjähriger aus Italien nach Zürich, nachdem ich ohne Schule und ohne Lehrer in Mailand bei meinen Eltern ein Jahr verbracht hatte. Mein Ziel war die Aufnahme ins Polytechnikum, ohne daß ich mir darüber klar war, wie ich dies anstellen sollte. Ich war ein eigenwilliger, aber bescheidener junger Mensch, der sich seine lückenhaften einschlägigen Kenntnisse in der Hauptsache durch Selbststudium erworben hatte. Gierig nach tieferem Verstehen, aber rezeptiv wenig begabt und mit einem schlechten Gedächtnis behaftet, erschien mir das Studium keineswegs als eine leichte Aufgabe. Mit einem Gefühl wohlbegründeter Unsicherheit meldete ich mich zur Aufnahmeprüfung in die Ingenieur-Abteilung. Die Prüfung zeigte mir schmerzlich die Lückenhaftigkeit meiner Vorbildung, trotzdem die Prüfenden geduldig und verständnisvoll waren. Daß ich durch fiel, empfand ich als voll berechtigt. Tröstlich aber war es, daß der Physiker H. F. Weber mir sagen ließ, ich dürfe seine Kollegien hören, wenn ich in Zürich bliebe. Der Rektor, Professor Albin Herzog, aber empfahl mich an die Kantonsschule in Aarau, wo ich nach einjährigem Studium maturierte. Diese Schule hat durch ihren liberalen Geist und durch den schlichten Ernst der auf keinerlei äußerliche Autorität sich stützenden Lehrer einen unvergeßlichen Eindruck in mir hinterlassen; durch Vergleich mit sechs Jahren Schulung an einem deutschen, autoritär geführten Gymnasium wurde mir eindringlich bewußt, wie sehr die Erziehung zu freiem Handeln und Selbstverantwortlichkeit jener Erziehung überlegen ist, die sich auf Drill, äußere Autorität und Ehrgeiz stützt. Echte Demokratie ist kein leerer Wahn.

Während dieses Jahres in Aarau kam mir die Frage: Wenn man einer Lichtwelle mit Lichtgeschwindigkeit nachläuft, so würde man ein zeitunabhängiges Wellenfeld vor sich haben. So etwas scheint es aber doch nicht zu geben! Dies war das erste kindliche Gedanken-Experiment, das mit der speziellen Relativitätstheorie zu tun hat. Das Erfinden ist kein Werk des logischen Denkens, wenn auch das Endprodukt an die logische Gestalt gebunden ist.

1896–1900 Studium an der Fachlehrer-Abteilung des Eidgenössischen Polytechnikums. Ich merkte bald, daß ich mich damit zu begnügen hatte, ein mittelmä-

https://doi.org/10.1515/9783110744811-022

ßiger Student zu sein. Um ein guter Student zu sein, muß man eine Leichtigkeit der Auffassung haben; Willigkeit, seine Kräfte auf all das zu konzentrieren, was einem vorgetragen wird; Ordnungsliebe, um das in den Vorlesungen Dargebotene schriftlich aufzuzeichnen und dann gewissenhaft auszuarbeiten. All diese Eigenschaften fehlten mir gründlich, was ich mit Bedauern feststellte. So lernte ich allmählich mit einem einigermaßen schlechten Gewissen in Frieden zu leben und mir das Studium so einzurichten, wie es meinem intellektuellen Magen und meinen Interessen entsprach. Einigen Vorlesungen folgte ich mit gespanntem Interesse. Sonst aber „schwänzte" ich viel und studierte zu Hause die Meister der theoretischen Physik mit heiligem Eifer. Dies war an sich gut und diente auch dazu, das schlechte Gewissen so wirksam abzuschwächen, daß das seelische Gleichgewicht nicht irgendwie empfindlich gestört wurde. Dies ausgedehnte Privatstudium war einfach die Fortsetzung früherer Gewohnheit; an diesem nahm eine serbische Studentin teil, Mileva Marić, die ich später heiratete. Mit Eifer und Leidenschaft aber arbeitete ich in Professor H. F. Webers physikalischem Laboratorium. Auch faszinierten mich Professor Geisers Vorlesungen über Infinitesimalgeometrie, die wahre Meisterstücke pädagogischer Kunst waren und mir später beim Ringen um die allgemeine Relativitätstheorie sehr halfen. Sonst aber interessierte mich in den Studienjahren die höhere Mathematik wenig. Irrigerweise schien es mir, daß dies ein so verzweigtes Gebiet sei, daß man leicht seine ganze Energie in einer entlegenen Provinz verschwenden könne. Auch meinte ich in meiner Unschuld, daß es für den Physiker genüge, die elementaren mathematischen Begriffe klar erfaßt und für die Anwendung bereit zu haben, und daß der Rest in für den Physiker unfruchtbaren Subtilitäten bestehe – ein Irrtum, den ich erst später mit Bedauern einsah. Die mathematische Begabung war offenbar nicht hinreichend, um mich in den Stand zu setzen, das Zentrale und Fundamentale vom Peripheren, nicht prinzipiell Wichtigen zu unterscheiden.

In diesen Studienjahren entwickelte sich eine richtige Freundschaft mit einem Studienkollegen, Marcel Großmann. Mit ihm ging ich jede Woche einmal feierlich ins Café „Metropol" am Limmatquai und sprach mit ihm nicht nur über das Studium, sondern darüber hinaus über alle Dinge, die junge Menschen mit offenen Augen interessieren können. Er war nicht so eine Art Vagabund und Eigenbrödler wie ich, sondern einer, der im schweizerischen Milieu verankert war, ohne dabei die innere Selbständigkeit irgendwie zu verlieren. Außerdem hatte er gerade jene Gaben in reichem Maße, die mir fehlten: rasche Auffassungsgabe und Ordnung in jedem Sinne. Er besuchte nicht nur alle für uns in Betracht kommenden Vorlesungen, sondern arbeitete sie auch in so vorzüglicher Weise aus, daß man seine Hefte sehr wohl gedruckt hätte herausgeben können. Zur Vorbereitung für die Examina lieh er mir diese Hefte, die für mich einen Rettungsanker bedeuteten; wie es mir ohne sie ergangen wäre, darüber will ich lieber nicht spekulieren.

Trotz dieser unschätzbaren Hilfe und trotzdem die uns vorgetragenen Gegenstände alle an sich interessant waren, mußte ich mich doch sehr überwinden, all diese Dinge gründlich zu lernen. Für Menschen meiner Art von grüblerischem Interesse ist das Universitätsstudium nicht unbedingt segensreich. Gezwungen, soviele gute Sachen zu essen, kann man sich dauernd den Appetit und den Magen verderben. Das Lichtlein der heiligen Neugier kann dauernd verlöschen. Glücklicherweise hat bei mir diese intellektuelle Depression nach glücklicher Beendigung des Studiums nur ein Jahr angehalten.

Das Größte, was Marcel Großmann als Freund für mich getan hat, war dies: Etwa ein Jahr nach Beendigung des Studiums empfahl er mich mit Hilfe seines Vaters an den Direktor (Friedrich Haller) des Schweizerischen Patentamtes, das damals noch „Amt für geistiges Eigentum" hieß. Nach eingehender mündlicher Prüfung hat Herr Haller mich dort angestellt. Dadurch wurde ich 1902–09 in den Jahren besten produktiven Schaffens von Existenzsorgen befreit. Davon ganz abgesehen, war die Arbeit an der endgültigen Formulierung technischer Patente ein wahrer Segen für mich. Sie zwang zu vielseitigem Denken, bot auch wichtige Anregungen für das physikalische Denken. Endlich ist ein praktischer Beruf für Menschen meiner Art überhaupt ein Segen. Denn die akademische Laufbahn versetzt einen jungen Menschen in eine Art Zwangslage, wissenschaftliche Schriften in impressiver Menge zu produzieren – eine Verführung zur Oberflächlichkeit, der nur starke Charaktere zu widerstehen vermögen. Die meisten praktischen Berufe sind ferner von solcher Art, daß ein Mensch von normaler Begabung das zu leisten vermag, was von ihm erwartet wird. Er ist in seiner bürgerlichen Existenz nicht von besonderen Erleuchtungen abhängig. Hat er tiefere wissenschaftliche Interessen, so mag er sich neben seiner Pflichtarbeit in seine Lieblingsprobleme versenken. Die Furcht, daß seine Bemühungen ohne Ergebnis bleiben können, braucht ihn nicht zu bedrücken. In solch glücklicher Lage zu sein, verdankte ich Marcel Großmann.

Von den Erlebnissen wissenschaftlicher Art, die jene glücklichen Berner Jahre brachten, erwähne ich nur ein einziges, das sich als die fruchtbarste Idee meines Lebens erwies. Die spezielle Relativitäts-Theorie war schon einige Jahre alt. War das Relativitätsprinzip auf Inertialsysteme beschränkt, das heißt auf Koordinatensysteme, die relativ zueinander gleichförmig bewegt sind (lineare Koordinaten-Transformationen)? Der formale Instinkt sagt: „Wahrscheinlich nicht!" Die Grundlage aller bisherigen Mechanik – das Trägheitsprinzip – schien aber jede Erweiterung des Relativitätsprinzips auszuschließen. Wenn man nämlich ein (relativ zu einem Inertialsystem) beschleunigtes Koordinatensystem einführt, so bewegt sich relativ zu diesem ein „isolierter" Massenpunkt nicht mehr gradlinig und gleichförmig. Ein von hemmenden Denkgewohnheiten freier Geist hätte nun gefragt: Gibt mir dies Verhalten ein Mittel in die Hand, ein Inertialsystem von einem Nicht-Inertialsystem zu unterscheiden? Er hätte dann (wenigstens im Falle geradlinig-gleichförmiger Beschleunigung) zum Ergebnis kommen müssen, daß dies nicht der Fall ist. Denn man konnte das mechanische Verhalten der Körper relativ zu einem so beschleunigten Koordinatensystem auch als Wirkung eines Gravitationsfeldes interpretieren; dies wird möglich gemacht durch die empirische Tatsache, daß auch in einem

Gravitationsfeld die Beschleunigung der Körper unabhängig von ihrer Natur stets dieselbe ist. Diese Erkenntnis (Äquivalenz-Prinzip) machte es nicht nur wahrscheinlich, daß die Naturgesetze einer allgemeinen Transformationsgruppe als der Gruppe der Lorentz-Transformation gegenüber invariant sein müssen (Erweiterung des Relativitätsprinzips), sondern auch, daß diese Erweiterung zu einer vertieften Theorie des Gravitationsfeldes führen werde. Daß dieser Gedanke im Prinzip richtig war, daran zweifelte ich nicht im mindesten. Aber die Schwierigkeiten seiner Durchführung schienen fast unüberwindlich. Zunächst ergaben elementare Überlegungen, daß der Übergang zu einer weiteren Transformationsgruppe unvereinbar ist mit einer direkten physikalischen Interpretation der Raum-Zeit-Koordinaten, welche den Weg zur speziellen Relativitätstheorie geebnet hatte. Ferner war zunächst nicht abzusehen, wie die erweiterte Transformationsgruppe zu wählen sei. In Wahrheit gelangte ich zu diesem Äquivalenz-Prinzip auf einem Umwege, dessen Beschreibung hier nicht am Platze ist.

1909–1912, während ich an der Zürcher und an der Prager Universität theoretische Physik zu lehren hatte, grübelte ich unablässig über das Problem nach. 1912, als ich ans Zürcher Polytechnikum berufen wurde, war ich der Lösung des Problems schon erheblich näher gekommen. Von Wichtigkeit erwies sich hier Hermann Minkowskis Analyse der formalen Grundlage der speziellen Relativitätstheorie. Sie läßt sich in den Satz kondensieren: Der vierdimensionale Raum hat eine (invariante) pseudo-euklidische Metrik; diese bestimmt die experimentell konstatierbaren metrischen Eigenschaften des Raumes sowie das Trägheitsprinzip und darüber hinaus die Form der Lorentz-invarianten Gleichungs-Systeme. In diesem Raum gibt es bevorzugte, nämlich quasi-kartesische Koordinatensysteme, welche hier die einzig „natürlichen" sind (Inertialsysteme).

Das Äquivalenz-Prinzip veranlaßt uns, in einem solchen Raume nicht-lineare Koordinaten-Transformationen einzuführen, das heißt nicht-kartesische („krummlinige") Koordinaten. Die pseudo-euklidische Metrik nimmt dabei die allgemeine Form an:

$$ds^2 = \Sigma\, g_{ik}\, dx_i\, dx_k$$

summiert über die Indizes i und k (von 1–4). Diese g_{ik} sind dann Funktionen der vier Koordinaten, die gemäß dem Äquivalenz-Prinzip außer der Metrik auch das „Gravitationsfeld" beschreiben. Dies letztere ist hier freilich von ganz besonderer Art. Denn es läßt sich ja durch Transformation in die spezielle Form

$$- dx_1^2 - dx_2^2 - dx_3^2 + dx_4^2$$

bringen, das heißt in eine Form, in welcher die g_{ik} von den Koordinaten unabhängig sind. In diesem Falle läßt sich das durch die g_{ik} beschriebene Gravitationsfeld „wegtransformieren". In der letzteren speziellen Form drückt sich das Trägheitsverhalten isolierter Körper durch eine (zeitartige) gerade Linie aus. In der allgemeinen Form entspricht dem die „geodätische Linie".

Diese Formulierung bezog sich zwar immer noch auf den Fall des pseudoeuklidischen Raumes. Sie zeigte aber deutlich, wie der Übergang zu Gravitationsfeldern allgemeiner Art zu erreichen war. Auch hier ist das Gravitationsfeld durch eine Art Metrik, das heißt durch ein symmetrisches Tensor-Feld g_{ik}, zu beschreiben. Die Verallgemeinerung besteht einfach darin, daß nun die Voraussetzung fallen gelassen wird, daß dies Feld durch bloße Koordinaten-Transformation in ein pseudoeuklidisches verwandelt werden könne.

Das Problem der Gravitation war damit reduziert auf ein rein mathematisches. Gibt es Differentialgleichungen für die g_{ik}, welche invariant sind gegenüber nichtlinearen Koordinaten-Transformationen? Solche Differentialgleichungen und *nur* solche kamen als Feldgleichungen des Gravitationsfeldes in Betracht. Das Bewegungsgesetz materieller Punkte war dann durch die Gleichung der geodätischen Linie gegeben.

Mit dieser Aufgabe im Kopf, suchte ich 1912 meinen alten Studienfreund Marcel Großmann auf, der unterdessen Professor der Mathematik am Eidgenössischen Polytechnikum geworden war. Er fing sofort Feuer, obwohl er der Physik gegenüber als echter Mathematiker eine etwas skeptische Einstellung hatte. Als wir noch beide Studenten waren und in gewohnter Weise beim Kaffee unsere Gedanken austauschten, machte er einmal eine so hübsche und charakteristische Bemerkung, daß ich nicht umhin kann, sie hier zu zitieren: „Ich gebe zu, daß ich aus dem Studium der Physik doch etwas Wesentliches profitiert habe. Wenn ich mich früher auf einen Stuhl setzte, und ich fühlte noch etwas von der Wärme durch, die von meinem ‚Vor-Sitzenden' stammte, so grauste es mir ein bißchen. Dies ist völlig vergangen, denn die Physik hat mich darüber belehrt, daß die Wärme etwas ganz Unpersönliches ist."

So kam es, daß er zwar gerne bereit war, an dem Problem mitzuarbeiten, aber doch mit der Einschränkung, daß er keine Verantwortung für irgendwelche Behauptungen und Interpretationen physikalischer Art zu übernehmen habe. Er durchmusterte die Literatur und entdeckte bald, daß das angedeutete mathematische Problem insbesondere durch Riemann, Ricci und Levi-Civita bereits gelöst war. Diese ganze Entwicklung schloß sich an die Gaußsche Theorie der Flächenkrümmung an, in der zum ersten Male von verallgemeinerten Koordinaten systematisch Gebrauch gemacht war. Riemanns Leistung war die größte. Er zeigte, wie aus dem Felde der g_{ik} Tensoren der zweiten Differentationsstufe gebildet werden können. Daraus war zu ersehen, wie die Feldgleichungen der Gravitation lauten müssen – falls Invarianz gegenüber der Gruppe aller kontinuierlicher Koordinaten-Transformationen gefordert wird. Daß diese Forderung gerechtfertigt sei, war aber nicht so leicht einzusehen, zumal ich Gründe dagegen gefunden zu haben glaubte. Diese, allerdings irrtümlichen, Bedenken brachten es mit sich, daß die Theorie erst 1916 in ihrer endgültigen Form erschien.

Während ich mit meinem alten Freunde eifrig zusammen arbeitete, dachte keiner von uns daran, daß ein tückisches Leiden so bald diesen vortrefflichen Mann dahinraffen würde. Den Mut, diese etwas bunte autobiographische Skizze zu schreiben, gab mir das Bedürfnis, wenigstens einmal im Leben meiner Dankbarkeit für Marcel Großmann Ausdruck zu geben.

Seit der Beendigung der Gravitationstheorie sind nun vierzig Jahre vergangen. Sie waren fast ausschließlich der Bemühung gewidmet, aus der Theorie des Gravitationsfeldes durch Verallgemeinerung eine Feldtheorie zu gewinnen, die eine Grundlage für die gesamte Physik bilden könnte. Viele arbeiteten am gleichen Ziel. Mehrere hoffnungsvoll erscheinende Ansätze habe ich nachträglich verworfen. Die letzten zehn Jahre aber führten endlich zu einer Theorie, die mir natürlich und hoffnungsvoll erscheint. Daß ich mich aber nicht zu überzeugen vermag, ob ich selber diese Theorie für physikalisch wertvoll halten soll oder nicht, liegt in vorläufig unüberwindlichen mathematischen Schwierigkeiten begründet, wie sie übrigens jede nicht-lineare Feldtheorie für die Anwendung bietet. Außerdem erscheint es überhaupt zweifelhaft, ob eine Feldtheorie von der atomistischen Struktur der Materie und der Strahlung sowie von den Quanten-Phänomenen Rechenschaft geben kann. Die meisten Physiker werden unbedenklich mit einem überzeugten „Nein" antworten, da sie glauben, daß das Quantenproblem in anderer Art im Prinzip gelöst sei. Wie dem auch sei, bleibt uns Lessings tröstliches Wort, das Streben nach der Wahrheit sei köstlicher als deren gesicherter Besitz.

Teil V: **Schlussbemerkungen: Einstein – Wissenschaftler und Philosoph**

> Alle Forschungsgegenstände Einsteins finden sich in erster Linie im Reich der Physik. Aber er erkannte, daß sich gewisse physikalische Probleme nur lösen lassen, wenn man zunächst die Grundlagen von Raum und Zeit logisch analysiert, und ebenso wurde ihm klar, daß eine solche Analyse umgekehrt eine philosophische Richtigstellung bestimmter gewohnter Begriffe der Erkenntnis voraussetzt.
> — Hans Reichenbach „Die philosophische Bedeutung der Relativitätstheorie", S. 189

Unter den Protagonisten in Schilpps Bibliothek der lebenden Philosophen ist Einstein der Einzige, der nicht in erster Linie als Philosoph, sondern als Wissenschaftler bekannt war. In seinem Vorwort zur englischen Ausgabe verschwendet Schilpp kein Wort darauf, diese Entscheidung zu rechtfertigen: „Der Inhalt dieses Bandes selbst spricht überzeugend für die Aufnahme von *Albert Einstein als Philosoph und Naturforscher* in diese Reihe, da braucht es keine überflüssigen Worte des Herausgebers."[1]

Auch Einstein lässt in den *Notizen* keinerlei Bedürfnis erkennen, den Kontext zu erörtern, in dem seine Autobiografie erscheint. Grenzen zwischen verschiedenen Disziplinen hatten für ihn nie eine Rolle gespielt. Doch das fehlende Verständnis, auf das seine Position in der Physikergemeinschaft stieß, mag ihm eine weitere Motivation geliefert haben, sich mit seinen Anliegen an ein philosophisches Publikum zu wenden. Gewiss nahm er einen Mangel an erkenntnistheoretischem Bewusstsein unter den Physikern seiner Zeit als Grund für deren Gleichgültigkeit oder gar Ablehnung seines Programms zur Suche einer einheitlichen Feldtheorie wahr. Rund zwei

https://doi.org/10.1515/9783110744811-023

Jahre nach der Niederschrift seiner Autobiografie vertraute er Solovine in einem Brief genau dieses Gefühl an und bezog sich dabei ausdrücklich auf seine Suche nach der einheitlichen Feldtheorie: „Die einheitliche Feldtheorie ist nun in sich abgeschlossen. Sie ist aber so schwer mathematisch anzuwenden, dass ich trotz aller aufgewendeten Mühe nicht imstande bin, sie irgendwie zu prüfen. Dieser Zustand wird wohl noch viele Jahre anhalten, zumal die Physiker für logisch-philosophische Argumente wenig Verständnis haben."[2] So gesehen sind Einsteins Forschungsprogramm und seine Beteiligung an einem philosophischen Projekt aufs Engste miteinander verknüpft. Die Gelegenheit, sich selbst als Philosoph und Wissenschaftler zu präsentieren, die Schilpp ihm damit eröffnete, entsprach unmittelbar seinen eigenen Anliegen und Ambitionen.

Das mag vielleicht etwas zu sehr danach klingen, dass es hierbei einen strategischen Plan gegeben hätte. Wie so oft geht der Beginn der produktiven Zusammenarbeit zwischen Schilpp und Einstein auf eine zufällige Begegnung zurück. Schilpp war von Philipp Frank, Einsteins Nachfolger am Lehrstuhl für Physik in Prag und selber Philosoph und Wissenschaftler, dazu ermutigt worden, Einstein um ein halbstündiges Gespräch zu bitten, um ein bestimmtes Thema zu erörtern. Das Treffen fand im Dezember 1940 in Princeton statt und dauerte anderthalb Stunden. Was dort besprochen wurde, wissen wir aus der nachfolgenden Korrespondenz zwischen beiden. Schilpp überreichte seinem Gast den ersten Band seiner LLP-Reihe, gewidmet John Dewey, dem berühmten amerikanischen Hauptvertreter des Pragmatismus. Er erklärte ihm das Projekt und Einstein war offensichtlich beeindruckt.

Zwei Tage später schrieb Schilpp an Einstein und dankte ihm für seine positive Reaktion auf die Idee zu dieser Reihe und insbesondere für seine Bereitschaft, an einem Band über Bertrand Russell mitzuwirken, den britischen Mathematiker, Logiker und Philosophen. Er informierte Einstein, dass er bereits an die Redakteure von Russells Buch geschrieben und sie um Exemplare der Bücher für Einstein gebeten habe. Er bat Einstein außerdem, in zwei oder drei Sätzen seine allgemeine Ansicht über die LLP-Reihe zum Ausdruck zu bringen. Am 12. Januar 1941 bat Schilpp Einstein konkret um einen Beitrag über Russells Erkenntnistheorie. Am 18. Juli antwortete Einstein, er habe die ihm von Schilpp zugesandten Bücher Russells eingehend und aufmerksam gelesen. Die rein logische Arbeit Russells sei seiner eigenen Tätigkeit nicht unmittelbar verwandt, merkte er an, doch er versprach, einen Beitrag zu verfassen, sobald er den dazu erforderlichen, „inneren Frieden" finde. Im November 1942 erhielt Einstein eine Erinnerung von Schilpp, der ihm zudem mitteilte, wie glücklich Russell über die Mitteilung gewesen sei, dass Einstein einen Beitrag zu seinem Band zugesagt habe. Einstein bestätigte den vereinbarten Titel: „Russells Epistemologie".

Einsteins erste Begegnung mit Russells Schriften hatte einen nachhaltigen Eindruck bei ihm hinterlassen. Seine Faszination für Bertrand Russell war auch Jahre später noch nicht verflogen. In einem Brief an seinen Freund Michele Besso, verfasst einige Monate nach dem Tod seiner Schwester Maja, schrieb Einstein: „Mir fehlt sie auch sehr. Wir haben in den Jahren ihres Leidens einen grossen Teil der besten Bücher aller Zeiten gemeinsam gelesen. Am meisten aber liebte sie Bertrand Russell – ich übrigens auch."[3]

Am 26. Februar 1943 lieferte er seinen kurzen Text mit dem Titel „Bemerkungen zu Bertrand Russels Erkenntnis-Theorie". Der Text hatte ihm ganz offensichtlich Mühe gemacht. Man sieht das am ersten Absatz und aus seinem Brief an Schilpp, in dem er gesteht, dass er seine Zusage für den Beitrag mehrmals verflucht habe. Einstein machte für seine Schwierigkeiten seine geringe Erfahrung auf dem Feld der Philosophie verantwortlich. Schilpp war dennoch sehr zufrieden mit dem, was er erhalten hatte. Er fand, der Text habe große wissenschaftliche und philosophische Bedeutung – insbesondere deshalb, weil Einstein nicht mit der damals vorherrschenden Tendenz des positivistischen Empirismus übereinstimmte und vielmehr eine, so Schilpp, „bedeutungsvolle Metaphysik" vertrat. Er zeigte sich überzeugt, dass Einstein mit dieser Positionierung „Geschichte machen" werde. Auf gewisse Weise stimmte das sogar: Wie wir in der Einleitung gesehen haben, ebnete dieser Schriftwechsel und Gedankenaustausch drei Jahre später den Weg für die Aufnahme Einsteins als „Philosoph und Naturforscher" in die Buchreihe.

Es besteht kein Zweifel, dass Einstein dieses Prädikat verdient. Einsteins wissenschaftliche Biografie ist geprägt von seinem tiefen Interesse an philosophischen Fragen, angefangen bei seiner frühen Faszination für Arthur Schopenhauers Schriften, seinem Besuch von Kant-Vorlesungen an der polytechnischen Schule in Zürich und bei der gemeinsamen Lektüre mit seinen Freunden der Akademie Olympia in seiner Zeit als Angestellter am Berner Patentamt in den frühen 1900er Jahren. Die Schriften, die ihn damals am meisten beeindruckt hatten, nehmen selbst in seiner Schrift *Autobiographisches* noch einen prominenten Platz ein, insbesondere die Werke David Humes und Ernst Machs. Sein ganzes Leben lang betonte Einstein die Bedeutung dieser Werke für sein Denken, und bereits 1916 formulierte er dies erstmals in deutlicher Form: „Von mir selbst weiß ich mindestens, daß ich insbesondere durch Hume und Mach direkt und indirekt sehr gefördert worden bin."[4]

Das Lesen von Philosophen wie Hume oder Wissenschaftler-Philosophen wie Mach und Poincaré hatte Einstein schon sehr früh bewusst gemacht, wie heikel die Beziehung zwischen grundlegenden Begriffen wie Raum und Zeit einerseits und der Erfahrung andererseits ist. Bei der Formulierung der speziellen Relativitätstheorie waren Humes Empirismus und Poincarés Konventionalismus deshalb hilfreich für Einstein, weil sie ihn dazu ermutigten, neue Begriffe von Raum und Zeit auf Koordinaten zu beziehen, die in der lorentzschen Elektrodynamik keine direkte physikalische Interpretation hatten. Einsteins Bewusstsein für die philosophische Dimension ging weit hinaus über bloßes Hintergrundwissen, das ihn in die Lage versetzte, konkrete physikalische Probleme mit mehr erkenntnistheoretischer Sensibilität anzugehen, als viele seiner Zeitgenossen dies vermochten. Vielmehr hing die gesamte Entwicklung seiner Relativitätstheorien notwendig an dieser reflexiven Kompetenz und den philosophischen Debatten, die er führte. Nur damit war es ihm möglich, die grundlegenden Mehrdeutigkeiten aufzulösen, die mit der Herausbildung der allgemeinen Relativitätstheorie einhergingen.

Einsteins philosophisches Interesse ist von seiner konkreten physikalischen Arbeit nicht zu trennen. Schon allein aus diesem Grund dürfte ihm dieser im Englischen mit einem Bindestrich geschriebene Doppelbegriff „Philosopher-Scientist" gefallen haben. Denn seine wissenschaftlichen Durchbrüche hängen in der Tat eng mit seinen erkenntnistheoretischen Reflexionen zusammen, konkret in seinem Nachdenken über das Wesen und den Ursprung so grundlegender Begriffe wie Raum, Zeit und Kausalität. Das gilt umso mehr, als Einstein zur Zeit der Entwicklung seiner allgemeinen Relativitätstheorie große Wertschätzung für die Arbeit einer jüngeren Generation von Philosophen hegte, die sich ihrerseits in die neuen physikalischen Theorien vertieften, die damals aufkamen. Sie unterstützten die Entwicklung dieser Theorien, indem sie diese mit erkenntnistheoretischen Reflexionen begleiteten, die auf einem fundierten technischen Verständnis der Wissenschaft beruhten. Prominente Beispiele sind Moritz Schlick und Hans Reichenbach, zwei seiner wichtigsten philosophischen Gesprächspartner in der Entstehungszeit der allgemeinen Relativitätstheorie. Nicht nur Einsteins Arbeit selbst, sondern auch seine aktive Beteiligung an den philosophischen Debatten in den 1910er und 1920er Jahren, hatten eine ausgesprochen stimulierende Wirkung auf die Entwicklung der zeitgenössischen Philosophie.

Bedenkt man den Einfluss des philosophischen Denkens auf die Entstehung und Entwicklung der allgemeinen Relativitätstheorie, verwundert es nicht, dass Einstein das Bedürfnis verspürte, eine Reihe von philosophischen Standpunkten zu überdenken, die seine Entwicklung geprägt hatten. Genau darin lag einer der Gründe für die Intensität seines Gedankenaustauschs mit Philosophen. Ein weiterer Grund lag in seiner Hoffnung, selbst aus dem lernen zu können, was er bereits erreicht hatte, und heuristische Schlüsse für seinen eigenen zukünftigen Weg zu ziehen. Ein dritter Grund schließlich waren seine Versuche, die Theorie selbst zu verteidigen und einige der Rätsel zu lösen, die sie aufgegeben hatte.

Wenn Moritz Schlick nicht zehn Jahre zuvor ermordet worden wäre, dann wäre er sicherlich einer der wichtigsten Autoren von Schilpps Einstein-Band geworden. Dadurch aber fiel die Aufgabe, den Wiener Kreis zu repräsentieren, an Hans Reichenbach. Sein Beitrag und Einsteins Antwort sind praktisch die Fortsetzung ihrer früheren Interaktion. Diese hatte mit ihren Debatten zu Kant und der neokantianischen Philosophie begonnen, der die Veröffentlichung von Reichenbachs Buch *Relativitätstheorie und Erkenntnis a priori* vorangegangen war. Reichenbach hatte Einstein damals gebeten, ihm das Buch widmen zu dürfen. „Wenn ich Ihren Namen der Schrift voransetze, so möchte ich damit zum Ausdruck bringen, welchen grossen Dank Ihnen gerade die Philosophie schuldig ist. Ich weiss sehr wohl, dass die wenigsten der beamteten Philosophen eine Ahnung davon haben, dass mit Ihrer Theorie eine philosophische Tat getan ist, und dass in Ihren physikalischen Begriffsbildungen mehr Philosophie enthalten ist, als in allen vielbändigen Werken der Epigonen des grossen Kant. Erlauben Sie daher mir, der den Versuch gemacht hat, die tiefe Einsicht der Kantischen Philosophie von ihrem zeitgenössischen Beiwerk zu befreien und mit Ihren Entdeckungen in einem System zu vereinen, Ihnen diesen Dank zum Ausdruck zu bringen."[5] Einstein antwortete: „Ich freue mich wirklich sehr darüber, dass Sie mir Ihre ausgezeichnete Broschüre widmen wollen, noch mehr aber darüber, dass Sie mir als Dozent und Grübler ein so gutes Zeugnis ausstellen. Der Wert der Rel.Th. für die Philosophie scheint mir der zu sein, dass sie die Zweifelhaftigkeit gewisser Begriffe dargethan hat, die auch in der Philosophie als Scheidemünzen anerkannt waren. Begriffe sind eben leer, wenn sie aufhören, mit Erlebnissen fest verkettet zu sein. Sie gleichen Emporkömmlingen, die sich ihrer Abstammung schämen und sie verleugnen wollen."[6]

Wie der Historiker Klaus Hentschel detailliert herausgearbeitet hat, sah Reichenbach damals seine eigene Position noch als Neuinterpretation der kantschen Überzeugung, bestimmte A-priori-Formen des Denkens seien unerlässlich.[7] Doch im Gegensatz zu Kant betonte Reichenbach den historisch bedingten und veränderlichen Charakter dieser Formen des Denkens und schrieb ihnen keinen apodiktischen Charakter zu.

Einstein stand nicht nur der kantschen Philosophie sehr kritisch gegenüber, sondern auch solchen Versuchen, innerhalb einer Theorie Elemente auszumachen, die der Realität näherstehen als andere. Dennoch gibt es ein Element der kantschen Doktrin, das Einstein wirklich zu schätzen lernte, wie wir in unseren Ausführungen zum Gedankenaustausch zwischen Einstein und Reichenbach sowie zwischen Einstein und Margenau erörtert haben (siehe Teil III).

In den Jahren der Entstehung der Relativitätstheorie distanzierte sich Einstein zunehmend von jener Form des radikalen Empirismus und Positivismus, der ihn früher an Ernst Mach so fasziniert hatte. In einer Rede anlässlich des 60. Geburtstags von Max Planck (1918), „Motive des Forschens", behauptet Einstein: „Höchste Aufgabe des Physikers ist also das Aufsuchen jener allgemeinsten elementaren Gesetze, aus denen durch reine Deduktion das Weltbild zu gewinnen ist."[8] Die Betonung liegt hier auf „reine Deduktion". Einstein hätte eine solche Aussage in einer früheren Phase seiner wissenschaftlichen Entwicklung nicht gemacht. Sie steht für eine Abkehr vom Empirismus Machs und Humes. Noch klarer kommt die Abkehr von dieser Doktrin in Einsteins Zusammenfassung seiner Lehren zum Ausdruck, die er aus dem Prozess der Entwicklung der allgemeinen Relativitätstheorie gezogen hat: „Noch etwas anderes habe ich aus der Gravitationstheorie gelernt: Eine noch so umfangreiche Sammlung empirischer Fakten kann nicht zur Aufstellung so verwickelter Gleichungen führen. ... [Sie] können nur dadurch gefunden werden, dass eine logisch einfache mathematische Bedingung gefunden wird, welche die Gleichungen völlig oder nahezu determiniert. Hat man aber jene hinreichend starken formalen Bedingungen, so braucht man nur wenig Tatsachen-Wissen für die Aufstellung der Theorie" (*Autobiographisches*, S. 84 [S. 224]).

Die Abkehr vom strengen Empirismus hat, wie Einstein betont, viel mit der Rolle der freien Vorstellungskraft als konstitutivem Element der Wissenschaft zu tun, aber auch mit der Idee, dass sich eine Theorie nur als Ganzes bedeutungsvoll mit der empirischen Evidenz vergleichen lasse. Letztgenannte Überzeugung steht im Einklang mit dem konventionalistischen Standpunkt, den Wissenschaftler-Philosophen wie Henri Poincaré und ganz besonders Pierre Duhem eingenommen hatten. Doch man würde Einstein als Wissenschaftler-Philosophen kaum gerecht werden, wenn man versuchen würde, ihn in eine der zahlreichen Schubladen zu stecken, die von Philosophiehistorikern eingerichtet wurden, um erkenntnistheoretische Standpunkte darin abzulegen. In seiner Antwort auf die Beiträge von Lenzen und Northrop erläutert Einstein mit offensichtlichem Selbstbezug, dass ein Wissenschaftler eben kein Philosoph sei.[9] Ein Wissenschaftler könne nicht starr an einer erkenntnistheoretischen Position festhalten. Je nach Situation könne ein Wissenschaftler als Realist, Idealist, Positivist oder sogar Platoniker erscheinen. Ein systematischer Epistemologe würde das möglicherweise als „erkenntnistheoretischen Opportunismus" empfinden. Der Historiker und Wissenschaftsphilosoph Don Howard jedoch kommentiert diese Aussage so: „Im direkten historischen Zusammenhang gesehen, erscheint das als originelle Synthese einer tiefgründigen und kohärenten Wissenschaftsphilosophie, die bis heute relevant ist. Ihr roter Faden ist im Verlauf der Geschichte die Assimilation von Duhems holistischer Version des Konventionalismus."[10]

Einstein dachte sogar noch freier, weder auf die Naturwissenschaft noch auf die Philosophie beschränkt. Er war gleichermaßen an der Wissenschaftsgeschichte und der Psychologie des menschlichen Denkens interessiert. Auch in diesen Feldern hatte er bedeutende Gesprächspartner gefunden, etwa den Begründer der Gestaltpsychologie, Max Wertheimer, der ebenso wie Einstein aus Deutschland in die Vereinigten Staaten geflüchtet war.[11]

Andererseits hatten einige der wichtigsten philosophischen Gesprächspartner Einsteins gegen Ende der 1920er Jahre ihr bis dahin glühendes Interesse an der wissenschaftlichen Praxis und den konkreten Inhalten der Naturwissenschaften verloren und suchten nun verstärkt nach einer Untermauerung ihrer Ansätze in der Analyse der Sprache, der Logik und der wissenschaftlichen Methodik. Philosophiehistoriker nennen das die „linguistische Wende". Diese Entwicklung hängt insbesondere mit den einflussreichen Schriften von Bertrand Russell und Ludwig Wittgenstein zusammen, die den philosophischen Diskurs für den Rest des 20. Jahrhunderts entscheidend prägen sollten.[12] In diesem Kontext erscheint es nicht unwahrscheinlich, dass Schilpps Einladung an Einstein, etwas über Russell zu schreiben, ein Anstoß für die Entscheidung war, Einstein selbst in einem Band der LLP aufzunehmen. Tatsächlich waren sie sich einig, dass die Wissenschaftsphilosophie über den zeitgenössischen Trend des logischen Empirismus hinausgehen müsse. Jener glückliche und fruchtbare Moment in der Geschichte, in dem Philosophen den Versuch unternahmen, die Naturwissenschaft zu verstehen, während Wissenschaftler das Bedürfnis verspürten, sich mit erkenntnistheoretischen Fragen zu beschäftigen, um ihre wissenschaftlichen Probleme zu lösen, war im Großen und Ganzen vorbei – zumindest im Mainstream der Physik und der Philosophie. Mit einem Band, der die enge Verbindung zwischen Grundlagenwissenschaft und konzeptuellen Denken betont, hatte Einstein womöglich auch gehofft, dieses einzigartige Vermächtnis aufrechtzuerhalten.

Als Einstein sein *Autobiographisches* schrieb, stand die Suche nach einem einheitlichen Weltbild schon nicht mehr auf der Tagesordnung von Wissenschaftlern und Philosophen, wie dies in den 1920ern und 1930ern noch der Fall gewesen war. Einstein war praktisch der Einzige, der dieses Ziel noch verfolgte. Er war nicht nur in dieser Hinsicht zu einem einsamen Reisenden geworden. Sowohl in der zeitgenössischen Physik als auch in der Philosophie war er zum Außenseiter geworden, der sich den Hauptströmungen der Quantenmechanik einerseits und des logischen Positivismus andererseits widersetzte. Nach seinem Tod spielten Versuche zur Entwicklung eines Weltbildes auf der Grundlage wissenschaftlicher Forschung und erkenntnistheoretischer Reflexion erst einmal nur eine Nebenrolle. In gewisser Weise galt dies sogar für die allgemeine Relativitätstheorie selbst. 1955 fand in Bern die erste internationale Konferenz zur Relativitätstheorie statt. Diese Veranstaltung löste eine Renaissance der allgemeinen Relativitätstheorie aus und brachte sie zurück auf die Bühne der zeitgenössischen Physik.[13] Die Renaissance der Suche nach einem einheitlichen Weltbild aber steht noch aus.

Anmerkungen

1 Schilpp, *Albert Einstein: Philosopher-Scientist*, p. xiii.
2 Einstein an Solovine, 12. Februar 1951, AEA 21–277.
3 Einstein an Besso, 12. Dezember 1951, AEA 7–401.
4 Einstein, „Ernst Mach", CPAE Bd. 6, Doc. 29, S. 279.
5 Reichenbach an Einstein, 15. Juni 1920, CPAE Bd. 10, Doc. 57.
6 Einstein an Reichenbach, 30. Juni 1920, CPAE Bd. 10, Doc. 66.
7 Klaus Hentschel, *Interpretationen und Fehlinterpretationen der speziellen und allgemeinen Relativitätstheorie durch Zeitgenossen Albert Einsteins* (Basel: Birkhäuser, 1990), Abschn. 4.1.
8 Einstein, „Motive des Forschens" (1918), CPAE Bd. 7, Doc. 7, S. 54–59, hier S. 57. Nachdruck als „Prinzipien der Forschung", in Seelig, Hrsg., *Mein Weltbild*, S. 107–110.
9 Einstein, „Bemerkungen zu den in diesem Bande vereinigten Arbeiten", S. 507–508.
10 Don Howard, „Einstein and the Development of Twentieth-Century Philosophy of Science", S. 375.
11 Eine Erörterung dieses Punktes bietet Gutfreund und Renn, *The Formative Years of Relativity*, S. 118.
12 Fynn Ole Engler und Jürgen Renn, *Gespaltene Vernunft: Vom Ende eines Dialogs zwischen Wissenschaft und Philosophie* (Berlin: Mattes & Seitz, 2018).
13 Alexander Blum, Roberto Lalli und Jürgen Renn, „The Reinvention of General Relativity: A Historiographical Framework for Assessing One Hundred Years of Curved Space-time", *Isis* 106, Nr. 3 (2015): S. 598–620; „The Renaissance of General Relativity: How and Why It Happened", *Ann. Phys.* 528, Nr. 5 (2016): S. 344–349; Alexander Blum, Domenico Giulini, Roberto Lalli und Jürgen Renn, Hrsg., „Editorial introduction to the special issue 'The Renaissance of Einstein's Theory of Gravitation'", *EPJ H* 42 (2017); Alexander Blum, Roberto Lalli und Jürgen Renn, „Gravitational Waves and the Long Relativity Revolution", *Nature Astronomy* 2(2018): S. 534–543.

Teil VI: **Nachdruck der Schrift**

Autobiographisches

Hier sitze ich, um mit siebenundsechzig Jahren so etwas wie den eigenen Nekrolog zu schreiben. Dies tue ich nicht nur, weil mich Dr. Schilpp dazu überredet hat; sondern ich glaube selber dass es gut ist, den Mitstrebenden zu zeigen, wie einem das eigene Streben und Suchen im Rückblick erscheint. Nach einiger Überlegung fühlte ich, wie unvollkommen ein solcher Versuch ausfallen muss. Denn wie kurz und beschränkt ein Arbeitsleben ist, wie vorherrschend die Irrwege, so fällt doch die Darstellung des Mitteilungswerten nicht leicht–der jetzige Mensch von siebenundsechzig ist nicht derselbe wie der von fünfzig, dreissig und zwanzig. Jede Erinnerung ist gefärbt durch das jetzige So-Sein, also durch einen trügerischen Blickpunkt. Diese Erwägung könnte wohl abschrecken. Aber man kann doch Manches aus dem Selbst-Erleben schöpfen, was einem andern Bewusstsein nicht zugänglich ist.

Als ziemlich frühreifem jungem Menschen kam mir die Nichtigkeit des Hoffens und Strebens lebhaft zum Bewusstsein, das die meisten Menschen rastlos durchs Leben jagt. Auch sah ich bald die Grausamkeit dieses Treibens, die in jenen Jahren sorgsamer als jetzt durch Hypocrisy und glänzende Worte verdeckt war. Jeder war durch die Existenz seines Magens dazu verurteilt, an diesem Treiben sich zu beteiligen. Der Magen konnte durch solche Teilnahme wohl befriedigt werden, aber nicht der Mensch als denkendes und fühlendes Wesen. Da gab es als ersten Ausweg die Religion, die ja jedem Kinde durch die traditionelle Erziehungs-Maschine eingepflanzt wird. So kam ich–obwohl ein Kind ganz irreligiöser (jüdischer) Eltern zu einer tiefen Religiosität, die aber im Alter von zwölf Jahren bereits ein jähes Ende fand. Durch Lesen populär-wissenschaftlicher Bücher kam ich bald zu der Überzeugung, dass vieles in den Erzählungen der Bibel nicht wahr sein konnte. Die Folge war eine geradezu fanatische Freigeisterei, verbunden mit dem Eindruck, dass die Jugend vom Staate mit Vorbedacht belogen wird; es war ein niederschmetternder Eindruck. Das Misstrauen gegen jede Art Autorität erwuchs aus diesem Erlebnis, eine skeptische Einstellung gegen die Überzeugungen, welche in der jeweiligen sozialen Umwelt lebendig waren – eine Einstellung, die mich nicht wieder verlassen hat, wenn sie auch später durch bessere Einsicht in die kausalen Zusammenhänge ihre ursprüngliche Schärfe verloren hat.

Es ist mir klar, dass das so verlorene religiöse Paradies der Jugend ein erster Versuch war, mich aus den Fesseln des „Nur-Persönlichen" zu befreien, aus einem Dasein, das durch Wünsche, Hoffnungen und primitive Gefühle beherrscht ist. Da gab es draussen diese grosse Welt, die unabhängig von uns Menschen da ist und vor uns steht wie ein grosses, ewiges Rätsel, wenigstens teilweise zugänglich unserem Schauen und Denken. Ihre Betrachtung winkte als eine Befreiung, und ich merkte bald, dass so Mancher, den ich schätzen und bewundern gelernt hatte, in der hingebenden Beschäftigung mit ihr innere Freiheit und Sicherheit gefunden hatte. Das gedankliche Erfassen dieser ausserpersönlichen Welt im Rahmen der uns

https://doi.org/10.1515/9783110744811-024

gebotenen Möglichkeiten, schwebte mir halb bewusst, halb unbewusst als höchstes Ziel vor. Ähnlich eingestellte Menschen der Gegenwart und Vergangenheit sowie die von ihnen erlangten Einsichten waren die unverlierbaren Freunde. Der Weg zu diesem Paradies war nicht so bequem und lockend wie der Weg zum religiösen Paradies; aber er hat sich als zuverlässig erwiesen, und ich habe es nie bedauert, ihn gewählt zu haben.

Was ich da gesagt habe, ist nur in gewissem Sinne wahr, wie eine aus wenigen Strichen bestehende Zeichnung einem komplizierten, mit verwirrenden Einzelheiten ausgestatteten, Objekt nur in beschränktem Sinne gerecht werden kann. Wenn ein Individuum an gutgefügten Gedanken Freude hat, so mag sich diese Seite seines Wesens auf Kosten anderer Seiten stärker ausprägen und so seine Mentalität in steigendem Masse bestimmen. Es mag dann wohl sein, dass dies Individuum im Rückblick eine einheitliche systematische Entwicklung sieht, während das tatsächliche Erleben in kaleidoskopartiger Einzel-Situation sich abspielt. Die Mannigfaltigkeit der äusseren Situationen und die Enge des momentanen Bewusstsein-Inhaltes bringen ja eine Art Atomisierung des Lebens jedes Menschen mit sich. Bei einem Menschen meiner Art liegt der Wendepunkt der Entwicklung darin, dass das Hauptinteresse sich allmählich weitgehend loslöst vom Momentanen und Nur-Persönlichen und sich dem Streben nach gedanklicher Erfassung der Dinge zuwendet. Von diesem Gesichtspunkt aus betrachtet enthalten die obigen schematischen Bemerkungen so viel Wahres, als sich in solcher Kürze sagen lässt.

Was ist eigentlich „Denken"? Wenn beim Empfangen von Sinnes- Eindrücken Erinnerungsbilder auftauchen, so ist das noch nicht „Denken". Wenn solche Bilder Serien bilden, deren jedes Glied ein anderes wachruft, so ist dies auch noch kein „Denken." Wenn aber ein gewisses Bild in vielen solchen Reihen wiederkehrt, so wird es eben durch seine Wiederkehr zu einem ordnenden Element für solche Reihen, indem es an sich zusammenhangslose Reihen verknüpft. Ein solches Element wird zum Werkzeug, zum Begriff. Ich denke mir, dass der Übergang vom freien Assoziieren oder „Träumen" zum Denken charakterisiert ist durch die mehr oder minder dominierende Rolle, die der „Begriff" dabei spielt. Es ist an sich nicht nötig, dass ein Begriff mit einem sinnlich wahrnehmbaren und reproduzierbaren Zeichen (Wort) verknüpft sei; ist er es aber so wird dadurch Denken mitteilbar.

Mit welchem Recht–so fragt nun der Leser–operiert dieser Mensch so unbekümmert und primitiv mit Ideen auf einem so problematischen Gebiet, ohne den geringsten Versuch zu machen, etwas zu beweisen? Meine Verteidigung: all unser Denken ist von dieser Art eines freien Spiels mit Begriffen; die Berechtigung dieses Spiels liegt in dem Masse der Übersicht über die Sinnenerlebnisse, die wir mit seiner Hilfe erreichen können. Der Begriff der „Wahrheit" kann auf ein solches Gebilde noch gar nicht angewendet werden; dieser Begriff kann nach meiner Meinung erst dann in Frage kommen, wenn bereits eine weitgehende Einigung (Convention) über die Elemente und Regeln des Spieles vorliegen.

Es ist mir nicht zweifelhaft, dass unser Denken zum grössten Teil ohne Verwendung von Zeichen (Worte) vor sich geht und dazu noch weitgehend unbewusst. Denn wie sollten wir sonst manchmal dazu kommen, uns über ein Erlebnis ganz spontan zu „wundern"? Dies „sich wundern" scheint dann aufzutreten, wenn ein Erlebnis mit einer in uns hinreichend fixierten Begriffswelt in Konflikt kommt. Wenn solcher Konflikt hart und intensiv erlebt wird dann wirkt er in entscheidender Weise zurück auf unsere Gedankenwelt. Die Entwicklung dieser Gedankenwelt ist in gewissem Sinn eine beständige Flucht aus dem „Wunder."

Ein Wunder solcher Art erlebte ich als Kind von vier oder fünf Jahren, als mir mein Vater einen Kompass zeigte. Dass diese Nadel in so bestimmter Weise sich benahm passte so gar nicht in die Art des Geschehens hinein, die in der unbewussten Begriffswelt Platz finden konnte (an „Berührung" geknüpftes Wirken). Ich erinnere mich noch jetzt – oder glaube mich zu erinnern – dass dies Erlebnis tiefen und bleibenden Eindruck auf mich gemacht hat. Da musste etwas hinter den Dingen sein, das tief verborgen war. Was der Mensch von klein auf vor sich sieht, darauf reagiert er nicht in solcher Art, er wundert sich nicht über das Fallen der Körper, über Wind und Regen, nicht über den Mond und nicht darüber, dass dieser nicht herunterfallt, nicht über die Verschiedenheit des Belebten und des Nicht-Belebten.

Im Alter von zwölf Jahren erlebte ich ein zweites Wunder ganz verschiedener Art: An einem Büchlein über Euklidische Geometrie der Ebene, das ich am Anfang eines Schuljahres in die Hand bekam. Da waren Aussagen wie z. B. das Sich-Schneiden der drei Höhen eines Dreieckes in einem Punkt, die – obwohl an sich keineswegs evident – doch mit solcher Sicherheit bewiesen werden konnten, dass ein Zweifel ausgeschlossen zu sein schien. Diese Klarheit und Sicherheit machte einen unbeschreiblichen Eindruck auf mich. Dass die Axiome unbewiesen hinzunehmen waren beunruhigte mich nicht. Überhaupt genügte es mir vollkommen, wenn ich Beweise auf solche Sätze stützen konnte, deren Gültigkeit mir nicht zweifelhaft erschien. Ich erinnere mich beispielsweise, dass mir der pythagoräische Satz von einem Onkel mitgeteilt wurde, bevor ich das heilige Geometrie-Büchlein in die Hand bekam. Nach harter Mühe gelang es mir, diesen Satz auf Grund der Ähnlichkeit von Dreiecken zu „beweisen"; dabei erschien es mir „evident," dass die Verhältnisse der Seiten eines rechtwinkligen Dreiecks durch einen der spitzen Winkel völlig bestimmt sein müsse. Nur was nicht in ähnlicher Weise „evident" erschien, schien mir überhaupt eines Beweises zu bedürfen. Auch schienen mir die Gegenstände, von denen die Geometrie handelt, nicht von anderer Art zu sein als die Gegenstände der sinnlichen Wahrnehmung, „die man sehen und greifen konnte." Diese primitive Auffassung, welche wohl auch der bekannten Kant'schen Fragestellung betreffend die Möglichkeit „synthetischer Urteile *a priori*" zugrundeliegt, beruht natürlich darauf, dass die Beziehung jener geometrischen Begriffe zu Gegenständen der Erfahrung (fester Stab, Strecke, usw.) unbewusst gegenwärtig war.

Wenn es so schien, dass man durch blosses Denken sichere Erkenntnis über Erfahrungsgegenstände erlangen könne, so beruhte dies „Wunder" auf einem Irrtum.

Aber es ist für den, der es zum ersten Mal erlebt, wunderbar genug, dass der Mensch überhaupt imstande ist, einen solchen Grad von Sicherheit und Reinheit im blossen Denken zu erlangen, wie es uns die Griechen erstmalig in der Geometrie gezeigt haben.

Nachdem ich mich nun einmal dazu habe hinreissen lassen, den notdürftig begonnenen Nekrolog zu unterbrechen, scheue ich mich nicht hier in ein paar Sätzen mein erkenntnistheoretisches Credo auszudrücken, obwohl im Vorigen einiges davon beiläufig schon gesagt ist. Dies Credo entwickelte sich erst viel später und langsam und entspricht nicht der Einstellung, die ich in jüngeren Jahren hatte.

Ich sehe auf der einen Seite die Gesamtheit der Sinnen-Erlebnisse, auf der andern Seite die Gesamtheit der Begriffe und Sätze, die in den Büchern niedergelegt sind. Die Beziehungen zwischen den Begriffen und Sätzen unter einander sind logischer Art, und das Geschäft des logischen Denkens ist strikte beschränkt auf die Herstellung der Verbindung zwischen Begriffen und Sätzen untereinander nach festgesetzten Regeln, mit denen sich die Logik beschäftigt. Die Begriffe und Sätze erhalten „Sinn" bezw. „Inhalt" nur durch ihre Beziehung zu Sinnen-Erlebnissen. Die Verbindung der letzteren mit den ersteren ist rein intuitiv, nicht selbst von logischer Natur. Der Grad der Sicherheit, mit der diese Beziehung bezw. intuitive Verknüpfung vorgenommen werden kann, und nichts anderes, unterscheidet die leere Phantasterei von der wissenschaftlichen „Wahrheit." Das Begriffssystem ist eine Schöpfung des Menschen samt den syntaktischen Regeln, welche die Struktur der Begriffssysteme ausmachen. Die Begriffssysteme sind zwar an sich logisch gänzlich willkürlich, aber gebunden durch das Ziel, eine möglichst sichere (intuitive) und vollständige Zuordnung zu der Gesamtheit der Sinnen-Erlebnisse zuzulassen; zweitens erstreben sie möglichste Sparsamkeit inbezug auf ihre logisch unabhängigen Elemente (Grundbegriffe und Axiome) d. h. nicht definierte Begriffe und nicht erschlossene Sätze.

Ein Satz ist richtig, wenn er innerhalb eines logischen Systems nach den akzeptierten logischen Regeln abgeleitet ist. Ein System hat Wahrheitsgehalt, entsprechend der Sicherheit und Vollständigkeit seiner Zuordnungs-Möglichkeit zu der Erlebnis-Gesamtheit. Ein richtiger Satz erborgt seine „Wahrheit" von dem Wahrheits-Gehalt des Systems, dem er angehört.

Eine Bemerkung zur geschichtlichen Entwicklung. Hume erkannte klar, dass gewisse Begriffe, z. B. der der Kausalität, durch logische Methoden nicht aus dem Erfahrungsmaterial abgeleitet werden können. Kant, von der Unentbehrlichkeit gewisser Begriffe durchdrungen, hielt sie – so wie sie gewählt sind – für nötige Prämisse jeglichen Denkens und unterschied sie von Begriffen empirischen Ursprungs. Ich bin aber davon überzeugt, dass diese Unterscheidung irrtümlich ist, bezw. dem Problem nicht in natürlicher Weise gerecht wird. Alle Begriffe, auch die erlebnisnächsten, sind vom logischen Gesichtspunkte aus freie Setzungen, genau wie der Begriff der Kausalität, an den sich in erster Linie die Fragestellung angeschlossen hat.

Nun zurück zum Nekrolog. Im Alter von zwölf bis sechzehn machte ich mich mit den Elementen der Mathematik vertraut inklusive der Prinzipien der Differential- und Integral-Rechnung. Dabei hatte ich das Glück auf Bücher zu stossen, die es nicht gar zu genau nahmen mit der logischen Strenge, dafür aber die Hauptgedanken übersichtlich hervortreten liessen. Diese Beschäftigung war im Ganzen wahrhaft faszinierend; es gab darin Höhepunkte, deren Eindruck sich mit dem der elementaren Geometrie sehr wohl messen konnte – der Grundgedanke der analytischen Geometrie, die unendlichen Reihen, der Differential- und Integral-Begriff. Auch hatte ich das Glück, die wesentlichen Ergebnisse und Methoden der gesamten Naturwissenschaft in einer vortrefflichen populären, fast durchweg aufs Qualitative sich beschränkenden Darstellung kennen zu lernen (Bernsteins naturwissenschaftliche Volksbücher, ein Werk von fünf oder sechs Bänden), ein Werk, das ich mit atemloser Spannung las. Auch etwas theoretische Physik hatte ich bereits studiert, als ich mit siebzehn Jahren auf das Züricher Polytechnikum kam als Student der Mathematik und Physik.

Dort hatte ich vortreffliche Lehrer (z. B. Hurwitz, Minkowski), so dass ich eigentlich eine tiefe mathematische Ausbildung hätte erlangen können. Ich aber arbeitete die meiste Zeit im physikalischen Laboratorium, fasziniert durch die direkte Berührung mit der Erfahrung. Die übrige Zeit benutzte ich hauptsächlich, um die Werke von Kirchhoff, Helmholtz, Hertz, usw. zuhause zu studieren. Dass ich die Mathematik bis zu einem gewissen Grade vernachlässigte, hatte nicht nur den Grund, dass das naturwissenschaftliche Interesse stärker war als das mathematische, sondern das folgende eigentümliche Erlebnis. Ich sah, dass die Mathematik in viele Spezialgebiete gespalten war, deren jedes diese kurze uns vergönnte Lebenszeit wegnehmen konnte. So sah ich mich in der Lage von Buridans Esel, der sich nicht für ein besonderes Bündel Heu entschliessen konnte. Dies lag offenbar daran, dass meine Intuition auf mathematischem Gebiete nicht stark genug war, um das Fundamental-Wichtige, Grundlegende sicher von dem Rest der mehr oder weniger entbehrlichen Gelehrsamkeit zu unterscheiden. Ausserdem war aber auch das Interesse für die Natur-Erkenntnis unbedingt stärker; und es wurde mir als Student nicht klar, dass der Zugang zu den tieferen prinzipiellen Erkenntnissen in der Physik an die feinsten mathematischen Methoden gebunden war. Dies dämmerte mir erst allmählich nach Jahren selbständiger wissenschaftlicher Arbeit. Freilich war auch die Physik in Spezialgebiete geteilt, deren jedes ein kurzes Arbeitsleben verschlingen konnte, ohne dass der Hunger nach tieferer Erkenntnis befriedigt wurde. Die Masse des erfahrungsmässig Gegebenen und ungenügend Verbundenen war auch hier überwältigend. Aber bald lernte ich es hier, dasjenige herauszuspüren, was in die Tiefe führen konnte, von allem Andern aber abzusehen, von dem Vielen, das den Geist ausfüllt und von dem Wesentlichen ablenkt. Der Haken dabei war freilich, dass man für die Examina all diesen Wust in sich hineinstopfen musste, ob man nun wollte oder nicht. Dieser Zwang wirkte so abschreckend, dass mir nach überstandenem Endexamen jedes Nachdenken über wissenschaftliche Probleme für ein ganzes Jahr verleidet war. Dabei muss ich sagen, dass wir in der Schweiz unter solchem den wahren wissenschaftlichen Trieb erstickenden Zwang weniger zu leiden hatten, als es an vielen andern Orten der Fall ist. Es gab im Ganzen nur zwei Examina; im übrigen konnte man so ziemlich tun und lassen, was man wollte. Besonders war dies so, wenn man wie ich einen Freund hatte, der die Vorlesungen regelmässig besuchte und den Inhalt gewissenhaft ausarbeitete. Dies gab Freiheit in der Wahl der Beschäftigung bis auf wenige Monate vor dem Examen, eine Freiheit die ich weitgehend genossen habe und das mit ihr verbundene schlechte Gewissen als das weitaus kleinere Übel gerne in den Kauf nahm. Es ist eigentlich wie ein Wunder, dass der moderne Lehrbetrieb die heilige Neugier des Forschens noch nicht ganz erdrosselt hat; denn dies delikate Pflänzchen bedarf neben Anregung hauptsächlich der Freiheit; ohne diese geht es unweigerlich zugrunde. Es ist ein grosser Irrtum zu glauben dass Freude am Schauen und Suchen durch Zwang und Pflichtgefühl gefordert werden könne. Ich denke, dass man selbst einem gesunden Raubtier seine Fressgier wegnehmen könnte, wenn es gelänge, es mit Hilfe der Peitsche fortgesetzt zum Fressen zu zwingen, wenn es keinen Hunger hat, besonders wenn man die unter solchem Zwang verabreichten Speisen entsprechend auswählte.

Nun zur Physik, wie sie sich damals präsentierte. Bei aller Fruchtbarkeit im Einzelnen herrschte in prinzipiellen Dingen dogmatische Starrheit: Am Anfang (wenn es einen solchen gab), schuf Gott Newtons Bewegungsgesetze samt den notwendigen Massen und Kräften. Dies ist alles; das Weitere ergibt die Ausbildung geeigneter mathematischer Methoden durch Deduktion. Was das neunzehnte Jahrhundert fussend auf dieser Basis geleistet hat, insbesondere durch die Anwendung der partiellen Differenzialgleichungen, musste die Bewunderung jedes empfänglichen Menschen erwecken. Newton war wohl der erste, der die Leistungsfähigkeit der partiellen Differentialgleichung in seiner Theorie der Schall-Fortpflanzung offenbarte. Euler hatte schon das Fundament der Hydrodynamik geschaffen. Aber der feinere Ausbau der Mechanik diskreter Massen, als Basis der gesamten Physik, war das Werk des neunzehnten Jahrhunderts. Was aber auf den Studenten den grössten Eindruck machte, war weniger der technische Aufbau der Mechanik und die Lösung komplizierter Probleme, sondern die Leistungen der Mechanik auf Gebieten, die dem Anscheine nach nichts mit Mechanik zu tun hatten: die mechanische Lichttheorie, die das Licht als Wellenbewegung eines quasistarren elastischen Äthers auffasste, vor allem aber die kinetische Gastheorie: – Die Unabhängigkeit der spezifischen Wärme einatomiger Gase vom Atomgewicht, die Ableitung der Gasgleichung und deren Beziehung zur spezifischen Wärme, die kinetische Theorie der Dissoziation der Gase, vor allem aber der quantitative Zusammenhang von Viskosität, Wärmeleitung und Diffusion der Gase, welche auch die absolute Grösse des Atoms lieferte. Diese Ergebnisse stützten gleichzeitig die Mechanik als Grundlage der Physik und der Atomhypothese welch letztere ja in der Chemie schon fest verankert war. In der Chemie spielten aber nur die Verhältnisse der Atommassen eine Rolle, nicht deren absolute Grössen, sodass die Atomtheorie mehr als veranschaulichendes Gleichnis denn als Erkenntnis über den faktischen Bau der Materie betrachtet werden konnte. Abgesehen davon war es auch von tiefem Interesse, dass die statistische Theorie der klassischen Mechanik imstande war, die Grundgesetze der Thermodynamik zu deduzieren, was dem Wesen nach schon von Boltzmann geleistet wurde.

Wir dürfen uns daher nicht wundern, dass sozusagen alle Physiker des letzten Jahrhunderts in der klassischen Mechanik eine feste und endgültige Grundlage der ganzen Physik, ja der ganzen Naturwissenschaft sahen, und dass sie nicht müde wurden zu versuchen, auch die indessen langsam sich durchsetzende Maxwell'sche Theorie des Elektromagnetismus auf die Mechanik zu gründen. Auch Maxwell und H. Hertz, die im Rückblick mit Recht als diejenigen erscheinen, die das Vertrauen auf die Mechanik als die endgültige Basis alles physikalischen Denkens erschüttert haben, haben in ihrem bewussten Denken durchaus an der Mechanik als gesicherter Basis der Physik festgehalten. Ernst Mach war es, der in seiner *Geschichte der Mechanik* an diesem dogmatischen Glauben rüttelte; dies Buch hat gerade in dieser Beziehung einen tiefen Einfluss auf mich als Student ausgeübt. Ich sehe Machs wahre Grösse in der unbestechlichen Skepsis und Unabhängigkeit; in meinen jungen Jahren hat mich aber auch Machs erkenntnistheoretische Einstellung sehr beeindruckt, die mir heute als im Wesentlichen unhaltbar erscheint. Er hat nämlich die dem Wesen nach konstruktive und spekulative Natur alles Denkens und im Besonderen des wissenschaftlichen Denkens nicht richtig ins Licht gestellt und infolge davon die Theorie gerade an solchen Stellen verurteilt, an welchen der konstruktiv-spekulative Charakter unverhüllbar zutage tritt, z. B. in der kinetischen Atomtheorie.

Bevor ich nun eingehe auf eine Kritik der Mechanik als Grundlage der Physik, muss erst etwas Allgemeines über die Gesichtspunkte gesagt werden, nach denen physikalische Theorien überhaupt kritisiert werden können. Der erste Gesichtspunkt liegt auf der Hand: die Theorie darf Erfahrungstatsachen nicht widersprechen. So einleuchtend diese Forderung auch zunächst erscheint, so subtil gestaltet sich ihre Anwendung. Man kann nämlich häufig, vielleicht sogar immer, an einer allgemeinen theoretischen Grundlage festhalten, indem man durch künstliche zusätzliche Annahmen ihre Anpassung an die Tatsachen möglich macht. Jedenfalls aber hat es dieser erste Gesichtspunkt mit der Bewährung der theoretischen Grundlage an einem vorliegenden Erfahrungsmaterial zu tun.

Der zweite Gesichtspunkt hat es nicht zu schaffen mit der Beziehung zu dem Beobachtungsmaterial sondern mit den Prämissen der Theorie selbst, mit dem, was man kurz aber undeutlich als „Natürlichkeit» oder „logische Einfachheit" der Prämissen (der Grundbegriffe und zugrunde gelegten Beziehungen zwischen diesen) bezeichnen kann. Dieser Gesichtspunkt, dessen exakte Formulierung auf grosse Schwierigkeiten stösst, hat von jeher bei der Wahl und Wertung der Theorien eine wichtige Rolle gespielt. Es handelt sich dabei nicht einfach um eine Art Abzählung der logisch unabhängigen Prämissen (wenn eine solche überhaupt eindeutig möglich wäre) sondern um eine Art gegenseitiger Abwägung inkommensurabler Qualitäten. Ferner ist von Theorien mit gleich „einfacher" Grundlage diejenige als die Überlegene zu betrachten, welche die an sich möglichen Qualitäten von Systemen am stärksten einschränkt (d. h. die bestimmtesten Aussagen enthält). Von dem „Bereich" der Theorien brauche ich hier nichts zu sagen, da wir uns auf solche Theorien beschränken, deren Gegenstand die *Gesamtheit* der physikalischen Erscheinungen ist. Der zweite Gesichtspunkt kann kurz als der die „innere Vollkommenheit" der Theorie betreffende bezeichnet werden, während der erste Gesichtspunkt sich auf die „äussere Bewährung" bezieht. Zur „inneren Vollkommenheit" einer Theorie rechne ich auch folgendes: Wir schätzen eine Theorie höher, wenn sie nicht eine vom logischen Standpunkt willkürliche Wahl unter an sich gleichwertigen und analog gebauten Theorien ist.

Die mangelhafte Schärfe der in den letzten beiden Absätzen enthaltenen Aussagen will ich nicht mit dem Mangel an genügendem zur Verfügung stehendem Druck-Raum zu entschuldigen suchen, sondern bekenne hiermit, dass ich nicht ohne Weiteres, vielleicht überhaupt nicht fähig wäre, diese Andeutungen durch scharfe Definitionen zu ersetzen. Ich glaube aber, dass eine schärfere Formulierung möglich wäre. Jedenfalls zeigt es sich, dass zwischen den „Auguren" meist Übereinstimmung besteht bezüglich der Beurteilung der „inneren Vollkommenheit" der Theorien und erst recht über den Grad der „äusseren Bewährung."

Nun zur Kritik der Mechanik als Basis der Physik.

Vom ersten Gesichtspunkte (Bewährung an den Tatsachen) musste die Einverleibung der Wellenoptik ins mechanische Weltbild ernste Bedenken erwecken. War das Licht als Wellenbewegung in einem elastischen Körper aufzufassen (Äther) so musste es ein alles durchdringendes Medium sein, wegen der Transversalität der Lichtwellen in der Hauptsache ähnlich einem festen Körper, aber inkompressibel, so dass longitudinale Wellen nicht existierten. Dieser Äther musste neben der sonstigen Materie ein Gespensterdasein führen, indem er den Bewegungen der „ponderabeln" Körper keinerlei Widerstand zu leisten schien. Um die Brechungs-Indices durchsichtiger Körper sowie die Prozesse der Emission und Absorption der Strahlung zu erklären, hätte man verwickelte Wechselwirkungen zwischen beiden Arten von Materie annehmen müssen, was nicht einmal ernstlich versucht, geschweige geleistet wurde.

Ferner nötigten die elekromagnetischen Kräfte zur Einführung elektrischer Massen, die zwar keine merkliche Trägheit besassen, aber Wechselwirkungen auf einander ausübten, und zwar, im Gegensatz zur Gravitations-Kraft, solche von polarer Art.

Was die Physiker nach langem Zaudern langsam dazu brachte, den Glauben an die Möglichkeit zu verlassen, dass die gesamte Physik auf Newtons Mechanik gegründet werden könne, war die Faraday Maxwell'sche Elektrodynamik. Diese Theorie und ihre Bestätigung durch die Hertz'schen Versuche zeigten nämlich, dass es elektromagnetische Vorgänge gibt, die ihrem Wesen nach losgelöst sind von jeglicher ponderabeln Materie – die aus elektromagnetischen „Feldern" im leeren Raume bestehenden Wellen. Wollte man die Mechanik als Grundlage der Physik aufrecht halten, so mussten die Maxwell'schen Gleichungen mechanisch interpretiert werden. Dies wurde eifrigst aber erfolglos versucht, während sich die Gleichungen in steigendem Masse als fruchtbar erwiesen. Man gewöhnte sich daran, mit diesen Feldern als selbständigen Wesenheiten zu operieren, ohne dass man sich über ihre mechanische Natur auszuweisen brauchte; so verliess man halb unvermerkt die Mechanik als Basis der Physik, weil deren Anpassung an die Tatsachen sich schliesslich als hoffnungslos darstellte. Seitdem gibt es zweierlei Begriffselemente, einerseits materielle Punkte mit Fernkräften zwischen ihnen, andererseits das kontinuierliche Feld. Es ist ein Zwischenzustand der Physik ohne einheitliche Basis für das Ganze, der – obwohl unbefriedigend – doch weit davon entfernt ist überwunden zu sein.

Nun einiges zur Kritik der Mechanik als Grundlage der Physik vom zweiten, dem inneren Gesichtspunkte aus. Solche Kritik hat bei dem heutigen Stande der Wissenschaft, d. h. nach dem Verlassen des mechanischen Fundamentes, nur noch methodisches Interesse. Sie ist aber recht geeignet eine Art des Argumentierens zu zeigen, die in der Zukunft bei der Auswahl der Theorien eine umso grössere Rolle spielen muss, je weiter sich die Grundbegriffe und Axiome von dem direkt Wahrnehmbaren entfernen, sodass das Konfrontieren der Implikationen der Theorie mit den Tatsachen immer schwieriger und langwieriger wird. Da ist in erster Linie das Mach'sche Argument zu erwähnen, das übrigens von Newton schon ganz deutlich erkannt worden war (Eimer Versuch). Alle „starren" Koordinationssysteme sind vom Standpunkt der rein geometrischen Beschreibung unter einander logisch gleichwertig. Die Gleichungen der Mechanik (z. B. schon das Trägheits-Gesetz) beanspruchen Gültigkeit nur gegenüber einer besonderen Klasse solcher Systeme, nämlich gegenüber den „Inertialsystemen." Das Koordinationssystem als körperliches Objekt ist hierbei ohne Bedeutung. Man muss also für die Notwendigkeit dieser besonderen Wahl etwas suchen, was ausserhalb der Gegenstände (Massen, Abstände) liegt, von denen die Theorie handelt. Newton führte als ursächlich bestimmend deshalb ganz explicite den „absoluten Raum" ein als allgegenwärtigen aktiven Teilnehmer bei allen mechanischen Vorgängen; unter „absolut" versteher offenbar unbeeinflusst von den Massen und ihren Bewegungen. Was den Tatbestand besonders hässlich erscheinen lässt, ist die Tatsache, dass es unendlich viele, gegen einander gleichförmig und rotationsfrei bewegte Inertialsysteme geben soll, die gegenüber allen andern starren Systemen ausgezeichnet sein sollen.

Mach vermutet, dass in einer wirklich vernünftigen Theorie die Trägheit, genau wie bei Newton die übrigen Kräfte, auf Wechselwirkung der Massen beruhen müsse, eine Auffassung die ich lange für im Prinzip die richtige hielt. Sie setzt aber implicite voraus, dass die basische Theorie eine solche vom allgemeinen Typus der Newton'schen Mechanik sein solle: Massen und Wirkungen zwischen diesen als ursprüngliche Begriffe. In eine konsequente Feldtheorie passt ein solcher Lösungsversuch nicht hinein, wie man unmittelbar einsieht.

Wie stichhaltig die Mach'sche Kritik aber an sich ist, kann man besonders deutlich aus folgender Analogie ersehen. Wir denken uns Leute, die eine Mechanik aufstellen, nur ein kleines Stück der Erdoberfläche kennen und auch keine Sterne wahrnehmen können. Sie werden geneigt sein, der vertikalen Dimension des Raumes besondere physikalische Eigenschaften zuzuschreiben (Richtung der Fallbeschleunigung) und auf Grund einer solchen begrifflichen Basis es begründen, dass der Erdboden überwiegend horizontal ist. Sie mögen sich nicht durch das Argument beeinflussen lassen, dass bezüglich der geometrischen Eigenschaften der Raum isotrop ist, und dass es daher unbefriedigend sei, physikalische Grundgesetze aufzustellen, gemäss welchen es eine Vorzugsrichtung geben soll; sie werden wohl geneigt sein (analog zu Newton) zu erklären, die Vertikale sei absolut, das zeige eben die Erfahrung und man müsse sich damit abfinden. Die Bevorzugung der Vertikalen gegen alle anderen Raum-Richtungen ist genau analog der Bevorzugung der Inertialsysteme gegen andere starre Koordinationssysteme.

Nun zu anderen Argumenten die sich ebenfalls auf die innere Einfachheit bezw. Natürlichkeit der Mechanik beziehen. Wenn man die Begriffe Raum (inklusive Geometrie) und Zeit ohne kritischen Zweifel hinnimmt, so besteht an sich kein Grund, die Zugrundelegung von Fernkräften zu beanstanden, wenn ein solcher Begriff auch nicht zu denjenigen Ideen passt, die man sich auf Grund der rohen Erfahrung des Alltags bildet. Dagegen gibt es eine andere Überlegung, welche die Mechanik als Basis der Physik aufgefasst als primitiv erscheinen lässt. Es gibt im Wesentlichen zwei Gesetze

(1) das Bewegungsgesetz

(2) den Ausdruck für die Kraft bezw. die potentielle Energie.

Das Bewegungsgesetz ist präzis, aber leer, solange der Ausdruck für die Kräfte nicht gegeben ist. Für die Setzung der letzteren besteht aber ein weiter Spielraum für Willkür, besonders wenn man die an sich nicht natürliche Forderung fallen lässt, dass die Kräfte von den Koordinaten allein (und z. B. nicht von deren Differentialquotienten nach der Zeit) abhängen. Im Rahmen der Theorie ist es an sich ganz willkürlich, dass die von einem Punkte ausgehenden Gravitations-(und elektrischen) Kraftwirkungen durch die Potentialfunktion $(1/r)$ beherrscht werden. Zusätzliche Bemerkung: es ist schon lange bekannt, dass diese Funktion die zentralsymmetrische Lösung der einfachsten (drehungs-invarianten) Differentialgleichung $\nabla^2 \phi = 0$ ist; es wäre also naheliegend gewesen, dies als ein Anzeichen dafür zu betrachten, dass man diese Funktion als durch ein Raumgesetz bestimmt anzusehen hätte, wodurch die Willkür in der Wahl des Kraftgesetzes beseitigt worden wäre. Dies ist eigentlich die erste Erkenntnis, welche eine Abkehr von der Theorie der Fernkräfte nahelegt, welche Entwicklung – durch Faraday, Maxwell und Hertz angebahnt – unter dem äusseren Druck von Erfahrungstatsachen erst später einsetzt.

Ich möchte auch als eine innere Unsymmetrie der Theorie erwähnen, dass die im Bewegungsgesetz auftretende träge Masse auch im Kraftgesetz der Gravitation, nicht aber im Ausdruck der übrigen Kraftgesetze, auftritt. Endlich möchte ich darauf hinweisen, dass die Spaltung der Energie in zwei wesensverschiedene Teile, kinetische und potentielle Energie, als unnatürlich empfunden werden muss; dies hat H. Hertz als so störend empfunden, dass er in seinem letzten Werk versuchte, die Mechanik von dem Begriff der potentiellen Energie (d. h. der Kraft) zu befreien.

Genug davon. Newton verzeih' mir; du fandst den einzigen Weg der zu deiner Zeit für einen Menschen von höchster Denk- und Gestaltungskraft eben noch möglich war. Die Begriffe, die du schufst, sind auch jetzt noch führend in unserem physikalischen Denken, obwohl wir nun wissen, dass sie durch andere, der Sphäre der unmittelbaren Erfahrung ferner stehende ersetzt werden müssen, wenn wir ein tieferes Begreifen der Zusammenhänge anstreben.

„Soll dies ein Nekrolog sein?" mag der erstaunte Leser fragen. Im wesentlichen ja, möchte ich antworten. Denn das Wesentliche im Dasein eines Menschen von meiner Art liegt in dem *was* er denkt und *wie* er denkt, nicht in dem, was er tut oder erleidet. Also kann der Nekrolog sich in der Hauptsache auf Mitteilung von Gedanken beschränken, die in meinem Streben eine erhebliche Rolle spielten. Eine Theorie ist desto eindrucksvoller, je grösser die Einfachheit ihrer Prämissen ist, je verschiedenartigere Dinge sie verknüpft, und je weiter ihr Anwendungsbereich ist. Deshalb der tiefe Eindruck, den die klassische Thermodynamik auf mich machte. Es ist die einzige physikalische Theorie allgemeinen Inhaltes, von der ich überzeugt bin, dass sie im Rahmen der Anwendbarkeit ihrer Grundbegriffe niemals umgestossen werden wird (zur besonderen Beachtung der grundsätzlichen Skeptiker).

Der faszinierendste Gegenstand zur Zeit meines Studiums war die Maxwell'sche Theorie. Was sie als revolutionär erscheinen liess, war der Übergang von den Fernwirkungskräften zu Feldern als Fundamentalgrössen. Die Einordnung der Optik in die Theorie des Elektromagnetismus mit ihrer Beziehung der Lichtgeschwindigkeit zum elektrischen und magnetischen absoluten Masssystem sowie die Beziehung des Brechungsexponenten zur Dielektrizitätskonstante, die qualitative zwischen Reflexionsfähigkeit und metallischer Leitfähigkeit des Körpers–es war wie eine Offenbarung. Abgesehen vom Übergang zur Feldtheorie, d. h. des Ausdrucks der elementaren Gesetze durch Differentialgleichungen, hatte Maxwell nur einen einzigen hypothetischen Schritt nötig – die Einführung des elektrischen Verschiebungsstromes im Vacuum und in den Dielektrica und seiner magnetischen Wirkung, eine Neuerung, die durch die formalen Eigenschaften der Differentialgleichungen beinahe vorgeschrieben war. In diesem Zusammenhang kann ich die Bemerkung nicht unterdrücken, dass das Paar Faraday-Maxwell so merkwürdige innere Ähnlichkeit hat mit dem Paar Galileo-Newton – der erste jedes Paares die Zusammenhänge intuitiv erfassend, der zweite sie exakt formulierend und quantitativ anwendend.

Was die Einsicht in das Wesen der elektromagnetischen Theorie zu jener Zeit erschwerte, war folgender eigentümlicher Umstand. Elektrische bezw. magnetische „Feldstärken" und „Verschiebungen" wurden als gleich elementare Grössen behandelt, der leere Raum als Spezialfall eines dielektrischen Körpers. Die *Materie* erschien als Träger des Feldes, nicht der *Raum*. Dadurch war impliziert, dass der Träger des Feldes einen Geschwindigkeitszustand besitze, und dies sollte natürlich auch vom „Vacuum" gelten (Äther). Hertz' Elektrodynamik bewegter Körper ist ganz auf diese grundsätzliche Einstellung gegründet.

Es war das grosse Verdienst von H. A. Lorentz, dass er hier in überzeugender Weise Wandel schuf. Im Prinzip gibt es nach ihm ein Feld nur im leeren Raume. Die atomistisch gedachte Materie ist einziger Sitz der elektrischen Ladungen; zwischen den materiellen Teilchen ist leerer Raum, der Sitz des elektromagnetischen Feldes, das erzeugt ist durch die Lage und Geschwindigkeit der auf den materiellen Teilchen sitzenden punktartigen Ladungen. Dielektrizität, Leitungsfähigkeit, usw. sind ausschliesslich durch die Art der mechanischen Bindung der Teilchen bedingt, aus welchen die Körper bestehen. Die Teilchen-Ladungen erzeugen das Feld, das andererseits Kräfte auf die Ladungen der Teilchen ausübt, die Bewegungen des letzteren gemäss Newtons Bewegungsgesetz bestimmend. Vergleicht man dies mit Newtons System, so besteht die Änderung darin: Die Fernkräfte werden ersetzt durch das Feld, welches auch die Strahlung mitbeschreibt. Die Gravitation wird meist ihrer relativen Kleinheit wegen unberücksichtigt gelassen; ihre Berücksichtigung war aber stets möglich durch Bereicherung der Feldstruktur, bezw. Erweiterung des Maxwell'schen Feldgesetzes. Der Physiker der gegenwärtigen Generation betrachtet den von Lorentz errungenen Standpunkt als den einzig möglichen; damals aber war es ein überraschender und kühner Schritt, ohne den die spätere Entwicklung nicht möglich gewesen wäre.

Betrachtet man diese Phase der Entwicklung der Theorie kritisch, so fällt der Dualismus auf, der darin liegt, dass materieller Punkt im Newton'schen Sinne und das Feld als Kontinuum als elementare Begriffe neben einander verwendet werden. Kinetische Energie und Feldenergie erscheinen als prinzipiell verschiedene Dinge. Dies erscheint umso unbefriedigender, als gemäss der Maxwell'schen Theorie das Magnetfeld einer bewegten elektrischen Ladung Trägheit repräsentierte. Warum also nicht die *ganze* Trägheit? Dann gäbe es nur noch Feldenergie, und das Teilchen wäre nur ein Gebiet besonders grosser Dichte der Feldenergie. Dann durfte man hoffen, den Begriff des Massenpunktes samt den Bewegungsgleichungen des Teilchens aus den Feldgleichungen abzuleiten-der störende Dualismus wäre beseitigt.

H. A. Lorentz wusste dies sehr wohl. Die Maxwell'schen Gleichungen aber erlaubten nicht, das Gleichgewicht der der ein Teilchen konstituierenden Elektrizität abzuleiten. Nur andere, *nicht lineare* Gleichungen des Feldes konnten solches vielleicht leisten. Es gab aber keine Methode, derartige Feldgleichungen herauszufinden, ohne in abenteuerliche Willkür auszuarten. Jedenfalls durfte man glauben, auf dem von Faraday und Maxwell so erfolgreich begonnenen Wege nach und nach eine neue, sichere Grundlage für die gesamte Physik zu finden.

Die durch die Einführung des Feldes begonnene Revolution war demnach keineswegs beendet. Da ereignete es sich, dass um die Jahrhundertwende unabhängig hiervon eine zweite fundamentale Krise einsetzte, deren Ernst durch Max Plancks Untersuchungen über die Wärmestrahlung (1900) plötzlich ins Bewusstsein trat. Die Geschichte dieses Geschehens ist umso merkwürdiger, weil sie wenigstens in ihrer ersten Phase nicht von irgend welchen überraschenden Entdeckungen experimenteller Art beeinflusst wurde.

Kirchhoff hatte auf thermodynamischer Grundlage geschlossen, dass die Energiedichte und spektrale Zusammensetzung der Strahlung in einem von undurchlässigen Wänden von der Temperatur T umschlossenen Hohlraum unabhängig sei von der Natur der Wände. Das heisst die nonchromatische Strahlungsdichte p ist eine universelle Funktion der Frequenz v und der absoluten Temperatur T. Damit entstand das interessante Problem der Bestimmung dieser Funktion $p(v, T)$. Was konnte auf theoretischem Wege über diese Funktion ermittelt werden? Nach Maxwells Theorie musste die Strahlung auf die Wände einen durch die totale Energiedichte bestimmten Druck ausüben. Hieraus folgerte Boltzmann auf rein thermodynamischem Wege, dass die gesamte Energiedichte der Strahlung ($\int \rho\, dv$) proportional T^4 sei. Er fand so eine theoretische Begründung einer bereits vorher von Stefan empirisch gefundenen Gesetzmässigkeit, bezw. er verknüpfte sie mit dem Fundament der Maxwell'schen Theorie. Hierauf fand W. Wien durch eine geistvolle thermodynamische Überlegung, die ebenfalls von der Maxwell'schen Theorie Gebrauch machte, dass die universelle Funktion ρ der beiden Variabeln v und T von der Form sein müsse

$$\rho \approx v^3 f\left(\frac{v}{T}\right),$$

wobei $f(v/T)$ eine universelle Funktion der einzigen Variable v/T bedeutet. Es war klar, dass die theoretische Bestimmung dieser universellen Funktion f von fundamentaler Bedeutung war – dies war eben die Aufgabe, vor welcher Planck stand. Sorgfältige Messungen hatten zu einer recht genauen empirischen Bestimmung der Funktion f geführt. Es gelang ihm zunächst, gestützt auf diese empirischen Messungen, eine Darstellung zu finden, welche die Messungen recht gut wiedergab.

$$\rho = \frac{8\pi h v^3}{c^3}\,\frac{1}{exp(hv/kT) - 1}$$

wobei h und k zwei universelle Konstante sind, deren erste zur Quanten-Theorie führte. Diese Formel sieht wegen des Nenners etwas sonderbar aus. War sie auf theoretischem Wege begründbar? Planck fand tatsächlich eine Begründung, deren Unvollkommenheiten zunächst verborgen blieben, welch letzterer Umstand ein wahres Glück war für die Entwicklung der Physik. War diese Formel richtig, so erlaubte sie mit Hilfe der Maxwell'schen Theorie die Berechnung der mittleren Energie E eines in dem Strahlungsfelde befindlichen quasi-monochromatischen Oszillators:

$$E = \frac{hv}{exp(hv/kT) - 1},$$

Planck zog es vor zu versuchen, diese letztere Grösse theoretisch zu berechnen. Bei diesem Bestreben half zunächst die Thermodynamik nicht mehr, und ebensowenig die

Maxwell'sche Theorie. Was nun an dieser Formel ungemein ermutigend war, war folgender Umstand. Sie lieferte für hohe Werte der Temperatur (bei festem v) den Ausdruck

$$E = kT.$$

Es ist dies derselbe Ausdruck, den die kinetische Gastheorie für die mittlere Energie eines in einer Dimension elastisch schwingungsfähigen Massenpunktes liefert. Diese liefert nämlich

$$E = (R/N)T,$$

wobei R die Konstante der Gasgleichung und N die Anzahl der Moleküle im Grammmolekül bedeutet, welche Konstante die absolute Grösse des Atoms ausdrückt. Die Gleichsetzung beider Ausdrücke liefert

$$N = R/k.$$

Die eine Konstante der Planck'schen Formel liefert also exakt die wahre Grösse des Atoms. Der Zahlenwert stimmte befriedigend überein mit den allerdings wenig genauen Bestimmungen von N mit Hilfe der kinetischen Gastheorie.

Dies war ein grosser Erfolg, den Planck klar erkannte. Die Sache hat aber eine bedenkliche Kehrseite, die Planck zunächst glücklicher Weise übersah. Die Überlegung verlangt nämlich, dass die Beziehung $E = kT$ auch für kleine Temperaturen gelten müsse. Dann aber wäre es aus mit der Planck'schen Formel und mit der Konstante h. Die richtige Konsequenz aus der bestehenden Theorie wäre also gewesen: Die mittlere kinetische Energie des Oszillators wird entweder durch die Gastheorie falsch geliefert, was eine Widerlegung der Mechanik bedeuten würde; oder die mittlere Energie des Oszillators ergibt sich unrichtig aus der Maxwell'schen Theorie, was eine Widerlegung der letzteren bedeuten würde. Am Wahrscheinlichsten ist es unter diesen Verhältnissen, dass beide Theorien nur in der Grenze richtig, im Übrigen aber falsch sind; so verhält es sich auch in der Tat, wie wir im Folgenden sehen werden. Hätte Planck so geschlossen, so hätte er vielleicht seine grosse Entdeckung nicht gemacht, weil seiner Überlegung das Fundament entzogen worden wäre.

Nun zurück zu Planck's Überlegung. Boltzmann hatte auf Grund der kinetischen Gastheorie gefunden, dass die Entropie, abgesehen von einem konstanten Faktor, gleich dem Logarithmus der „Wahrscheinlichkeit" des ins Auge gefassten Zustandes sei. Er hat damit das Wesen der im Sinne der Thermodynamik „nicht umkehrbaren" Vorgänge erkannt. Vom molekular-mechanischen Gesichtspunkte aus gesehen sind dagegen alle Vorgänge umkehrbar. Nennt man einen molekulartheoretisch definierten Zustand einen mikroskopisch beschriebenen oder kurz Mikrozustand, einen im Sinne der Thermodynamik beschriebenen Zustand einen Makrozustand, so gehören zu einem makroskopischen Zustand ungeheuer viele (Z) Zustände. Z ist dann das Mass für die Wahrscheinlichkeit eines ins Auge gefassten Makrozustandes. Dies Idee erscheint auch darum von überragender Bedeutung, dass ihre Anwendbarkeit nicht auf die mikroskopische Beschreibung auf der Grundlage der Mechanik beschränkt ist. Dies erkannte Planck und wendete das Boltzmann'sche Prinzip auf ein System an, das aus sehr vielen Resonatoren von derselben Frequenz v besteht. Der makroskopische Zustand ist gegeben durch die Gesamtenergie der Schwingung aller Resonatoren, ein Mikrozustand durch Angabe der (momentanen) Energie jedes einzelnen Resonators. Um nun die Zahl der zu einem Makrozustand gehörigen Mikrozustände durch eine endliche Zahl ausdrücken zu können, teilte er die Gesamtenergie in eine grosse aber endliche Zahl von gleichen Energie-Elementen ξ und fragte: auf wieviele Arten können diese Energie-Elemente unter die Resonatoren verteilt werden. Der Logarithmus dieser Zahl liefert dann die Entropie und damit (auf thermodynamischem Wege) die Temperatur des Systems. Planck erhielt nun seine Strahlungsformel, wenn er seine Energie-Elemente ξ von der Grösse $\xi = hv$ wählte. Das Entscheidende dabei ist, dass das Ergebnis daran gebunden ist, dass man für ξ einen bestimmten endlichen Wert nimmt, also nicht zum Limes $\xi = 0$ übergeht. Diese Form der Überlegung lässt nicht ohne Weiteres erkennen, dass dieselbe mit der mechanischen und elektrodynamischen Basis im Widerspruch steht, auf welcher die Ableitung im Übrigen beruht. In Wirklichkeit setzt die Ableitung aber implicite voraus, dass die Energie nur in „Quanten" von der Grösse hv von dem einzelnen Resonator absorbiert und emittiert werden kann, dass also sowohl die Energie eines schwingungsfähigen mechanischen Gebildes als auch die Energie der Strahlung nur in solchen Quanten umgesetzt werden kann–im Gegensatz mit den Gesetzen der Mechanik und Elektrodynamik. Hierbei war der Widerspruch mit der Dynamik fundamental, während der Widerspruch mit der Elektrodynamik weniger fundamental sein konnte. Der Ausdruck für die Dichte der Strahlungsenergie ist nämlich zwar *vereinbar* mit den Maxwell'schen Gleichungen, aber keine notwendige Folge dieser Gleichungen. Dass dieser Ausdruck wichtige Mittelwerte liefert, zeigt sich ja dadurch, dass die auf ihm beruhenden Gesetze von Stefan-Boltzmann und Wien mit der Erfahrung im Einklang sind.

All dies war mir schon kurze Zeit nach dem Erscheinen von Plancks grundlegender Arbeit klar, sodass ich, ohne einen Ersatz für die klassische Mechanik zu haben, doch sehen konnte, zu was für Konsequenzen dies Gesetz der Temperaturstrahlung für den lichtelektrischen Effekt und andere verwandte Phänomene der Verwandlung von Strahlungsenergie sowie für die spezifische Wärme (insbesondere) fester Körper führt. All meine Versuche, das theoretische Fundament der Physik diesen Erkenntnissen anzupassen, scheiterten aber völlig. Es war wie wenn einem der Boden unter den Füssen weggezogen worden wäre, ohne dass sich irgendwo fester Grund zeigte, auf dem man hätte bauen können. Dass diese schwankende und widerspruchsvolle Grundlage hinreichte um einen Mann mit dem einzigartigen Instinkt und Feingefühl Bohrs in den Stand zu setzen, die hauptsächlichen Gesetze der Spektrallinien und der Elektronenhüllen der Atome nebst deren Bedeutung für die Chemie aufzufinden, erschien mir wie ein Wunder – und erscheint mir auch heute noch als ein Wunder. Dies ist höchste Musikalität auf dem Gebiete des Gedankens.

Mein eigenes Interesse in jenen Jahren war weniger auf die Einzel-Folgerungen aus dem Planck'schen Ergebnis gerichtet, so wichtig diese auch sein mochten. Meine

Hauptfrage war: Was für allgemeine Folgerungen können aus der Strahlungsformel betreffend die Struktur der Strahlung und überhaupt betreffend das elektromagnetische Fundament der Physik gezogen werden? Bevor ich hierauf eingehe, muss ich einige Untersuchungen kurz erwähnen, die sich auf die Brown'sche Bewegung und verwandte Gegenstände (Schwankungs-Phänomene) beziehen und sich in der Hauptsache auf die klassisch Molekularmechanik gründen. Nicht vertraut mit den früher erschienen und den Gegenstand tatsächlich erschöpfenden Untersuchungen von Boltzmann und Gibbs, entwickelte ich die statistische Mechanik und die auf sie gegründete molekular-kinetische Theorie der Thermodynamik. Mein Hauptziel dabei war es, Tatsachen zu finden, welche die Existenz von Atomen von bestimmter endlicher Grösse möglichst sicher stellten. Dabei entdeckte ich, dass es nach der atomistischen Theorie eine der Beobachtung zugängliche Bewegung suspendierter mikroskopischer Teilchen geben müsse, ohne zu wissen, dass Beobachtungen über die „Brown'sche Bewegung" schon lange bekannt waren. Die einfachste Ableitung beruhte auf folgender Erwägung. Wenn die molekular-kinetische Theorie im Prinzip richtig ist, muss eine Suspension von sichtbaren Teilchen ebenso einen die Gasgesetze erfüllenden osmotischen Druck besitzen wie eine Lösung von Molekülen. Dieser osmotische Druck hängt ab von der wahren Grösse der Moleküle, d. h. von der Zahl der Moleküle in einem Gramm-Äquivalent. Ist die Suspension von ungleichmässiger Dichte, so gibt die damit vorhandene räumliche Variabilität dieses osmotischen Druckes Anlass zu einer ausgleichenden Diffusionsbewegung, welche aus der bekannten Beweglichkeit der Teilchen berechenbar ist. Dieser Diffusionsvorgang kann aber andererseits auch aufgefasst werden als das Ergebnis der zunächst ihrem Betrage nach unbekannten regellosen Verlagerung der suspendierten Teilchen unter der Wirkung der thermischen Agitation. Durch Gleichsetzung der durch beide Überlegungen erlangten Beträge für den Diffusionsfluss erhält man quantitativ das statistische Gesetz für jene Verlagerungen, d. h. das Gesetz der Brown'schen Bewegung. Die Übereinstimmung dieser Betrachtung mit der Erfahrung zusammen mit der Planck'schen Bestimmung der wahren Molekülgrösse aus dem Strahlungsgesetz (für hohe Temperaturen) überzeugte die damals zahlreichen Skeptiker (Ostwald, Mach) von der Realität der Atome. Die Abneigung dieser Forscher gegen die Atomtheorie ist ohne Zweifel auf ihre positivistische philosophische Einstellung zurückzuführen. Es ist dies ein interessantes Beispiel dafür, dass selbst Forscher von kühnem Geist und von feinem Instinkt durch philosophische Vorurteile für die Interpretation von Tatsachen gehemmt werden können. Das Vorurteil – welches seither keineswegs ausgestorben ist – liegt in dem Glauben, dass die Tatsachen allein ohne freie begriffliche Konstruktion wissenschaftliche Erkenntnis liefern könnten und sollten. Solche Täuschung ist nur dadurch möglich, dass man sich der freien Wahl von solchen Begriffen nicht leicht bewusst werden kann, die durch Bewährung und langen Gebrauch unmittelbar mit dem empirischen Material verknüpft zu sein scheinen.

Der Erfolg der Theorie der Brown'schen Bewegung zeigte wieder deutlich, dass die klassische Mechanik stets dann zuverlässige Resultate lieferte, wenn sie auf Bewegungen angewandt wurde, bei welchen die höheren zeitlichen Ableitungen der Geschwindigkeit vernachlässigbar klein sind. Auf diese Erkenntnis lässt sich eine verhältnismässig direkte Methode gründen, um aus der Planck'schen Formel etwas zu erfahren über die Konstitution der Strahlung. Man darf nämlich schliessen, dass in einem Strahlungsraume ein (senkrecht zu seiner Ebene) frei bewegter, quasimonochromatisch reflektierender Spiegel eine Art Brown'sche Bewegung ausführen muss, deren mittlere kinetische Energie gleich $\frac{1}{2}$ $(R/N)T$ ist (R = Konstante der Gasgleichung für ein Gramm-Molekül, N gleich Zahl der Moleküle in einem Gramm-Molekül, T = absolute Temperatur). Wäre die Strahlung keinen lokalen Schwankungen unterworfen, so würde der Spiegel allmählich zur Ruhe kommen, weil er auf seiner Vorderseite infolge seiner Bewegung mehr Strahlung reflektiert als auf seiner Rückseite. Er muss aber gewisse aus der Maxwell'schen Theorie berechenbare unregelmässige Schwankungen des auf ihn wirkenden Druckes dadurch erfahren, dass die die Strahlung konstituierenden Wellenbündel miteinander interferieren. Diese Rechnung zeigt nun, dass diese Druckschwankungen (insbesondere bei geringen Strahlungsdichten) keineswegs hinreichen um dem Spiegel die mittlere kinetische Energie $\frac{1}{2}$ (R/N) T zu erteilen. Um dies Resultat zu erhalten, muss man vielmehr annehmen, dass es eine zweite aus der Maxwell'schen Theorie nicht folgende Art Druckschwankungen gibt, welche der Annahme entspricht, dass die Strahlungsenergie aus unteilbaren punktartig lokalisierten Quanten von der Energie hv [und dem Impuls hv/c, (c = Lichtgeschwindigkeit)] besteht, die ungeteilt reflektiert werden. Diese Betrachtung zeigte in einer drastischen und direkten Weise, dass den Planck'schen Quanten eine Art unmittelbare Realität zugeschrieben werden muss, dass also die Strahlung in energetischer Beziehung eine Art Molekularstruktur besitzen muss, was natürlich mit der Maxwell'schen Theorie im Widerspruch ist. Auch Überlegungen über die Strahlung, die unmittelbar auf Boltzmanns Entropie-Wahrscheinlichkeits-Relation gegründet sind (Wahrscheinlichkeit = statistische zeitliche Häufigkeit gesetzt) führten zu demselben Resultat. Diese Doppelnatur von Strahlung (und materiellen Korpuskeln) ist eine Haupteigenschaft der Realität, welche die Quanten-Mechanik in einer geistreichen und verblüffend erfolgreichen Weise gedeutet hat. Diese Deutung welche von fast allen zeitgenössischen Physikern als im wesentlichen endgültig angesehen wird, erscheint mir als ein nur temporärer Ausweg; einige Bemerkungen darüber folgen später.

Überlegungen solcher Art machten es mir schon kurz nach 1900, d. h. kurz nach Plancks bahnbrechender Arbeit klar, dass weder die Mechanik noch die Elektrodynamik (ausser in Grenzfällen) exakte Gültigkeit beanspruchen können. Nach und nach verzweifelte ich an der Möglichkeit die wahren Gesetze durch auf bekannte Tatsachen sich stützende konstruktive Bemühungen herauszufinden. Je länger und verzweifelter ich mich bemühte, desto mehr kam ich zu der Überzeugung, dass nur die Auffindung eines allgemeinen formalen Prinzipes uns zu gesicherten Ergebnissen führen könnte. Als Vorbild sah ich die Thermodynamik vor mir. Das allgemeine Prinzip war dort in dem Satze gegeben: die Naturgesetze sind so beschaffen, dass es unmöglich ist, ein *perpetuum mobile* (erster und zweiter Art) zu konstruieren. Wie aber ein solches allgemeines Prinzip finden? Ein solches Prinzip ergab sich nach zehn Jahren Nachdenkens aus einem Paradoxon, auf das ich schon mit sechzehn Jahren gestossen bin: Wenn ich einem Lichtstrahl nacheile mit der Geschwindigkeit c (Lichtgeschwindigkeit im Vacuum), so sollte ich einen solchen Lichtstrahl als ruhendes, räumlich oszillatorisches elektromagnetisches Feld wahrnehmen. So etwas scheint es aber nicht zu geben, weder auf Grund der Erfahrung noch gemäss den Maxwell'schen Gleichungen. Intuitiv klar schien es mir von vornherein, dass von einem solchen Beobachter aus beurteilt alles sich nach denselben Gesetzen abspielen müsse wie für einen relativ zu Erde ruhenden Beobachter. Denn wie sollte der erste Beobachter wissen bezw. konstatieren können, dass er sich im Zustand rascher gleichförmiger Bewegung befindet?

Man sieht, dass in diesem Paradoxon der Keim zur speziellen Relativitätstheorie schon enthalten ist. Heute weiss natürlich jeder, dass alle Versuche, dies Paradoxon befriedigend aufzuklären, zum Scheitern verurteilt waren, solange das Axiom des absoluten Charakters der Zeit, bezw. der Gleichzeitigkeit, unerkannt im Unbewussten verankert war. Dies Axiom und seine Willkür klar erkennen bedeutet eigentlich schon die Lösung des Problems. Das kritische Denken, dessen es zur Auffindung dieses zentralen Punktes bedurfte, wurde bei mir entscheidend gefördert insbesondere durch die Lektüre von David Humes und Ernst Machs philosophischen Schriften.

Man hatte sich darüber klar zu werden, was die räumlichen Koordinaten und der Zeitwert eines Ereignisses in der Physik bedeuteten. Die physikalische Deutung der räumlichen Koordinaten setzten einen starren Bezugskörper voraus, der noch dazu von mehr oder minder bestimmtem Bewegungszustände (Inertialsystem) sein musste. Bei gegebenem Inertialsystem bedeuteten die Koordinaten Ergebnisse von bestimmten Messungen mit starren (ruhenden) Stäben. (Dass die Voraussetzung der prinzipiellen Existenz starrer Stäbe eine durch approximative Erfahrung nahe gelegte aber im Prinzip willkürliche Voraussetzung ist, dessen soll man sich stets bewusst sein.) Bei solcher Interpretation der räumlichen Koordinaten wird die Frage der Gültigkeit der Euklidischen Geometrie zum physikalischen Problem.

Sucht man nun die Zeit eines Ereignisses analog zu deuten, so braucht man ein Mittel zur Messung der Zeitdifferenz (in sich determinierter periodischer Prozess realisiert durch ein System von hinreichend geringer räumlicher Abmessung). Eine relativ zum Inertialsystem ruhend angeordnete Uhr definiert eine (Orts-Zeit). Die Orts-Zeiten aller räumlichen Punkte zusammen genommen sind die -Zeit,- die zu dem gewählten Inertialsystem gehört, wenn man noch ein Mittel gegeben hat, diese Uhren gegeneinander zu „richten." Man sieht, dass es a priori gar nicht nötig ist, dass die in solcher Weise definierten „Zeiten" verschiedener Inertialsysteme miteinander übereinstimmen. Man würde dies längst gemerkt haben, wenn nicht für die praktische Erfahrung des Alltags (wegen des hohen Wertes von c) das Licht nicht als Mittel für die Konstatierung absoluter Gleichzeitigkeit erschiene.

Die Voraussetzung von der (prinzipiellen) Existenz (idealer bezw. vollkommener) Massstäbe und Uhren ist nicht unabhängig voneinander, denn ein Lichtsignal, welches zwischen den Enden eines starren Stabes hin und her reflektiert wird, stellt eine ideale Uhr dar, vorausgesetzt, dass die Voraussetzung von der Konstanz der Vacuum-Lichtgeschwindigkeit nicht zu Widersprüchen führt.

Das obige Paradoxon lässt sich nun so formulieren. Nach den in der klassischen Physik verwendeten Verknüpfungsregeln von räumlichen Koordinaten und Zeit von Ereignissen beim Übergang von einem Inertialsystem zu einem andern sind die beiden Annahmen

(1) Konstanz der Lichtgeschwindigkeit

(2) Unabhängigkeit der Gesetze (also speziell auch des Gesetzes von der Konstanz der Lichtgeschwindigkeit) von der Wahl des Inertialsystems (spezielles Relativitätsprinzip)

miteinander unvereinbar (trotzdem beide einzeln durch die Erfahrung gestützt sind).

Die der speziellen Rel. Th. zugrunde liegende Erkenntnis ist: Die Annahmen (1) und (2) sind miteinander vereinbar, wenn für die Umrechnung von Koordinaten und Zeiten der Ereignisse neuartige Beziehungen („Lorentz-Transformation") zugrunde gelegt werden. Bei der gegebenen physikalischen Interpretation von Koordinaten und Zeit bedeutet dies nicht etwa nur einen konventionellen Schritt sondern involviert bestimmte Hypothesen über das tatsächliche Verhalten bewegter Massstäbe und Uhren, die durch Experiment bestätigt bezw. widerlegt werden können.

Das allgemeine Prinzip der speziellen Relativitätstheorie ist in dem Postulat enthalten: Die Gesetze der Physik sind invariant mit Bezug auf Lorentz-Transformationen (für den Übergang von einem Inertialsystem zu einem beliebigen andern Inertialsystem). Dies ist ein einschränkendes Prinzip für die Naturgesetze, vergleichbar mit dem der Thermodynamik zugrunde liegenden einschränkenden Prinzip von der Nichtexistenz des *perpetuum mobile*.

Zunächst eine Bemerkung über die Beziehung der Theorie zum „vierdimensionalen Raum." Es ist ein verbreiteter Irrtum, dass die spezielle Rel. Th. gewissermassen die Vierdimensionalität des physikalischen Kontinuums entdeckt bezw. neu eingeführt hätte. Dies ist natürlich nicht der Fall. Auch der klassischen Mechanik liegt das vierdimensionale Kontinuum von Raum und Zeit zugrunde. Nur haben im vierdimensionalen Kontinuum der klassischen Physik die „Schnitte" konstanten Zeitwertes eine absolute, d. h. von der Wahl des Bezugssystems unabhängige, Realität. Das vierdimensionale Kontinuum zerfällt dadurch natürlich in ein dreidimensionales und ein eindimensionales (Zeit), sodass die vierdimensionale Betrachtungsweise sich nicht als *notwendig* aufdrängt. Die spezielle Relativitätstheorie dagegen schafft eine formale Abhängigkeit zwischen der Art und Weise, wie die räumlichen Koordinaten einerseits und die Zeitkoordinate andrerseits in die Naturgesetze eingehen müssen.

Minkowskis wichtiger Beitrag zu der Theorie liegt in Folgendem: Vor Minkowskis Untersuchung hatte man an einem Gesetz eine Lorentz-Transformation auszuführen, um seine Invarianz bezüglich solcher Transformationen zu prüfen; ihm dagegen gelang es, einen solchen Formalismus einzuführen, dass die mathematische Form des Gesetzes selbst dessen Invarianz bezüglich Lorentz-Transformationen verbürgt. Er leistete durch Schaffung eines vierdimensionalen Tensorkalküls für den vierdimensionalen Raum dasselbe, was die gewöhnliche Vektorkalkül für die drei räumlichen Dimensionen leistet. Er zeigte auch, dass die Lorentz-Transformation (abgesehen von einem durch den besonderen Charakter der Zeit bedingten abweichenden Vorzeichen) nichts anderes ist als eine Drehung des Koordinatensystems im vierdimensionalen Raume.

Zunächst eine kritische Bemerkung zur Theorie, wie sie oben charakterisiert ist. Es fällt auf, dass die Theorie (ausser dem vierdimensionalen Raum) zweierlei physikalische Dinge einführt, nämlich (1) Massstäbe und Uhren, (2) alle sonstigen Dinge, z. B. das elektromagnetische Feld, den materiellen Punkt, usw. Dies ist in gewissem Sinne inkonsequent; Massstäbe und Uhren müssten eigentlich als Lösungen der Grundgleichungen (Gegenstände bestehend aus bewegten atomistischen Gebilden) dargestellt werden, nicht als gewissermassen theoretisch selbstständige Wesen. Das Vorgehen rechtfertigt sich aber dadurch, dass von Anfang an klar war, dass die Postulate der Theorie nicht stark genug sind, um aus ihr genügend vollständige Gleichungen für das physikalische Geschehen genügend frei von Willkür zu deduzieren, um auf eine solche Grundlage eine Theorie der Massstäbe und Uhren zu gründen. Wollte man nicht auf eine physikalische Deutung der Koordinaten überhaupt verzichten (was an sich möglich wäre), so war es besser, solche Inkonsequenz zuzulassen–allerdings mit der Verpflichtung, sie in einem späteren Stadium der Theorie zu eliminieren. Man darf aber die erwähnte Sünde nicht so weit legitimieren, dass man sich etwa vorstellt, dass Abstände physikalische Wesen besonderer Art seien, wesensverschieden von sonstigen physikalischen Grössen („Physik auf Geometrie zurückführen," usw.). Wir fragen nun nach den Erkenntnissen von definitivem Charakter, den die Physik der speziellen Relativitätstheorie verdankt.

(1) Es gibt keine Gleichzeitigkeit distanter Ereignisse; es gibt also auch keine unvermittelte Fernwirkung im Sinne der Newton'schen Mechanik. Die Einführung von Fernwirkungen, die sich mit Lichtgeschwindigkeit ausbreiten, bleibt zwar nach dieser Theorie denkbar, erscheint aber unnatürlich; in einer derartigen Theorie könnte es nämlich keinen vernünftigen Ausdruck für das Energieprinzip geben. Es erscheint deshalb unvermeidlich, dass die physikalische Realität durch kontinuierliche Raumfunktionen zu beschreiben ist. Der materielle Punkt dürfte deshalb als Grundbegriff der Theorie nicht mehr in Betracht kommen.

(2) Die Sätze der Erhaltung des Impulses und der Erhaltung der Energie werden zu einem einzigen Satz verschmolzen. Die träge Masse eines abgeschlossenen Systems ist mit seiner Energie identisch, sodass die Masse als selbstständiger Begriff eliminiert ist.

Bemerkung. Die Lichtgeschwindigkeit c ist eine der Grössen, welche in physikalischen Gleichungen als „universelle Konstante" auftritt. Wenn man aber als Zeiteinheit statt der Sekunde die Zeit einführt, in welcher das Licht 1 cm zurücklegt, so tritt c in den Gleichungen nicht mehr auf. Man kann in diesem Sinne sagen, dass die Konstante c nur eine *scheinbare* universelle Konstante ist.

Es ist offenkundig und allgemein angenommen, dass man auch noch zwei andere universelle Konstante dadurch aus der Physik eliminieren könnte, dass man an Stelle des Gramms und Centimeters passend gewählte „natürliche" Einheiten einführt (z. B. Masse und Radius des Elektrons).

Denkt man sich dies ausgeführt, so würden in den Grund-Gleichungen der Physik nur mehr „dimensionslose" Konstante auftreten können. Bezüglich dieser möchte ich einen Satz aussprechen, der vorläufig auf nichts anderes gegründet werden kann als auf ein Vertrauen in die Einfachheit, bezw. Verständlichkeit, der Natur; derartige *willkürliche* Konstante gibt es nicht; d. h. die Natur ist so beschaffen, dass man für sie logisch derart stark determinierte Gesetze aufstellen kann, dass in diesen Gesetzen nur rational völlig bestimmte Konstante auftreten (also nicht Konstante, deren Zahlwerte verändert werden könnten, ohne die Theorie zu zerstören).

Die spezielle Relativitätstheorie verdankt ihre Entstehung den Maxwell'schen Gleichungen des elektromagnetischen Feldes. Umgekehrt werden die letzteren erst durch die spezielle Relativitätstheorie in befriedigender Weise formal begriffen. Es sind die einfachsten Lorentz-invarianten Feldgleichungen, die für einen aus einem Vektorfeld abgeleiteten schief symmetrischen Tensor aufgestellt werden können. Dies wäre an sich befriedigend, wenn wir nicht aus den Quanten-Erscheinungen wüssten, dass die Maxwell'sche Theorie den energetischen Eigenschaften der Strahlung nicht gerecht wird. Wie aber die Maxwell'sche Theorie in natürlicher Weise modifiziert werden könnte, dafür liefert auch die spezielle Relativitätstheorie keinen hinreichenden Anhaltspunkt. Auch auf die Mach'sche Frage: „wie kommt es, dass die Inertialsysteme gegenüber anderen Koordinationssystemen physikalisch ausgezeichnet sind?" liefert diese Theorie keine Antwort.

Dass die spezielle Relativitätstheorie nur der erste Schritt einer notwendigen Entwicklung sei, wurde mir erst bei der Bemühung völlig klar die Gravitation im Rahmen dieser Theorie darzustellen. In der feldartig interpretierten klassischen Mechanik erscheint das Potential der Gravitation als ein *skalares* Feld (die einfachste theoretische Möglichkeit eines Feldes mit einer einzigen Komponente). Eine solche Skalar-Theorie des Gravitationsfeldes kann zunächst leicht invariant gemacht werden inbezug auf die Gruppe der Lorentz-Transformationen. Folgendes Programm erscheint also natürlich: Das physikalische Gesamtfeld besteht aus einem Skalarfeld (Gravitation) und einem Vektorfeld (elektromagnetisches Feld); spätere Erkenntnisse mögen eventuell die Einführung noch komplizierterer Feldarten nötig machen, aber darum brauchte man sich zunächst nicht zu kümmern.

Die Möglichkeit der Realisierung dieses Programms war aber von vornherein zweifelhaft, weil die Theorie folgende Dinge vereinigen musste.

(1) Aus allgemeinen Überlegungen der speziellen Relativitätstheorie war klar, dass die *träge* Masse eines physikalischen Systems mit der Gesamtenergie (also z. B. mit der kinetischen Energie) wachse.

(2) Aus sehr präzisen Versuchen (insbesondere aus den Eötvös'schen Drehwage-Versuchen) war mit sehr grosser Präzision empirisch bekannt, dass die *schwere* Masse eines Körpers seiner *trägen* Masse genau gleich sei.

Aus (1) und (2) folgte, dass die *Schwere* eines Systems in genau bekannter Weise von seiner Gesamtenergie abhänge. Wenn die Theorie dies nicht oder nicht in natürlicher Weise leistete, so war sie zu verwerfen. Die Bedingung lässt sich am natürlichsten so aussprechen: die Fall-Beschleunigung eines Systems in einem gegebenen Schwerefelde ist von der Natur des fallenden Systems (speziell also auch von seinem Energie-Inhalte) unabhängig.

Es zeigte sich nun, dass im Rahmen des skizzierten Programmes diesem elementaren Sachverhalte überhaupt nicht oder jedenfalls nicht in natürlicher Weise Genüge geleistet werden konnte. Dies gab mir die Überzeugung, dass im Rahmen der speziellen Relativitätstheorie kein Platz sei für eine befriedigende Theorie der Gravitation.

Nun fiel mir ein: Die Tatsache der Gleichheit der trägen und schweren Masse, bezw. die Tatsache der Unabhängigkeit der Fallbeschleunigung von der Natur der fallenden Substanz, lässt sich so ausdrücken: In einem Gravitationsfelde (geringer räumlicher Ausdehnung) verhalten sich die Dinge so wie in einem gravitationsfreien Raume, wenn man in diesem statt eines „Inertialsystems" ein gegen ein solches beschleunigtes Bezugssystem einführt.

Wenn man also das Verhalten der Körper inbezug auf das letztere Bezugssystem als durch ein „wirkliches" (nicht nur scheinbares) Gravitationsfeld bedingt auffasst, so kann man dieses Bezugssystem mit dem gleichen Rechte als ein „Inertialsystem" betrachten wie das ursprüngliche Bezugssystem.

Wenn man also beliebig ausgedehnte, nicht von vornherein durch räumliche Grenzbedingungen eingeschränkte, Gravitationsfelder als möglich betrachtet, so wird der Begriff des Inertialsystems völlig leer. Der Begriff „Beschleunigung gegenüber dem Raume" verliert dann jede Bedeutung und damit auch das Trägheitsprinzip samt dem Mach'schen Paradoxon.

So führt die Tatsache der Gleichheit der trägen und schweren Masse ganz natürlich zu den Auffassungen, dass die Grund-Forderung der speziellen Relativitätstheorie (Invarianz der Gesetze bezüglich Lorentz Transformationen) zu eng sei, d. h. dass man eine Invarianz der Ges[e]tze auch bezüglich *nicht linearer* Transformationen der Koordinaten im vierdimensionalen Kontinuum zu postulieren habe.

Dies trug sich 1908 zu. Warum brauchte es weitere sieben Jahre für die Aufstellung der allgemeinen Rel. Theorie? Der hauptsächliche Grund liegt darin, dass man sich nicht so leicht von der Auffassung befreit, dass den Koordinaten eine unmittelbare metrische Bedeutung zukommen müsse. Die Wandlung vollzog sich ungefähr in folgender Weise.

Wir gehen aus von einem leeren, feldfreien Raume, wie er – auf ein Inertialsystem bezogen – im Sinne der speziellen Relativitätstheorie als der einfachste aller denkbaren physikalischen Tatbestände auftritt. Denken wir uns nun ein Nicht-Inertialsystem dadurch eingeführt, dass das neue System gegen das Inertialsystem (in dreidimensionaler Beschreibungsart) in einer Richtung (geeignet definiert) gleichförmig beschleunigt ist, so besteht inbezug auf dieses System ein statisches paralleles Schwerefeld. Das Bezugssystem kann dabei als starr gewählt werden, in den dreidimensionalen metrischen Beziehungen von euklidischem Charakter. Aber jene Zeit, in welcher das Feld statisch erscheint, wird *nicht* durch *gleich beschaffene* ruhende Uhren gemessen. Aus diesem speziellen Beispiel erkennt man schon, dass die unmittelbare metrische Bedeutung der Koordinaten verloren geht, wenn man überhaupt nichtlineare Transformationen der Koordinaten zulässt. Letzteres *muss* man aber, wenn man der Gleichheit von schwerer und träger Masse durch das Fundament der Theorie gerecht werden will, und wenn man das Mach'sche Paradoxon bezüglich der Inertialsysteme überwinden will.

Wenn man nun aber darauf verzichten muss, den Koordinaten eine unmittelbare metrische Bedeutung zu geben (Koordinatendifferenzen = messbare Längen bezw. Zeiten), so wird man nicht umhin können, alle durch kontinuierliche Transformationen der Koordinaten erzeugbare Koordinatensysteme als gleichwertig zu behandeln.

Die allgemeine Relativitätstheorie geht demgemäss von dem Grundsatz aus: Die Naturgesetze sind durch Gleichungen auszudrücken die kovariant sind bezüglich der Gruppe der kontinuierlichen Koordinaten-Transformationen. Diese Gruppe tritt also hier an die Stelle der Gruppe der Lorentz-Transformationen der speziellen Relativitätstheorie, welch letztere Gruppe eine Untergruppe der ersteren bildet.

Diese Forderung für sich alleine genügt natürlich nicht als Ausgangspunkt für eine Ableitung der Grundgleichungen der Physik. Zunächst kann man sogar bestreiten, dass die Forderung allein eine wirkliche Beschränkung für die physikalischen Gesetze enthalte; denn es wird stets möglich sein, ein zunächst nur für gewisse Koordinatensysteme postuliertes Gesetz so umzuformulieren, dass die neue Formulierung der Form nach allgemein kovariant wird. Ausserdem ist es von vornherein klar, dass sich unendlich viele Feldgesetze formulieren lassen, die diese Kovarianz-Eigenschaft haben. Die eminente heuristische Bedeutung des allgemeinen Relativitätsprinzips liegt aber darin, dass es uns zu der Aufsuchung jener Gleichungssysteme führt, welche *in allgemein kovarianter* Formulierung *möglichst einfach* sind; unter diesen haben wir die Feldgesetze des physikalischen Raumes zu suchen. Felder, die durch solche Transformationen ineinander übergeführt werden können, beschreiben denselben realen Sachverhalt.

Die Hauptfrage für den auf diesem Gebiete Suchenden ist diese: Von welcher mathematischen Art sind die Grössen (Funktionen der Koordinaten), welche die physikalischen Eigenschaften des Raumes auszudrücken gestatten („Struktur")? Dann erst: welchen Gleichungen genügen jene Grössen?

Wir können heute diese Fragen noch keineswegs mit Sicherheit beantworten. Der bei der ersten Formulierung der allgemeinen Rel. Theorie eingeschlagene Weg lässt sich so kennzeichnen. Wenn wir auch nicht wissen, durch was für Feldvariable (Struktur) der physikalische Raum zu charakterisieren ist, so kennen wir doch mit Sicherheit einen speziellen Fall: den des „feldfreien" Raumes in der speziellen Relativitätstheorie. Ein solcher Raum ist dadurch charakterisiert, dass für ein passend gewähltes Koordinatensystem der zu zwei benachbarten Punkten gehörige Ausdruck

$$ds^2 = dx_1{}^2 + dx_2{}^2 + dx_3{}^2 - dx_4{}^2 \tag{1}$$

eine messbare Grösse darstellt (Abstandsquadrat), also eine reale physikalische Bedeutung hat. Auf ein beliebiges System bezogen drückt sich diese Grösse so aus

$$ds^2 = g_{ik} dx_i dx_k \tag{2}$$

wobei die Indices von 1 bis 4 laufen. Die g_{ik} bilden einen symmetrischen Tensor. Wenn, nach Ausführung einer Transformation am Felde (1), die ersten Ableitungen der g_{ik} nach den Koordinaten nicht verschwinden, so besteht, mit Bezug auf dies Koordinatensystem, ein Gravitationsfeld im Sinne der obigen Überlegung, und zwar ein Gravitationsfeld ganz spezieller Art. Dies besondere Feld lässt sich dank der Riemann'schen Untersuchung n-dimensionaler metrischer Räume invariant charakterisieren:

(1) Der aus den Koeffizienten der Metrik (2) gebildete Riemann'sche Krümmungstensor R_{iklm} verschwindet.

(2) Die Bahn eines Massenpunktes ist inbezug auf das Inertialsystem (inbezug auf welches (1) gilt) eine gerade Linie, also eine Extremale (Geodete). Letzteres ist aber bereits eine auf (2) sich stützende Charakterisierung des Bewegungsgesetzes.

Das *allgemeine* Gesetz des physikalischen Raumes muss nun eine Verallgemeinerung des soeben charakterisierten Gesetzes sein. Ich nahm nun an, dass es zwei Stufen der Verallgemeinerung gibt:

(a) reines Gravitationsfeld

(b) allgemeines Feld (in welchem auch Grössen auftreten, die irgendwie dem elektromagnetischen Felde entsprechen).

Der Fall (a) war dadurch charakterisiert, dass das Feld zwar immer noch durch eine Riemann-Metrik (2) bzw. durch einen symmetrischen Tensor darstellbar ist, wobei es aber (ausser im Infinitesimalen) keine Darstellung in der Form (1) gibt. Dies bedeutet, dass im Falle (a) der Riemann-Tensor *nicht* verschwindet. Es ist aber klar, dass in diesem Falle ein Feldgesetz gelten muss, das eine Verallgemeinerung (Abschwächung) dieses Gesetzes ist. Soll auch dies Gesetz von der zweiten Differentiationsordnung und in den zweiten Ableitungen linear sein, so kam nur die durch einmalige Kontraktion zu gewinnende Gleichung

$$0 = R_{kl} = g^{im} R_{iklm}$$

als Feldgleichung im Falle (a) in Betracht. Es erscheint ferner natürlich anzunehmen, dass auch im Falle (a) die geodätische Linie immer noch das Bewegungsgesetz des materiellen Punktes darstelle.

Es erschien mir damals aussichtslos, den Versuch zu wagen, das Gesamtfeld (b) darzustellen und für dieses Feldgesetze zu ermitteln. Ich zog es deshalb vor, einen vorläufigen formalen Rahmen für eine Darstellung der ganzen physikalischen Realität hinzustellen; dies war nötig, um wenigstens vorläufig die Brauchbarkeit des Grundgedankens der allgemeinen Relativität untersuchen zu können. Dies geschah so.

In der Newton'schen Theorie kann man als Feldgesetz der Gravitation

$$\nabla^2 \phi = 0$$

schreiben (ϕ = Gravitationspotential) an solchen Orten, wo die Dichte ρ der Materie verschwindet. Allgemein wäre zu setzen (Poissonsche Gleichung)

$$\nabla^2 \phi = 4\pi k\rho \ (\rho = \text{Massen-Dichte})$$

Im Falle der relativistischen Theorie des Gravitationsfeldes tritt R_{ik} an die Stelle von $\nabla^2 \phi$. Auf die rechte Seite haben wir dann an die Stelle von ρ ebenfalls einen Tensor zu setzen. Da wir aus der speziellen Rel. Th. wissen, dass die (träge) Masse gleich ist der Energie, so wird auf die rechte Seite der Tensor der Energie-Dichte zu setzen sein – genauer der gesamten Energiedichte, soweit sie nicht dem reinen Gravitationsfelde angehört. Man gelangt so zu den Feldgleichungen

$$R_{ik} - \frac{1}{2}g_{ik}R = -kT_{ik}.$$

Das zweite Glied der linken Seite ist aus formalen Gründen zugefügt; die linke Seite ist nämlich so geschrieben, dass ihre Divergenz im Sinne des absoluten Differentialkalküls identisch verschwindet. Die rechte Seite ist eine formale Zusammenfassung aller Dinge, deren Erfassung im Sinne einer Feldtheorie noch problematisch ist. Natürlich war ich keinen Augenblick darüber im Zweifel, dass diese Fassung nur ein Notbehelf war, um dem allgemeinen Relativitätsprinzip einen vorläufigen geschlossenen Ausdruck zu geben. Es war ja nicht wesentlich *mehr* als eine Theorie des Gravitationsfeldes, das einigermassen künstlich von einem Gesamtfelde noch unbekannter Struktur isoliert wurde.

Wenn irgend etwas – abgesehen von der Forderung der Invarianz der Gleichungen bezüglich der Gruppe der kontinuierlichen Koordinaten-Transformationen – in der skizzierten Theorie möglicherweise endgültige Bedeutung beanspruchen kann, so ist es die Theorie des Grenzfalles des reinen Gravitationsfeldes und dessen Beziehung zu der metrischen Struktur des Raumes. Deshalb soll im unmittelbar Folgenden nur von den Gleichungen des reinen Gravitationsfeldes die Rede sein.

Das Eigenartige an diesen Gleichungen ist einerseits ihr komplizierter Bau, besonders ihr nichtlinearer Charakter inbezug auf die Feldvariabeln und deren Ableitungen, andererseits, die fast zwingende Notwendigkeit, mit welcher die Transformationsgruppe dies komplizierte Feldgesetz bestimmt. Wenn man bei der speziellen Relativitätstheorie, d. h. bei der Invarianz bezüglich der Lorentz-Gruppe, stehen geblieben wäre, so würde auch im Rahmen dieser engeren Gruppe das Feldgesetz $R_{ik} = 0$ invariant sein. Aber vom Standpunkte der engeren Gruppe bestünde zunächst keinerlei Anlass dafür, dass die Gravitation durch eine so komplizierte Struktur dargestellt werden müsse, wie sie der symmetrische Tensor g_{ik} darstellt. Würde man aber doch hinreichende Gründe dafür finden, so gäbe es eine unübersehbare Zahl von Feldgesetzen aus Grössen g_{ik} die alle kovariant sind bezüglich Lorentz-Transformationen (nicht aber gegenüber der allgemeinen Gruppe). Selbst aber wenn man von all den denkbaren Lorentz-invarianten Gesetzen zufällig gerade das zu der weiteren Gruppe gehörige Gesetz erraten hätte, so wäre man immer noch nicht auf der durch das allgemeine Relativitätsprinzip erlangten Stufe der Erkenntnis. Denn vom Standpunkt der Lorentz-Gruppe wären zwei Lösungen fälschlich als physikalisch voneinander verschieden zu betrachten, wenn sie durch eine nichtlineare Koordinaten-Transformation ineinander transformierbar sind, d. h. vom Standpunkt der weiteren Gruppe nur verschiedene Darstellungen desselben Feldes sind.

Noch eine allgemeine Bemerkung über Struktur und Gruppe. Es ist klar, dass man im Allgemeinen eine Theorie als umso vollkommener beurteilen wird, eine je einfacherer „Struktur" sie zugrundelegt und je weiter die Gruppe ist, bezüglich welcher die Feldgleichungen invariant sind. Man sieht nun, dass diese beiden Forderungen einander im Wege sind. Gemäss der speziellen Relativitätstheorie (Lorentz-Gruppe) kann man z. B. für die denkbar einfachste Struktur (skalares Feld) ein kovariantes Gesetz aufstellen, während es in der allgemeinen Relativitätstheorie (weitere Gruppe der kontinuierlichen Koordinaten-Transformationen) erst für die kompliziertere Struktur des symmetrischen Tensors ein invariantes Feldgesetz gibt. Wir haben *physikalische* Gründe dafür angegeben, dass Invarianz gegenüber der weiteren Gruppe in der Physik gefordert werden muss;[1] vom rein mathematischen Gesichtspunkte aus sehe ich keinen Zwang, die einfachere Struktur der Weite der Gruppe zum Opfer zu bringen.

Die Gruppe der allgemeinen Relativität bringt es zum ersten Male mit sich, dass das einfachste invariante Gesetz nicht linear und homogen in den Feldvariabeln und ihren Differentialquotienten ist. Dies ist aus folgendem Grunde von fundamentaler Wichtigkeit. Ist das Feldgesetz linear (und homogen), so ist die Summe zweier Lösungen wieder eine Lösung; so ist es z. B. bei den Maxwell'schen Feldgleichungen des leeren Raumes. In einer solchen Theorie kann aus dem Feldgesetz allein nicht auf eine Wechselwirkung von Gebilden geschlossen werden, die isoliert durch Lösungen des Systems dargestellt werden können. Daher bedurfte es in den bisherigen Theorien neben den Feldgesetzen besonderer Gesetze für die Bewegung der materiellen Gebilde unter dem Einfluss der Felder. In der relativistischen Gravitationstheorie wurde nun zwar ursprünglich neben dem Feldgesetz das Bewegungsgesetz (Geodätische Linie) unabhängig postuliert. Es hat sich aber nachträglich herausgestellt, dass das Bewegungsgesetz nicht unabhängig angenommen werden muss (und darf), sondern dass es in dem Gesetz des Gravitationsfeldes implicite enthalten ist.

Das Wesen dieser an sich komplizierten Sachlage kann man sich wie folgt veranschaulichen. Ein einziger ruhender materieller Punkt wird durch ein Gravitationsfeld repräsentiert, das überall endlich und regulär ist ausser an dem Orte, an dem der materielle Punkt sitzt; dort hat das Feld eine Singularität. Berechnet man aber durch Integration der Feldgleichungen das Feld, welches zu zwei ruhenden materiellen Punkten gehört, so hat dieses ausser den Singularitäten am Orte der materiellen Punkte noch eine aus singulären Punkten bestehende Linie, welche die beiden Punkte verbindet. Man kann aber eine Bewegung der materiellen Punkte in solcher Weise vorgeben, dass das durch sie bestimmte Gravitationsfeld ausserhalb der materiellen Punkte nirgends singulär wird. Es sind dies gerade jene Bewegungen, die in erster Näherung durch die Newton'schen Gesetze beschrieben werden. Man kann also sagen: Die Massen bewegen sich so, dass die Feldgleichung im Raume ausserhalb der Massen nirgends Singularitäten des Feldes bedingt. Diese Eigenschaft der Gravitationsgleichungen hängt unmittelbar zusammen mit ihrer Nicht-Linearität, und diese ihrerseits wird durch die weitere Transformationsgruppe bedingt.

Nun könnte man allerdings den Einwand machen: Wenn am Orte der materiellen Punkte Singularitäten zugelassen werden, was für eine Berechtigung besteht dann, das Auftreten von Singularitäten im übrigen Raume zu verbieten? Dieser Einwand wäre dann berechtigt, wenn die Gleichungen der Gravitation als Gleichungen des Gesamtfeldes anzusehen wären. So aber wird man sagen müssen, dass das Feld eines materiellen Teilchens desto weniger als *reines Gravitationsfeld* wird betrachtet werden dürfen, je näher man dem eigentlichen Ort des Teilchens kommt. Würde man die Feldgleichung des Gesamtfeldes haben, so müsste man verlangen, dass die Teilchen selbst als *überall* singularitätsfreie Lösungen der vollständigen Feldgleichungen sich darstellen lassen. Dann erst wäre die allgemeine Relativitätstheorie eine *vollständige* Theorie.

Bevor ich auf die Frage der Vollendung der allgemeinen Relativitätstheorie eingehe, muss ich Stellung nehmen zu der erfolgreichsten physikalischen Theorie unserer Zeit, der statistischen Quantentheorie, die vor etwa fünfundzwanzig Jahren eine konsistente logische Form angenommen hat (Schrödinger, Heisenberg, Dirac, Born). Es ist die einzige gegenwärtige Theorie, welche die Erfahrungen über den Quanten-Charakter der mikromechanischen Vorgänge einheitlich zu begreifen gestattet. Diese Theorie auf der einen Seite und die Relativitätstheorie auf der andern Seite werden beide in gewissem Sinne für richtig gehalten, obwohl ihre Verschmelzung allen bisherigen Bemühungen widerstanden hat. Damit hängt es wohl zusammen, dass unter den theoretischen Physikern der Gegenwart durchaus verschiedene Meinungen darüber bestehen, wie das theoretische Fundament der künftigen Physik aussehen wird. Ist es eine Feldtheorie; ist es eine im Wesentlichen statistische Theorie? Ich will hier kurz sagen, wie ich darüber denke.

Die Physik ist eine Bemühung das Seiende als etwas begrifflich zu erfassen, was unabhängig vom Wahrgenommen-Werden gedacht wird. In diesem Sinne spricht man vom „Physikalisch-Realen." In der Vor-Quantenphysik war kein Zweifel, wie dies zu verstehen sei. In Newtons Theorie war das Reale durch materielle Punkte in Raum und Zeit, in der Maxwell'schen Theorie durch ein Feld in Raum und Zeit dargestellt. In der Quantenmechanik ist es weniger durchsichtig. Wenn man fragt: Stellt eine Ψ-Funktion der Quantentheorie einen realen Sachverhalt in demselben Sinne dar wie ein materielles Punktsystem oder ein elektromagnetisches Feld, so zögert man mit der simpeln Antwort „ja" oder „nein"; warum? Was die Ψ-Funktion (zu einer bestimmten Zeit) aussagt, das ist: Welches ist die Wahrscheinlichkeit dafür, eine bestimmte physikalische Grösse q (oder p) in einem bestimmten gegebenen Intervall vorzufinden, wenn ich sie zur Zeit t messe? Die Wahrscheinlichkeit ist hierbei als eine empirisch feststellbare, also gewiss „reale" Grösse anzusehen, die ich feststellen kann, wenn ich dieselbe Ψ-Funktion sehr oft erzeuge und jedesmal eine q-Messung vornehme. Wie steht es nun aber mit dem einzelnen gemessenen Wert von q? Hatte das betreffende individuelle System diesen q-Wert schon vor der Messung? Auf diese Frage gibt es im Rahmen der Theorie keine bestimmte Antwort, weil ja die Messung ein Prozess ist, der einen endlichen äusseren Eingriff in das System bedeutet; es wäre daher denkbar, dass das System einen bestimmten Zahlwert für q (bezw. p) den gemessenen Zahlwert erst durch die Messung selbst erhält. Für die weitere Diskussion denke ich mir zwei Physiker A und B, die bezüglich des durch die Ψ-Funktion beschriebenen realen Zustandes eine verschiedene Auffassung vertreten.

A. Das einzelne System hat (vor der Messung) einen bestimmten Wert von q (bezw. p) für alle Variabeln des Systems, und zwar *den* Wert, der bei einer Messung dieser Variabeln festgestellt wird. Ausgehend von dieser Auffassung wird er erklären: Die Ψ-Funktion ist keine erschöpfende Darstellung des realen Zustandes des Systems, sondern eine unvollständige Darstellung; sie drückt nur dasjenige aus, was wir auf Grund früherer Messungen über das System wissen.

B. Das einzelne System hat (vor der Messung) keinen bestimmten Wert von q (bezw. p). Der Messwert kommt unter Mitwirkung der ihm vermöge der Ψ-Funktion eigentümlichen Wahrscheinlichkeit erst durch den Akt der Messung zustande. Ausgehend von dieser Auffassung wird (oder wenigstens darf) er erklären: Die Ψ-Funktion ist eine erschöpfende Darstellung des realen Zustandes des Systems.

Nun präsentieren wir diesen beiden Physikern folgenden Fall. Es liege ein System vor das zu der Zeit t unserer Betrachtung aus zwei Teilsystemen S_1 und S_2 bestehe, die zu dieser Zeit räumlich getrennt und (im Sinne der klassischen Physik) ohne erhebliche Wechselwirkung sind. Das Gesamtsystem sei durch eine bekannte Ψ-Funktion Ψ_{12} im

Sinne der Quantenmechanik vollständig beschrieben. Alle Quantentheoretiker stimmen nun im Folgenden überein. Wenn ich eine vollständige Messung an S_1 mache, so erhalte ich aus den Messresultaten und aus Ψ_{12} eine völlig bestimmte Ψ-Funktion Ψ_2 des Systems S_2. Der Charakter von Ψ_2 hängt dann davon ab, was *für eine Art* Messung ich an S_1 vornehme. Nun scheint es mir, dass man von dem realen Sachverhalt des Teilsystems S_2 sprechen kann. Von diesem realen Sachverhalt wissen wir vor der Messung und S_1 von vornherein noch weniger als bei einem durch die Ψ-Funktion beschriebenen System. Aber an *einer* Annahme sollten wir nach meiner Ansicht unbedingt festhalten: Der reale Sachverhalt (Zustand) des Systems S_2 ist unabhängig davon, was mit dem von ihm räumlich getrennten System S_1 vorgenommen wird. Je nach der Art der Messung, welche ich an S_1 vornehme, bekomme ich aber ein andersartiges Ψ_2 für das zweite Teilsystem (Ψ_2, Ψ_2^1 ...). Nun muss aber der Realzustand von S_2 unabhängig davon sein, was an S_1 geschieht. Für denselben Realzustand von S_2 können also (je nach Wahl der Messung an S_1) verschiedenartige Ψ-Funktionen gefunden werden. (Diesem Schlusse kann man nur dadurch ausweichen, dass man entweder annimmt, dass die Messung an S_1 den Realzustand von S_2 (telepathisch) verändert, oder aber dass man Dingen, die räumlich voneinander getrennt sind, unabhängige Realzustände überhaupt abspricht. Beides scheint mir ganz unakzeptabel.)

Wenn nun die Physiker A und B diese Überlegung als stichhaltig annehmen, so wird B seinen Standpunkt aufgeben müssen, dass die Ψ-Funktion eine vollständige Beschreibung eines realen Sachverhaltes sei. Denn es wäre in diesem Falle unmöglich, dass demselben Sachverhalt (von S_2) zwei verschiedenartige Ψ-Funktionen zugeordnet werden könnten.

Der statistische Charakter der gegenwärtigen Theorie wurde dann eine notwendige Folge der Unvollständigkeit der Beschreibung der Systeme in der Quantenmechanik sein, und es bestände kein Grund mehr für die Annahme, dass eine zukünftige Basis der Physik auf Statistik gegründet sein müsse.

Meine Meinung ist die, dass die gegenwärtige Quantentheorie bei gewissen festgelegten Grundbegriffen, die im Wesentlichen der klassischen Mechanik entnommen sind, eine optimale Formulierung der Zusammenhänge darstellt. Ich glaube aber, dass diese Theorie keinen brauchbaren Ausgangspunkt für die künftige Entwicklung bietet. Dies ist der Punkt, in welchem meine Erwartung von derjenigen der meisten zeitgenössischen Physiker abweicht. Sie sind davon überzeugt, dass den wesentlichen Zügen der Quantenphänomene (scheinbar sprunghafte und zeitlich nicht determinierte Änderungen des Zustandes eines Systems, gleichzeitig korpuskuläre und undulatorische Qualitäten der elementaren energetischen Gebilde) nicht Rechnung getragen werden kann durch eine Theorie, die den Realzustand der Dinge durch kontinuierliche Funktionen des Raumes beschreibt, für welche Differentialgleichungen gelten. Sie denken auch, dass man auf solchem Wege die atomistische Struktur der Materie und Strahlung nicht wird verstehen können. Sie erwarten, dass Systeme von Differentialgleichungen, wie sie für eine solche Theorie in Betracht kämen, überhaupt keine Lösungen haben, die überall im vierdimensionalen Raume regulär (singularitätsfrei) sind. Vor allem aber glauben sie, dass der anscheinend sprunghafte Charakter der Elementarvorgänge nur durch eine im Wesen statistische Theorie dargestellt werden kann, in welcher den sprunghaften Änderungen der Systeme durch *kontinuierliche* Änderungen von Wahrscheinlichkeiten der möglichen Zustände Rechnung getragen wird.

All diese Bemerkungen erscheinen mir recht eindrucksvoll. Die Frage, auf die es ankommt, scheint mir aber die zu sein: Was kann bei der heutigen Situation der Theorie mit einiger Aussicht auf Erfolg versucht werden? Da sind es die Erfahrungen in der Gravitationstheorie, die für meine Erwartungen richtung-gebend sind. Diese Gleichungen haben nach meiner Ansicht mehr Aussicht, etwas *Genaues* auszusagen als alle andern Gleichungen der Physik. Man ziehe etwa die Maxwell'schen Gleichungen des leeren Raumes zum Vergleich heran. Diese sind Formulierungen, die den Erfahrungen an unendlich schwachen elektromagnetischen Feldern entsprechen. Dieser empirische Ursprung bedingt schon ihre lineare Form; dass aber die wahren Gesetze nicht linear sein können, wurde schon früher betont. Solche Gesetze erfüllen das Superpositions-Prinzip für ihre Lösungen, enthalten also keine Aussagen über die Wechselwirkungen von Elementargebilden. Die wahren Gesetze können nicht linear sein und aus solchen auch nicht gewonnen werden. Noch etwas anderes habe ich aus der Gravitationstheorie gelernt: Eine noch so umfangreiche Sammlung empirischer Fakten kann nicht zur Aufstellung so verwickelter Gleichungen führen. Eine Theorie kann an der Erfahrung geprüft werden, aber es gibt keinen Weg von der Erfahrung zur Aufstellung einer Theorie. Gleichungen von solcher Kompliziertheit wie die Gleichungen des Gravitationsfeldes können nur dadurch gefunden werden, dass eine logisch einfache mathematische Bedingung gefunden wird, welche die Gleichungen völlig oder nahezu determiniert. Hat man aber jene hinreichend starken formalen Bedingungen, so braucht man nur wenig Tatsachen-Wissen für die Aufstellung der Theorie; bei den Gravitationsgleichungen ist es die Vierdimensionalität und der symmetrische Tensor als Ausdruck für die Raumstruktur, welche zusammen mit der Invarianz bezüglich der kontinuierlichen Transformationsgruppe die Gleichungen praktisch vollkommen determinieren.

Unsere Aufgabe ist es, die Feldgleichungen für das totale Feld zu finden. Die gesuchte Struktur muss eine Verallgemeinerung des symmetrischen Tensors sein. Die Gruppe darf nicht enger sein als die der kontinuierlichen Koordinaten-Transformationen. Wenn man nun eine reichere Struktur einführt, so wird die Gruppe die Gleichungen nicht mehr so stark determinieren wie im Falle des symmetrischen Tensors als Struktur. Deshalb wäre es am schönsten, wenn es gelänge, die Gruppe abermals zu erweitern in Analogie zu dem Schritte, der von der speziellen Relativität zur allgemeinen Relativität geführt hat. Im Besonderen habe ich versucht, die Gruppe der komplexen Koordinaten-Transformationen heranzuziehen. Alle derartigen Bemühungen waren erfolglos. Eine offene oder verdeckte Erhöhung der Dimensionzahl des Raumes habe ich ebenfalls aufgegeben, eine Bemühung, die von Kaluza begründet wurde und in ihrer projektiven Variante noch heute ihre Anhänger hat. Wir beschränken uns auf den vierdimensionalen Raum und die Gruppe der kontinuierlichen reellen Koordinaten-Transformationen. Nach vielen Jahren vergeblichen Suchens halte ich die im Folgenden skizzierte Lösung für die logischerweise am meisten befriendigende [sic].

Anstelle des symmetrischen g_{ik} ($g_{ik} = g_{ki}$) wird der nicht-symmetrische Tensor g_{ik} eingeführt. Diese Grösse setzt sich aus einem symmetrischen Teil s_{ik} und einem reellen oder gänzlich imaginären antisymmetrischen a_{ik} so zusammen:

$$g_{ik} = s_{ik} + a_{ik}.$$

Vom Standpunkte der Gruppe aus betrachtet ist diese Zusammenfügung von s and a willkürlich, weil die Tensoren s und a einzeln Tensor-Charakter haben. Es zeigt sich aber, dass diese g_{ik} (als Ganzes betrachtet) im Aufbau der neuen Theorie eine analoge Rolle spielen wie die symmetrischen g_{ik} in der Theorie des reinen Gravitationsfeldes.

Diese Verallgemeinerung der Raum-Struktur scheint auch vom Standpunkt unseres physikalischen Wissens natürlich, weil wir wissen, dass das elektromagnetische Feld mit einem schief symmetrischen Tensor zu tun hat.

Es ist ferner für die Gravitationstheorie wesentlich, dass aus den symmetrischen g_{ik} die skalare Dichte $\sqrt{|g_{ik}|}$ gebildet werden kann sowie der kontravariante Tensor g^{ik} gemäss der Definition

$$g_{ik}g^{il} = \delta_k^l \quad (\delta_k^l = \text{Kronecker-Tensor}).$$

Diese Bildungen lassen sich genau entsprechend für die nicht-symmetrischen g_{ik} definieren, ebenso Tensor-Dichten.

In der Gravitationstheorie ist es ferner wesentlich, dass sich zu einem gegebenen symmetrischen g_{ik}-Feld ein Γ_{ik}^l definieren lässt, das in den unteren Indices symmetrisch ist und geometrisch betrachtet die Parallel-Verschiebung eines Vektors beherrscht. Analog lässt sich zu den nicht-symmetrischen g_{ik} ein nicht-symmetrisches Γ_{ik}^l definieren, gemäss der Formel

$$g_{ik,l} - g_{sk}\Gamma_{il}^s - g_{is}\Gamma_{lk}^s = 0, \qquad\qquad \text{(A)}$$

welche mit der betreffenden Beziehung der symmetrischen g übereinstimmt, nur dass hier natürlich auf die Stellung der unteren Indices in den g und Γ geachtet werden muss.

Wie in der reellen Theorie kann aus den Γ eine Krümmung R_{klm}^i gebildet werden und aus dieser eine kontrahierte Krümmung R_{kl}. Endlich kann man unter Verwendung eines Variationsprinzips mit (A) zusammen kompatible Feldgleichungen finden:

$$g^{is},s = 0 \quad \left(g^{\underline{ik}} = 1/2(g^{ik} - g^{ki})\sqrt{|g_{ik}|}\right) \qquad\qquad \text{(B1)}$$

$$\Gamma_{is}^s = 0 \quad \left(\Gamma_{is}^s = 1/2(\Gamma_{is}^s - \Gamma_{si}^s)\right) \qquad\qquad \text{(B2)}$$

$$R_{\underline{ik}} = 0 \tag{C1}$$

$$R_{kl,m} + R_{lm,k} + R_{mk,l} = 0 \tag{C2}$$

Hierbei ist jede der beiden Gleichungen (B1), (B2) eine Folge der andern, wenn (A) erfüllt ist. $R_{\underline{kl}}$ bedeutet den symmetrischen, R_{kl} den antisymmetrischen Teil von R_{kl}.

Im Falle des Verschwindens des antisymmetrischen Teils von g_{ik} reduzieren sich diese Formeln auf (A) und (C1) –Fall des reinen Gravitationsfeldes.

Ich glaube, dass diese Gleichungen die natürlichste Verallgemeinerung der Gravitationsgleichungen darstellen.[2] Die Prüfung ihrer physikalischen Brauchbarkeit ist eine überaus schwierige Aufgabe, weil es mit Annäherungen nicht getan ist. Die Frage ist: Was für im ganzen Raume singularitätsfreie Lösungen dieser Gleichungen gibt es?

Diese Darlegung hat ihren Zweck erfüllt, wenn sie dem Leser zeigt, wie die Bemühungen eines Lebens miteinander zusammenhängen und warum sie zu Erwartungen bestimmter Art geführt haben.

A. Einstein.

Institute for Advanced Study
Princeton, New Jersey

Anmerkungen

1 Bei der engeren Gruppe zu bleiben und gleichzeitig die kompliziertere Struktur der allgemeinen Rel. Theorie zugrunde zu legen, bedeutet eine naive Inkonsequenz. Sünde bleibt Sünde, auch wenn sie von sonst respektabeln Männern begangen wird.
2 Die hier vorgeschlagene Theorie hat nach meiner Ansicht ziemliche Wahrscheinlichkeit der Bewährung, wenn sich der Weg einer erschöpfenden Darstellung der physischen Realität auf der Grundlage des Kontinuums überhaupt als gangbar erweisen wird.

Literatur

AEA: Albert Einstein Archives Online. Hebrew University of Jerusalem. http://www.alberteinstein. info.

Bacciagaluppi, Guido und Antony Valentini. 2009. *Quantum Theory at the Crossroads: Reconsidering the 1927 Solvay Conference*. Cambridge: Cambridge University Press.

Bell, John S. 1987. *Speakable and Unspeakable in Quantum Mechanics*. Cambridge: Cambridge University Press.

Beller, Mara. 1999. *Quantum Dialogue: The Making of a Revolution*. Chicago: University of Chicago Press.

Blum, Alexander, Roberto Lalli und Jürgen Renn. 2015. „The Reinvention of General Relativity: A Historiographical Framework for Assessing One Hundred Years of Curved Space-time", *Isis* 106 (3): 598–620.

Blum, Alexander, Roberto Lalli und Jürgen Renn. 2016. „The Renaissance of General Relativity: How and Why It Happened", *Ann. Phys.* 528 (5): 344–349.

Blum, Alexander, Roberto Lalli und Jürgen Renn. 2018. „Gravitational Waves and the Long Relativity Revolution", *Nature Astronomy* 2: 534–543.

Blum, Alexander, Domenico Giulini, Roberto Lalli und Jürgen Renn, Hrsg. 2017. „Editorial introduction to the special issue 'The Renaissance of Einstein's Theory of Gravitation' ", *EPJ H* 42.

Boltzmann, Ludwig. 1898. *Vorlesungen über Gastheorie*. Bd. 2. Leipzig: Barth.

Born, Max. 1951. „Einsteins statistische Theorien", in *Albert Einstein als Philosoph und Naturforscher*, Hrsg. Paul Arthur Schilpp. Stuttgart: Kohlhammer Verlag, S. 84–97.

Calaprice, Alice, Hrsg. 2005. *The New Quotable Einstein*, Überarb. Ausg. Princeton, NJ: Princeton University Press.

Canales, Jimena. 2015. *The Physicist and the Philosopher: Einstein, Bergson, and the Debate That Changed Our Understanding of Time*. Princeton, NJ: Princeton University Press.

CPAE. The Collected Papers of Albert Einstein Online. https://einsteinpapers.press.princeton.edu.

CPAE, Bd. 1: Stachel, John, David C. Cassidy und Robert Schulmann, Hrsg. 1987. *The Collected Papers of Albert Einstein: The Early Years, 1879–1902*. Princeton, NJ: Princeton University Press.

CPAE, Bd. 2: Stachel, John, David C. Cassidy, Jürgen Renn und Robert Schulmann, Hrsg. 1989. *The Collected Papers of Albert Einstein: The Swiss Years: Writings, 1900–1909*. Princeton, NJ: Princeton University Press.

CPAE, Bd. 5: Klein, Martin J., A. J. Kox und Robert Schulmann, Hrsg. 1993. *The Collected Papers of Albert Einstein: The Swiss Years: Correspondence, 1902–1914*. Princeton, NJ: Princeton University Press.

CPAE, Bd. 6: Kox, A. J., Martin J. Klein und Robert Schulmann, Hrsg. 1996. *The Collected Papers of Albert Einstein: The Berlin Years: Writings, 1914–1917*. Princeton, NJ: Princeton University Press.

CPAE, Bd. 7: Janssen, Michael, Robert Schulman, József Illy, Christoph Lehner und Diana Kormos Buchwald, Hrsg. 2002. *The Collected Papers of Albert Einstein: The Berlin Years: Writings, 1918–1921*. Princeton, NJ: Princeton University Press.

CPAE, Bd. 8: Schulmann, Robert, A. J. Kox, Michel Janssen, József Illy, Hrsg. 1998. *The Collected Papers of Albert Einstein: The Berlin Years: Correspondence, 1914–1918*. Princeton, NJ: Princeton University Press.

CPAE, Bd. 10: Kormos Buchwald, Diana, Tilman Sauer, Ze'ev Rosenkranz, József Illy und Virgina Iris Holmes, Hrsg. 2006. *The Collected Papers of Albert Einstein: The Berlin Years: Correspondence, May–December 1920, and Supplementary Correspondence, 1909–1920 – Documentary Edition*. Princeton, NJ: Princeton University Press.

https://doi.org/10.1515/9783110744811-025

CPAE, Bd. 12: Kormos Buchwald, Diana, Ze'ev Rosenkranz, Tilman Sauer, József Illy und Virginia Iris Holmes, Hrsg. 2009. *The Collected Papers of Albert Einstein: The Berlin Years: Correspondence January–December 1921*. Princeton, NJ: Princeton University Press.

CPAE, Bd. 14: Kormos Buchwald, Diana, József Illy, Ze'ev Rosenkranz, Tilman Sauer und Osik Moses, Hrsg. 2015. *The Collected Papers of Albert Einstein: The Berlin Years: Writings & Correspondence, April 1923–May 1925*. Princeton, NJ: Princeton University Press.

Dongen, Jeroen van. 2010. *Einstein's Unification*. Cambridge: Cambridge University Press.

Einstein, Albert. 1922. *Vier Vorlesungen über Relativitätstheorie: gehalten im Mai 1921 an der Universität Princeton*. Braunschweig: Vieweg.

Einstein, Albert. 1936. „Physik und Realität", *Journal of the Franklin Institute*, 221 (1323): 313–347.

Einstein, Albert. 1945. *The Meaning of Relativity* Princeton. NJ: Princeton University Press, 2. Auflage.

Einstein, Albert. 1946. „Bemerkungen zu Betrand Russells Erkenntnis-Theorie", „Remarks on Bertrand Russell's Theory of Knowledge", in *The Philosophy of Bertrand Russell*, Hrsg. Paul Arthur Schilpp, The Library of Living Philosophers, Bd. 5, 2. Ausgabe. (Evanston, IL: Library of Living Philosophers, 1946), S. 277–291.

Einstein, Albert. 1951. „Bemerkungen zu den in diesem Bande vereinigten Arbeiten", in *Albert Einstein als Philosoph und Naturforscher*, Hrsg. Paul A. Schilpp. Stuttgart: W. Kohlhammer Verlag, S. 493–511.

Einstein, Albert. 1956. *Grundzüge der Relativitätstheorie*. Braunschweig: Vieweg, 3. Auflage.

Einstein, Albert. 1956. „Autobiographische Skizze", in *Helle Zeit – Dunkle Zeit: In Memoriam Albert Einstein*, Hrsg. Carl Seelig. Zürich: Europa, S. 9–17.

Einstein, Albert. 1960. *Briefe an Maurice Solovine: Faksimile Wiedergabe von Briefen aus den Jahren 1906 bis 1955 mit französischer Übersetzung, einer Einführung und drei Fotos*. Berlin: VEB Deutscher Verlag der Wissenschaften.

Einstein, Albert. 1979. „Vorwort", in Philipp Frank, *Einstein: Sein Leben und seine Zeit*. Braunschweig: Vieweg & Sohn, S. 5–6.

Einstein, Albert. 1979. „Vorwort des Autors zur tschechischen Ausgabe", in *Einstein a Praha. K Stému Výročí Narození Alberta Einsteina*, Hrsg. Jiří Bičák (Prag), S. 42.

Einstein, Albert. 2009. *Über die spezielle und die allgemeine Relativitätstheorie*. Berlin/Heidelberg: Springer, 24. Auflage.

Einstein, Albert und Max Born. 1969. *Albert Einstein Max Born: Briefwechsel 1916–1955*. München: Nymphenburger.

Einstein, Albert und Jakob Grommer. 1927. „Allgemeine Relativitätstheorie und Bewegungsgesetz", *Sitzungsber. phys-math. Kl.* 1: S. 235–245.

Einstein, Albert und Marcel Grossmann. 1913. „Entwurf einer verallgemeinerten Relativitätstheorie und einer Theorie der Gravitation", nachgedruckt in *CPAE* Bd. 4, Doc. 13.

Einstein, Albert, Leopold Infeld und Banesh Hoffmann. 1938. „The Gravitational Equations and the Problem of Motion", *Annals of Mathematics* 39: 65–100.

Einstein, Albert, Boris Podolsky und Nathan Rosen. 1935. „Can Quantum-Mechanical Description of Physical Reality Be Considered Complete?", *Physical Review* 47(10): 777–780.

Elkana, Yehuda. 2008. „Einstein and God", in *Einstein for the 21st Century: His Legacy in Science, Art, and Modern Culture*, Hrsg. Peter L. Galison, Gerald Holton und Silvan S. Schweber. Princeton, NJ: Princeton University Press, S. 35–47.

Engler, Fynn Ole und Jürgen Renn. 2018. *Gespaltene Vernunft: Vom Ende eines Dialogs zwischen Wissenschaft und Philosophie*. Berlin: Mattes & Seitz.

Fraenkel, Abraham H. 1954. „The Intuitionistic Revolution in Mathematics and Logic", *Bulletin of the Research Council of Israel* 3: 283–289.

Frank, Philipp. 1979. *Einstein: Sein Leben und seine Zeit*. Braunschweig: Vieweg & Sohn.

Ganz, Henning. 2002. *Wie die Naturgesetze Wirklichkeit schaffen: Über Physik und Realität*. München: Carl Hanser Verlag.

Graf-Grossmann, Claudia E. 2015. *Marcel Grossmann: Aus Liebe zur Mathematik*. Zürich: Römerhof Verlag.

Grossmann, Marcel. 1931. „Fernparallelismus? Richtigstellung der gewählten Grundlagen für eine einheitliche Feldtheorie", *Naturforschende Gesellschaft Zürich. Vierteljahrsschrift*, 76: 42–60.

Gutfreund, Hanoch. 2015. „Zwei der Glänzendsten Gestirne: Max Planck und Albert Einstein", in *Berlins wilde Energien: Porträts aus der Geschichte der Leibnizschen Wissenschaftsakademie*, Hrsg. S. Leibried, C. Markschies, E. Osterkamp, G. Stock. Berlin: De Gruyter Akademie Forschung, S. 310–343.

Gutfreund, Hanoch und Jürgen Renn. 2015. *The Road to Relativity: The History and Meaning of Einstein's „The Foundation of General Relativity", Featuring the Original Manuscript of Einstein's Masterpiece*. Princeton, NJ: Princeton University Press.

Gutfreund, Hanoch und Jürgen Renn. 2017. *The Formative Years of Relativity: The History and Meaning of Einstein's Princeton Lectures*. Princeton, NJ: Princeton University Press.

Hadamard, Jacques. 1945. *A Mathematician's Mind*. Princeton, NJ: Princeton University Press.

Hentschel, Klaus. 1990. *Interpretationen und Fehlinterpretationen der speziellen und allgemeinen Relativitätstheorie durch Zeitgenossen Albert Einsteins*. Basel: Birkäuser.

Hoffmann, Banesh und Helen Dukas. 1972. *Albert Einstein: Schöpfer und Rebell*. Dietikon-Zürich: Belser Verlag.

Holton, Gerald. 1992. „Ernst Mach and the Fortunes of Positivism in America", *Isis* 83(1): 27–60.

Holton, Gerald. 1998. *Einstein, die Geschichte und andere Leidenschaften*. Wiesbaden: Vieweg & Teubner.

Holton, Gerald. 2008. „Who Was Einstein? Why Is He Still So Alive?", in *Einstein for the 21st Century: His Legacy in Science, Art, and Modern Culture*, Hrsg. Peter L. Galison, Gerald Holton und Silvan S. Schweber. Princeton, NJ: Princeton University Press, S. 3–14.

Howard, Don. 2014. „Einstein and the Development of Twentieth-Century Philosophy of Science", in *The Cambridge Companion to Einstein*, Hrsg. Michel Janssen und Christoph Lehner. Cambridge: Cambridge University Press, S. 354–376.

Janssen, Michel und Christoph Lehner, Hrsg. 2014. *The Cambridge Companion to Einstein*. Cambridge: Cambridge University Press.

Janssen, Michel und Jürgen Renn. 2015. „Arch and Scaffold: How Einstein Found His Field Equations", *Physics Today* 68: 30–36.

Kant, Immanuel. 1978[1783]. *Prolegomena zu einer jeden künftigen Metaphysik die als Wissenschaft wird auftreten können*, in Werkausgabe, Hrsg. Wilhelm Weischedel, *Schriften zur Metaphysik und Logik*, Band V. Frankfurt am Main: Suhrkamp.

Klein, Martin. 1982. „Fluctuations and Statistical Physics in Einstein's Early Work", in *Albert Einstein: Historical and Cultural Perspectives*, Hrsg. Gerald Holton und Yehuda Elkana. Princeton, NJ: Princeton University Press.

Kollross, Louis. 1955. „Erinnerungen eines Kommilitonen", in *Helle Zeiten – Dunkle Zeiten: In Memoriam Albert Einstein*, Hrsg. Carl Seelig. Zürich: Europa Verlag, S. 17–31.

Lehmkuhl, Dennis. 2019. „General Relativity as a Hybrid Theory: The Genesis of Einstein's Work on the Problem of Motion", *Studies in History and Philosophy of Science Part B: Studies in History and Philosophy of Modern Physics*, 67: S. 176–190.

Lehner, Christoph. 2014. „Einstein's Realism and His Critique of Quantum Mechanics", in *The Cambridge Companion to Einstein*, Hrsg. Michel Janssen und Christoph Lehner. Cambridge: Cambridge University Press, S. 306–353.

Lemaître, Georges Edward. „Die kosmologische Konstante", in *Albert Einstein als Philosoph und Naturforscher*, Hrsg. Paul A. Schilpp. Stuttgart: Kohlhammer Verlag, S. 312–327.

Margenau, Henry. 1951. „Einsteins Auffassung von der Wirklichkeit", in *Albert Einstein als Philosoph und Naturforscher*, Hrsg. Paul A. Schilpp. Stuttgart: Kohlhammer Verlag, S. 151–172.

Menger, Karl. 1951. „Die Relativitätstheorie und die Geometrie", in *Albert Einstein als Philosoph und Naturforscher*, Hrsg. Paul A. Schilpp. Stuttgart: Kohlhammer Verlag, S. 328–342.

Milne, E. A. 1975. „Gravitation ohne allgemeine Relativitätstheorie" in *Albert Einstein als Philosoph und Naturforscher*, Hrsg. Paul A. Schilpp. Stuttgart: Kohlhammer Verlag, S. 289–311.

Nathan, Otto und Heinz Norden, *Hrsg*. 1975. *Albert Einstein über den Frieden: Weltordnung oder Weltuntergang?*, übersetzt von Will Schaber. Bern: Herbert Lang und Cie.

Norton, John. 2014. „Einstein's Special Theory of Relativity and the Problems of Electrodynamics That Led Him to It", in *The Cambridge Companion to Einstein*, Hrsg. Michel Janssen und Christoph Lehner. Cambridge: Cambridge University Press, S. 72–102.

Nye, Mary Jo. 1972. *Molecular Reality: A Perspective on the Scientific Work of Jean Perrin*. London: MacDonald.

Pais, Abraham. 1979. „Einstein and Quantum Theory", *Reviews of Modern Physics* 51: 863–914.

Planck, Max. 1913. „Neue Bahnen der Physikalischen Erkenntnis", in *Wege zur physikalischen Erkenntnis: Reden und Vorträge*, Max Planck. Leipzig: S. Hirzel.

Planck, Max. 1970. *Wissenschaftliche Selbstbiographie*. Leipzig: Barth, 5. Auflage.

Reichenbach, Hans. 1951. „Die philosophische Bedeutung der Relativitätstheorie", in *Albert Einstein als Philosoph und Naturforscher*, Hrsg. Paul A. Schilpp. Stuttgart: Kohlhammer Verlag, S. 188–207.

Reiser, Anton [Rudolf Kayser]. 1997. *Albert Einstein: ein biographisches Porträt*. Zwickau: E. Schwarz.

Renn, Jürgen. 1997. „Einstein's Controversy with Drude and the Origin of Statistical Mechanics", *Archive for History of Exact Sciences* 51 (4): 315–354.

Renn, Jürgen. 2013. „Einstein as a Missionary of Science", *Science & Education* 22: S. 2569–2591.

Renn, Jürgen und Robert Rynasiewicz. 2014. „Einstein's Copernican Revolution", in *The Cambridge Companion to Einstein*, Hrsg. Michel Janssen und Christoph Lehner. Cambridge: Cambridge University Press, S. 38–71.

Renn, Jürgen und Robert Schulmann, Hrsg. 1992. *Albert Einstein – Mileva Marić: The Love Letters*. Princeton, NJ: Princeton University Press.

Rilke, Rainer Maria. 1955. *Sämtliche Werke. Neue Gedichte (1903–1907)*. Frankfurt am Main: Insel.

Roos, Hans und Armin Hermann, Hrsg. 2001. *Max Planck. Vorträge, Reden, Erinnerungen*. Berlin/Heidelberg: Springer.

Rowe, David E. und Robert Schulmann. 2007. *Einstein on Politics: His Private Thoughts and Public Stands on Nationalism, Zionism, War, Peace, and the Bomb*. Princeton, NJ: Princeton University Press.

Ryckman, Thomas. 2014. „'A Believing Rationalist': Einstein and 'the Truly Valuable' in Kant", in *The Cambridge Companion to Einstein*, Hrsg. Michel Janssen und Christoph Lehner. Cambridge: Cambridge University Press, S. 377–397.

Sauer, Tilman. 2014. „Einstein's Unified Field Theory Program", in *The Cambridge Companion to Einstein*, Hrsg. Michel Janssen und Christoph Lehner. Cambridge: Cambridge University Press, S. 281–305.

Seelig, Carl, Hrsg. 1954. *Ideas and Opinions: based on „Mein Weltbild*. New York: Bonanza Books.

Seelig, Carl, Hrsg. 1991. *Mein Weltbild*. Frankfurt am Main: Ullstein, 1. Ausgabe 1934.

Schiller, F.S.C. 1934. *Must Philosophers Disagree? And Other Essays in Popular Philosophy*. London: Macmillan.

Schilpp, Paul A. Hrsg. 1951. *Albert Einstein als Philosoph und Naturforscher*. Stuttgart: W. Kohlhammer Verlag.

Schilpp, Paul A. Hrsg. 1951. „Albert Einstein: ‚Autobiographisches'", in *Albert Einstein als Philosoph und Naturforscher*. Stuttgart: W. Kohlhammer Verlag, S. 1–35.

Schilpp, Paul A. Hrsg. 1979. *Albert Einstein: Autobiographical Notes. A Centennial Edition*. La Salle, IL: Open Court.

Shook, John R. und Irving H. Anellis. 2010. „Ushenko, Andrew Paul (1900–1956)", in *The Dictionary of Modern American Philosophers. Band 4, R–Z*. Hrsg. John R. Shook. Bristol: Thoemmes, S. 2468–2470.

Solovine, Maurice. 1960. *Albert Einstein, Briefe an Maurice Solovine: Faksimile Wiedergabe von Briefen aus den Jahren 1906 bis 1955 mit französischer Übersetzung, einer Einführung und drei Fotos*. Berlin: VEB Deutscher Verlag der Wissenschaften.

Sommerfeld, Arnold. 1951. „Albert Einstein", in *Albert Einstein als Philosoph und Naturforscher*, Hrsg. Schilpp. Stuttgart: W. Kohlhammer Verlag, S. 37–42.

Stachel, John. 1993. „The Other Einstein: Einstein contra Field Theory", *Science in Context* 6(1): 275–290.

Stachel, John. 2005. *Einstein's Miraculous Year: Five Papers That Changed the Face of Physics*. Princeton: Princeton University Press.

Straus, Ernst G. 1982. „Reminiscences", in *Albert Einstein: Historical and Cultural Perspectives*, Hrsg. Gerald Holton und Yehuda Elkana. Princeton, NJ: Princeton University Press.

Vandenabeele, Bart. 2012. *A Companion to Schopenhauer*. Chichester: Blackwell Publishing.

Register

Kursiv gedruckte Seitenzahlen verweisen auf Kästen oder Abbildungen.

https://doi.org/10.1515/9783110744811-026

www.ingramcontent.com/pod-product-compliance
Lightning Source LLC
Chambersburg PA
CBHW061402210326
41598CB00035B/6068